Albert Eulenburg

Sexuale Neuropathie

Genitale Neurosen und Neuropsychosen der Männer und Frauen

Albert Eulenburg

Sexuale Neuropathie
Genitale Neurosen und Neuropsychosen der Männer und Frauen

ISBN/EAN: 9783743457157

Hergestellt in Europa, USA, Kanada, Australien, Japan

Cover: Foto ©berggeist007 / pixelio.de

Manufactured and distributed by brebook publishing software (www.brebook.com)

Albert Eulenburg

Sexuale Neuropathie

SEXUALE NEUROPATHIE.

GENITALE NEUROSEN UND NEUROPSYCHOSEN

DER MÄNNER UND FRAUEN.

VON

Prof. Dr. ALBERT EULENBURG
IN BERLIN.

LEIPZIG,
VERLAG VON F. C. W. VOGEL.
1895.

Inhaltsverzeichniss.

Einleitung.

Der Titel „sexuale Neuropathie" darf nicht dazu verleiten, an eine in sich abgeschlossene klinische Krankheitseinheit als Gegenstand der folgenden Darstellung zu denken. Er dient vielmehr nur als absichtlich unbestimmte Gesammtbezeichnung jener mannigfaltigen und noch kaum einer festen Gliederung und Abgrenzung fähigen nervös-psychischen Störungsformen, die sich aus der engen functionellen Verflechtung höherer und tieferer Nervencentren mit den sexualen Organen und Organthätigkeiten, oder, allgemeiner ausgedrückt, aus den körperlich-seelischen Erscheinungen und Beziehungen des geschlechtlichen Lebens und im Anschluss an sie oder vermöge der auf sie geübten Rückwirkung ergeben.

Es handelt sich dabei vielfach um krankhafte Erscheinungen auf der Grundlage angeborener nervös-psychischer Anomalien, die sich durch abnorme reflectorische und associatorische Reizwirkungen bekunden — zunächst also um quantitativ und qualitativ anomale Reactionen auf periphcrische Sexualreize — sodann aber auch um anomale Beschaffenheit des Vorstellung- und Bewusstseinsinhalts mit besonderer Beziehung auf die Sexualsphäre, also des psychosexualen Empfindens und Wollens, und der daraus entspringenden, gleichfalls den Charakter der Anomalie und Perversität tragenden motorischen Actionen.

Es bedarf wohl nur der Hindeutung, wie das sexuale Leben beider Geschlechter sich anatomisch-physiologisch auf ganz verschiedenen Grundlagen aufbaut; wie bei Mann und Weib die sexuale Reizenergie an beiderseits specifische peripherische Aufnahmapparate und centrale Auslösungvorrichtungen geknüpft ist, daher auch nothwendig die nervös-psychische Rückwirkung pathologischer Sexualvorgänge sich wesentlich verschiedenartig gestaltet; wie überhaupt von vornherein die Sexualität im Leben des Weibes eine ganz andere Rolle spielt und den weiblichen Naturzwecken gemäss zu einer weit höheren Bedeutung emporwächst als im Leben des Mannes. Aus diesen Verhältnissen ergiebt sich die Zweckmässigkeit und sogar Nothwendigkeit, auch bei Betrachtung der pathologischen Vorkommnisse, auf dem Gebiete der sexualen Neuropathie, trotz der nicht abzu-

leugnenden gemeinsamen Berührungspunkte, eine Scheidung soweit wie
möglich durchzuführen und die hierhergehörigen Krankheitszustände beider
Geschlechter wenigstens zum Theil in getrennten Abschnitten zur Darstellung zu bringen.

Zur Einführung in die nachfolgende Bearbeitung seien noch einige orien-
tirende Vorbemerkungen gestattet. Sie erschien ursprünglich in kürzerer und
vielfach abweichender Gestalt als ein Theil der von ZUELZER-OBERLAENDER
herausgegebenen „Klinik der Harn- und Sexualorgane"[1). Wenn
nun auch unleugbar oft primäre Anomalien und Erkrankungen des Urogenitalapparates für die Erscheinungen der Neuropathia sexualis die ur-
sächliche (anatomische und functionelle) Unterlage abgeben, so ist ein
solches Verhältniss doch keineswegs bei allen hierhergehörigen Zuständen
nothwendig und nachweislich vorhanden. Hier kommt vielmehr jener
andere, auf neuropathologischem Gebiete liegende Factor wesentlich
in Betracht, die individuell höchst variable, durch originäre Veranlagung
und mannigfache spätere Einflüsse in ihrer Entwicklung bestimmte Beschaffenheit, die Erregbarkeit und Widerstandsfähigkeit des Nervensystems, vor allem seiner centralen und psychischen Apparate. Es
ist von vornherein einleuchtend, dass verstärkte und anomale Reizung
seitens der peripherischen Aufnahmapparate bei normaler centraler Erregbarkeit ebenso zu anomalen, excessiven Auslösungen führen muss, wie
normale peripherische Reizung bei krankhaft gesteigerter Reizbarkeit oder
verminderter Widerstandsfähigkeit der centralen auslösenden Apparate.
Es ist nicht minder einleuchtend, dass die hochgradigsten potenzirten Wirkungen entstehen müssen, wenn beide Bedingungen zusammentreffen, also
anomale peripherische Reizung einerseits mit krankhaft veränderter centraler Erregbarkeit andererseits, und dass damit ein fehlerhafter Cirkel
hergestellt ist, wobei sich die krankhaften Störungen gleich dem Ladung-
vorgang einer Influenzmaschine vervielfältigen, zu höherem Potential entwickeln. Hier ist der Ursprung des Krankheitbildes der sexualen Neurasthenie, dem ein Haupttheil der folgenden Darstellung zu widmen sein
wird. — Der zweite Theil wird sich mit den genitalen Localneurosen
(peripherischen oder spinoperipherischen Sexualneurosen) der
Männer und Frauen, der dritte mit den krankhaften (quantitativen und qualitativen) Anomalien der Geschlechtsempfindung
und des Geschlechtstriebes zu beschäftigen haben; Zuständen, wobei es sich um central bedingte Functionstörungen handelt, die sich
grossentheils auf deutlich markirtem neuro-psychopathischem Untergrunde abspielen und mit localen Störungen des Genitalapparats nur in
ziemlich losem, wenigstens vielfach unerweisbarem Zusammenhang stehen.
Dies an sich so wichtige und eine Fülle merkwürdiger culturhistorischer

1) Klinisches Handbuch der Harn- u. Sexualorgane. 4 Abtheilungen. lex. 8. 1894.
Leipzig. F. C. W. Vogel. 38 M. geb. 46 M.

Ausblicke eröffnende Gebiet der sexualen Anomalien und Perversionen hat in letzter Zeit kaum erst begonnen, auch von fachärztlicher Seite zum Gegenstand einsichtiger Würdigung und systematischer Bearbeitung erhoben zu werden. Aber wenn wir damit auch schon viel weiter gekommen wären, als es leider der Fall ist, so würde doch eine erschöpfende Darstellung weit über die der rein ärztlichen Sphaere gezogenen Grenzen hinaus, in entlegene anthropologische und criminalpsychologische Gebiete abschweifen müssen. Aeussere und innere Rücksichten machen·es daher empfehlenswerth, die Betraehtung der hierhergehörigen Zustände im Grossen und Ganzen auf eine das Verständniss anbahnende und erleichternde Uebersicht zu beschränken und höchstens einzelne, schon jetzt klarer hervortretende und in sich geschlossene Abschnitte dieses weiten Gebiets in etwas breiterer Form zur Darstellung zu bringen.

Berlin, den 30. Juli 1895.

A. Eulenburg.

I. Neurasthenia sexualis.

Ollivier, Traité de la moëlle épinière et de ses maladies. Paris 1824; 2 éd. 1827; 3 éd. 1837. — Lallemand, Des pertes séminales involontaires. 3 Bände. Paris 1835—1845. — Stilling, Untersuchungen über die Spinalirritation. Leipzig 1840. — Hasse, Krankheiten des Nervenapparates (aus Virchow's Handbuch der speciellen Pathologie und Therapie). Erlangen 1855. — Bouchut, De l'état nerveux aigu et chronique. Paris 1860. 2 éd. unter dem Titel Nervosisme aigu et chronique et des maladies nerveuses. 1877. — Rockwell and Beard, A practical treatise on the medical and surgical use of electricity including localized and general electrisation. New York 1871. — G. Beard, New York med. Record 25. Januar 1879 — 8. Mai 1880. — G. Beard (deutsch von M. Neisser), Die Nervenschwäche (Neurasthenie), ihre Symptome, Natur, Folgezustände und Behandlung. Leipzig 1881; 2. Aufl. 1883; 3. Aufl. 1889. — Moebius, Die Nervenschwäche. Leipzig 1882. — G. Beard (herausgegeben von Rockwell), Die sexuelle Neurasthenie, ihre Hygiene, Aetiologie, Symptomatologie und Behandlung. Leipzig und Wien 1885; 2. Aufl. 1890. — Arndt, Die Neurasthenie (Nervenschwäche), ihr Wesen, ihre Bedeutung und Behandlung. Wien und Leipzig 1885. — Ultzmann, Ueber Potentia generandi und Potentia cocundi. Wiener Klinik 1885. Heft 1. — Engelhardt, Zur Genese der nervösen Symptomencomplexe bei anatomischen Veränderungen in den Sexualorganen. Stuttgart 1886. — Mantegazza, Il secolo nevrosico. Florenz 1887. — v. Krafft-Ebing, Ueber Neurasthenia sexualis beim Mann. Wiener med. Presse. 1887. No. 6 und 7. — Derselbe, Ueber Neurosen und Psychosen durch sexuelle Abstinenz. Jahrbücher für Psychiatrie. Bd. VIII. Heft 1. (1888.) — Derselbe, Ueber eine seltene Form von Neurasthenia sexualis, Zeitschrift für Psychiatrie. Bd. 48. — Arndt, Artikel „Neurasthenie" in Realencyclopädie der ges. Heilkunde. 2. Aufl. Bd. 14. (1888.) — Fürbringer, Artikel „Onanie", ibid. Bd. 14. (1888), Prostatorrhoe, ibid. Bd. 16 (1888), und „Samenverluste", ibid. Bd. 17. (1889) (Vergl. auch die früheren Darstellungen von F. „Ueber Spermatorrhoe und Prostatorrhoe" in Volkmann's Sammlung klinischer Vorträge. 1881. No. 207, Krankheiten der Harn- und Geschlechtsorgane. Braunschweig 1884.) — C. Hasse; Facultative Sterilität. 5. Aufl. Neuwied 1888. — Gyurkovechky, Pathologie und Therapie der männlichen Impotenz. Wien und Leipzig 1889. — W. A. Hammond, Sexuelle Impotenz beim männlichen und weiblichen Geschlechte (deutsch v. Salinger). Berlin 1889. — Seved Ribbing, Die sexuelle Hygiene und ihre ethischen Consequenzen (deutsch von Reyher). Leipzig 1890. — Peyer, Der unvollständige Beischlaf (Congressus interruptus, Onanismus conjugalis) und seine Folgen beim männlichen Geschlechte. Stuttgart 1890. — L. Casper, Impotentia et sterilitas virilis. München 1890. — Bransford Lewis, A consideration of sexual neurasthenia. Weekly med. Review. 19. April 1890. — Löwenfeld, Die nervösen Störungen sexuellen Ursprungs. Wiesbaden 1891; Pathologie und Therapie der Neurasthenie und Hysterie, Wiesbaden 1894. — Lechner, Ein Beitrag zur Kenntniss der auf Grund allgemeiner Neurose sich entwickelnden Krankheitsformen, Pester med. chir. Presse 1891. No. 46. — Peyer, Die Neurosen der Prostata. Berliner Klinik. 1891. Heft 38. — Hans Ferdy, Die Mittel zur Verhütung der Conception. 5. Aufl. Berlin und Neuwied 1892. — Seliger, Prostatoneurosen und sexuelle Neurasthenie. Aerztl. Practiker. 28. Juli 1892. — C. F. Müller, Handbuch der Neurasthenie, bearbeitet von Hösslin, Hauerfanth, Wilhelm, Lahusen, Egger, Schütze, Koch, F. C. Müller und Schrenck-Notzing. Leipzig 1893. — H. Cohn, Was kann die Schule gegen die Masturbation der Kinder thun? Berlin 1894. — Kothe, Das Wesen und die Behandlung der Neurasthenie, Weimar 1896. — T. Freud, Ueber die Berechtigung,

von der Neurasthenie einen bestimmten Symptomencomplex als „Angstneurose"
abzutrennen. Neurolog. Centralblatt 1895 No. 2. — Fürbringer, Die Störungen
der Geschlechtsfunctionen des Mannes, in Nothnagel's specieller Pathologie und Therapie Bd XIX Theil 3. Wien 1895. — v. Schrenck-Notzing, Ein Beitrag zur psychischen und suggestiven Behandlung der Neurasthenie. Berlin 1894. — C. Binswanger,
Ernährungskuren bei Nervenkrankheiten (Mastcuren), Penzoldt und Stintzing, Handbuch der speciellen Therapie der innern Krankheiten, Band V No. 43. — L. Löwenfeld, Die moderne Behandlung der Nervenschwäche (Neurasthenie), der Hysterie und
verwandter Leiden. Dritte Auflage, Wiesbaden 1895.

Wenn von einer Neurasthenia sexualis als klinischem Krankheit-
begriffe gesprochen werden soll, so kann es natürlich nur unter der
Voraussetzung geschehen, dass es sich dabei um eine wohl abgegrenzte
oder doch klinisch unterscheidbare typische Form oder Erscheinungsweise
von „Neurasthenie" handelt. Von dem Begriffe dieser letzteren selbst
müssen wir also auszugehen versuchen. Was ist denn nun aber eigentlich
Neurasthenie? Vom neuropathologischen Standpunkte ist es viel schwieriger, als man wohl glaubt, auf diese Frage eine wirklich befriedi-
gende, d. h. eine brauchbare Begriffsbestimmung enthaltende Antwort zu
geben. Ist „Neurasthenie", Nervenschwäche (die „reizbare Nervenschwäche", der „Nerven-Erethismus", „Nervosismus" der Aelteren)
denn überhaupt ein pathologisches Ens, eine Krankheit sui generis, eine
specifische Art functioneller Neurose gleich der Hysterie und der Epilepsie?
— oder ist sie nicht vielmehr, wesentlich oder ausschliesslich, eine blosse
Krankheitsdisposition, eng verwandt oder selbst identisch mit dem, was
man früher als nervöse Diathese und Kachexie, als neuropathische Diathese
oder Constitutionanomalie u. s. w. zu bezeichnen liebte und mit diesen
oder ähnlichen vieldeutigen Verlegenheitausdrücken auch wohl jetzt noch
bezeichnet? Ist nicht Neurasthenie, wie einzelne sehr beachtenswerthe
Autoren, z. B. Moebius, annahmen, eigentlich mehr der gemeinschaftliche
Urboden, der Mutterschoss, dem die verschiedenartigsten und schwersten
functionellen und auch organischen Nervenerkrankungen entkeimen, oder
unter begünstigenden Umständen wenigstens entkeimen können — die
potentielle Neurose, die aber erst in den einzelnen specifischen, localisirten und individualisirten Neurosenformen actuell, manifest wird?
— Wer Lust und Fähigkeit zu speculativer Vertiefung besitzt, mag
diesen Gedankengang, wozu hier jedenfalls nicht der Ort ist, weiter aus-
spinnen. Ich halte dafür, dass sich dieser subtilisirten Streitfrage mit
wissenschaftlichen Hülfsmitteln überhaupt gar nicht ernstlich beikommen
lässt, dass aber ihre Entscheidung oder Nichtentscheidung auch mit keinem
hervorragenden praktischen Interesse verknüpft ist. Vom rein ärztlichen
Standpunkte, der für uns doch immer maassgebend bleibt, unterliegt es
wohl keinem Zweifel, dass wir die Neurasthenie, wofür sie auch ausserdem noch gelten mag, als pathologischen Sonderbegriff, als Krankheit festzuhalten haben, da wir ihr als einer solchen fort und fort gegenüberstehen, sie bekämpfen und hier und da, unter besonders glücklichen
Umständen, auch zuweilen besiegen. Mögen wir daneben den Begriff

einer „neuropathischen Disposition" Bequemlichkeit halber bei-
behalten, wenn wir ausdrücken wollen (womit freilich im Grunde recht·
wenig gesagt ist), dass einer Reihe unter einander stark divergirender
nervöser Krankheitbilder etwas Gemeinschaftliches, in meist angeborener
krankhafter Veranlagung Wurzelndes zu Grunde liege. Der Ausdruck
„Neurasthenie" aber muss einer specifischen Anomalie des Nervensystems
vorbehalten bleiben, einer eigenartigen, bald in lokaler Beschränkung,
bald mehr diffus auftretenden, häufig nicht allzu weit über die physiologische Norm hinausragenden, doch stets das pathologische Grenzgebiet
streifenden und in der Regel weit überschreitenden Veränderung der Nerven-
function — einer demnach diesen Namen durchaus rechtfertigenden „functionellen" Neurose.

BEARD der glückliche Finder des so unerhört populär gewordenen
Ausdrucks Neurasthenie, Nervenschwäche — wofür er selbst übrigens
auch Nervenerschöpfung, nervous exhaustion, gelegentlich substituirte —
hat es klüglicherweise vermieden, uns eine über die vagsten Allgemeinheiten hinausgehende Wesensdefinition dieser angeblich neu entdeckten
„häufigsten Nervenkrankheit", dieses „Königs der Neurosen" zu geben, ja
eine solche auch nur im Ernst zu versuchen. BEARD war kein Theore-
tiker; und wäre er es selbst gewesen, so hätte er schon durch die gewählte Bezeichnung, die einseitig die Schwäche, nicht aber den wichtigeren und mindestens coordinirten Factor, die gesteigerte Reizbarkeit oder die „Ermüdungempfindsamkeit" (BENEDIKT) betont, hier
fehlgehen müssen. Erklärungversuche wie der, dass der Nervenschwäche
eine „Verarmung der Nervenkraft" zu Grunde liege, erinnern be-
denklich an Onkel Bräsig's berühmte Herleitung der „Armuth" von der
„grossen pauvreté", und auch BEARD's weitere Ausführungen mit dem
orakelhaften Schlusssatz „nervousness is nervelessness" dürften unser Verständniss der Neurasthenie schwerlich irgendwie fördern. Dagegen hat
in dankenswerther Weise ARNDT den — bisher fast vereinzelt da-
stehenden — Versuch gemacht, das Wesen der neurasthenischen Functionsstörung unter Heranziehung bekannter physiologischer Analogien in eine
gesetzmässige Formel zu fassen. Die Neurasthenie ist, nach ARNDT, eine
Aeusserung des Nervenlebens, die, ebenso wie alle anderen Aeusserungen
desselben, dem Nervenzuckung- oder besser Nervenerregunggesetze
folgt; aber nicht, wie das gesunde Nervensystem, dem Erregunggesetze
des normalen, sondern dem des ermüdeten oder absterbenden Nerven
(dem sogenannten Ritter-Vallischen Gesetze), wonach die Erregbarkeit
anfangs relativ erhöht, später aber herabgesetzt ist. Im Verhalten des ermüdeten oder absterbenden Nerven, wie in dem des an-
gegriffenen oder schwer geschädigten Nervensystems lassen sich zwei
Stadien unterscheiden: das Stadium der einfachen Ermüdung, mit
relativer Steigerung der Erregbarkeit, und das Stadium der Erschöpfung
mit Verminderung, Herabsetzung der Erregbarkeit bis zu ihrem völligen

Erlöschen. Das Wesen der Neurasthenie ist demnach in der That gesteigerte Reizbarkeit mit mehr oder minder rascher Erlahmung,
reizbare Schwäche, wie sie sich in den von Arndt als „Dyser-
gasien" bezeichneten abnormen Aeusserungen oder abnormen Thätig-
keiten der einzelnen Organe, namentlich in den abnormen Aeusserungen
der Gefühlsnerven, den Dysästhesien, in so mannigfaltiger Verbreitungs-
weise und Intensität kundgiebt.

In weiterer Ausführung dieses Arndt'schen Gedankenganges hat dann
Lechner die Zustände der gesteigerten Reizbarkeit und raschen Ermüdung nicht auf die Nervenelemente allein bezogen, sondern vermöge einer
Art von Wechselwirkung auf Nerv und Muskel in der Weise zu vertheilen
gesucht, dass bei der Nerventhätigkeit das Element der gesteigerten Reizbarkeit, bei der Muskelthätigkeit das der raschen Ermüdung in den Vordergrund trete. Dem entsprechend überdauert die verbesserte Arbeit des ermüdeten Muskels die Function der Nerven, und prägt sich um so schärfer
im Bewusstsein ein — ja es können auf diese Weise psychische Eindrücke
entstehen, die sonst unter der Bewusstseinschwelle geblieben wären. Die
Neurasthenie charakterisirt sich eben durch dieses scharf ausgeprägte Be-
wusstwerden der psychischen Actionen: einerseits Ueberreizbarkeit der
Nerven — andererseits Schwächezustände der Muskulatur — endlich körperliche Empfindungen, die auf ungewohnte Weise sich aufdrängend eine
Menge von abnormen Vorstellungen im Bewusstsein erzwingen. — Wenn
diese Fassung auch etwas einseitig erscheint, so ist doch wohl so viel
sicher, dass wir, abgesehen von der raschen Ermüdbarkeit, auf eine abnorm lange und starke Nachdauer der Empfindungen, die eben
deswegen sich als verstärkte Unlustgefühle im Bewusstsein
geltend machen, beim Versuche eines besseren Verständnisses der Neurasthenie den Hauptaccent legen müssen.

Für den physiopathologischen Begriff „neurasthenisch" haben Arndt
und Lechner somit eine ähnliche Grundlage geschaffen, wie es für den
Begriff „hysterisch" bekanntlich neuerdings durch Moebius versucht ist.[1])
Selbstverständlich lassen sich aus solchen Begriffen heraus keine Krankheitbilder construiren, jene sind vielmehr selbst nur als Abstractionen
aus dem von der Beobachtung gelieferten empirischen Material anzusehen.
Aber wir werden uns doch der Pflicht nicht entziehen dürfen, mit irgend
welchen wie immer gewählten begrifflichen Maassstäben an unser empi-
risches Beobachtungmaterial heranzutreten, und nur das den gemachten
Voraussetzungen auch wirklich Entsprechende z. B. als neurasthenisch und
hysterisch anzuerkennen. Wenn nicht völlige Zerfahrenheit und Ver-

---

1) Als „hysterisch" will Moebius alle diejenigen krankhaften Veränderungen des
Körpers betrachtet wissen, die durch Vorstellungen verursacht werden. Vgl. ausser
den älteren Abhandlungen von Moebius dessen neueste Darstellung („Ueber die gegenwärtige Auffassung der Hysterie") in der von Martin und Saenger herausgegebenen
Monatschrift für Geburtshülfe und Gynaekologie, Band 1 Heft 1, 1895.

worrenheit auf diesem Gebiete einreissen soll, müssen mindestens die Grundbegriffe klar geschieden und bestimmt festgehalten werden. Das combinirte Vorkommen schwerer Neuropathien, die unleugbare Thatsache, dass gerade Neurastheniker vielfach in Hysterie, Geisteskrankheiten u. s. w. verfallen, kann natürlich an der Betonung des specifischen Krankheitcharakters der Neurasthenie so wenig ändern, wie die Thatsache, dass Leute mit Lungenkatarrhen häufig tuberkulös werden, uns dazu veranlasst, auf eine scharfe Abgrenzung zwischen einfach katarrhalischen und tuberkulös-phthisischen Processen überhaupt zu verzichten.

Halten wir somit für die Aufgaben der Praxis entschieden an der Auffassung der Neurasthenie als einer wohl charakterisirten Neurose sui generis fest, so ergiebt sich als Anwendung auf die besondere Form der „sexualen Neurasthenie“, dass wir darunter diejenigen neurasthenischen Zustände werden verstehen dürfen, bei denen die Symptome der „reizbaren Schwäche“, die excessive Erregbarkeit und leichte Erschöpfbarkeit, im Bereiche der genitalen Nerven und im Zusammenhange mit den Erscheinungen des sexualen Lebens primär, oder besonders ausgeprägt und überwiegend hervortreten.

Geschichtliches. Der alte von STILLING (1840) herrührende Begriff der „Spinalirritation“, die man insgemein als Vorläufer der Neurasthenie, wenigstens in ihrer mehr spinalen Form („Myelasthenie“ BEARD'S) zu betrachten pflegt, enthielt eigentlich keine directen Beziehungen symptomatischer oder ätiologischer Art zum Sexualsystem; er betonte vielmehr als essentielles Symptom nur den spontan und auf Druck u. s. w. eintretenden Rückenschmerz, dem sich allerdings auch mannigfache sonstige Krankheiterscheinungen, und darunter auch Störungen urogenitaler Natur anschliessen konnten. Auf die schädlichen Folgen von Missbrauch und Excessen der Geschlechtkraft war um dieselbe Zeit durch das berühmte Werk von LALLEMAND die allgemeine Aufmerksamkeit gelenkt worden. Im Ganzen pflegte man jedoch, zumal in solchen Fällen, wo bei Männern ausgesprochene Genitalstörungen in Form excessiver Reizung oder Sexualschwäche hervortraten, mehr an organische Rückenmarkkrankheiten, oder wenigstens an die zeitweise so beliebte Rückenmarkhyperämie (OLLIVIER), als an dynamische, rein functionelle Veränderungen zu denken. Auch bei HASSE, der der noch zur Zeit herrschenden Lehre von der Spinalirritation mit kühl abwägender Kritik gegenübersteht, finden wir in dem dieser Lehre gewidmeten Abschnitte nur ganz beiläufig geschlechtliche Ausschweifungen unter denjenigen Momenten mit aufgeführt, die jenen Zustand allgemein gesteigerter Empfindlichkeit u. s. w. veranlassen können. Dagegen erwähnt HASSE an späterer Stelle, bei den Hyperämien des Rückenmarks und seiner Hüllen, in Anknüpfung an die von OLLIVIER angenommenen dynamischen Ursachen von Spinalcongestionen die „auffallenden Wirkungen, welche übermässiger Genitalreiz, und namentlich zuhäufiger Coitus beim männlichen Geschlecht offenbar auf das Rückenmark hervorruft“, und macht dabei die sehr zutreffende, gewissermaassen schon den Begriff der sexualen Neurasthenie im Keim enthaltende Bemerkung: „Niemals aber ist bis jetzt noch der directe Beweis geliefert worden, dass diese Wirkungen auf spinaler Hyperämie wirklich beruhen. Ebensowohl und noch vielmehr als dies für ausgemacht anzunehmen, hätte man das Recht zu vermuthen, dass es sich hierbei um eine Erschöpfung der Reizbarkeit gewisser Abtheilungen des Rückenmarks handelt, wie man eine solche notorisch in anderen nervösen Gebilden auf allzu starke und wiederholte Reizungen der verschiedensten Art hat eintreten sehen."

Die Spinalirritation und ihre Synonyme zogen sich allmählich vom Schauplatz zurück (ohne jedoch bis heute gänzlich zu verschwinden), und der „état nerveux", der Nervosismus trat an ihre Stelle. Er übernahm auch die Erbschaft der spärlich vorhandenen sexualen Beziehungen von seinen Vorgängern, ohne sie activ wesentlich weiter zu fördern. BOUCHUT in seiner selbstgefälligen und ziemlich verworrenen Monographie des Nervosismus, der von ihm vermeintlich entdeckten „allgemeinen Neurose", erwähnt unter deren zahllosen verschiedenen Specialformen auch einen „nervosisme séminal provoqué par les pertes séminales dues à la continence absolue ou à l'affaiblissement des organes génitaux". Bemerkenswerth ist hier die Betonung der „absoluten Enthaltung" als ätiologisches Moment; im Uebrigen giebt BOUCHUT von diesem nervosisme séminal nur eine ganz kurze und verschwommene Beschreibung.

Die neurologische Literatur der sechziger und siebziger Jahre folgt theils noch den ausgetretenen Geleisen der Spinalirritation, theils wandelt sie in den Bahnen BOUCHUT's; doch beginnt auch das neu aufgehende Gestirn der BEARD'schen Neurasthenie bereits seine noch mehr blendenden als erhellenden Strahlen zu werfen.

Nachdem man in wiederholten Anläufen das Moment der Reizung einseitig hervorgekehrt hatte (STILLING's Spinalirritation, HENLE's Nervenerethismus u. s. w.), war es unvermeidlich, dass auch einmal der Versuch gemacht wurde, einseitig das Moment der Schwäche zum Ausgangspunkt zu wählen. Diesem Bedürfniss kamen ROCKWELL und BEARD mit ihrer „Neurasthenie" entgegen. Mit der Bezeichnung drangen auch, namentlich nach dem Erscheinen von BEARD's gleichnamigem Hauptwerk, die Anschauungen und Schilderungen BEARD's mehr und mehr ein, und so auch seine Ansichten über die Beziehungen der männlichen Geschlechtsfunction zum Nervensystem und dessen Erkrankungen. In dem erwähnten Werk führt BEARD als Symptome der Neurasthenie auf: unwillkürlichen Samenabgang, partielle oder vollkommene Impotenz, Reizbarkeit des prostatischen Theils der Urethra, und bemerkt dabei: „In fast allen Fällen lang bestehender Nervenschwäche nimmt das reproductive System früher oder später, als Ursache oder Wirkung oder in beiden Gestalten, nothwendig theil. In sehr vielen Fällen ist locale Erkrankung in Folge Missbrauchs dieser Theile die Ursache der allgemeinen Nervosität". Einen theilweise abweichenden Gedankengang verfolgt die erst nach BEARD's Tod aus seinem Nachlass herausgegebene Schrift über sexuale Neurasthenie, die den meisten späteren Bearbeitern des Gegenstandes nicht bloss den Namen, sondern auch den hauptsächlichen Inhalt geliefert hat. BEARD bezeichnet darin „sexuelle Neurasthenie" oder „sexuelle Erschöpfung" (sexual exhaustion) als eine specielle und besonders wichtige und häufige klinische Abart der Neurasthenie. Während nämlich bei nervenstarken Individuen durch functionelle Excesse (übermässigen geschlechtlichen Genuss) gewöhnlich nur locale und structurelle Affectionen des Geschlechtsapparates zu Stande kommen, sollen bei nervösen oder neurasthenischen Individuen in der Regel nur allgemeine functionelle Nervenstörungen durch dieselben Schädlichkeiten veranlasst werden. Die Erklärung dieser anscheinenden Paradoxie will BEARD in der „Verschiedenheit der Grösse des Widerstandes" finden, der „dem Fortschreiten molecularer Veränderungen in den Nervenbahnen in Fällen nicht nervöser und in solchen hochgradig sensibler Organisationen entgegengesetzt wird".[1])

Unter denen, die an der von BEARD geschaffenen Grundlage weiter bauten, ist vor Allem v. KRAFFT-EBING hervorzuheben; ihm verdanken wir ein in seinen Hauptzügen scharf und wahr gezeichnetes Bild der sexualen Neurasthenie beim Manne, wobei nach seiner Meinung zweifellos in der Mehrzahl der Fälle krankhafte Veränderungen an den Genitalorganen den Ausgangspunkt bilden, die erst secundär zu functioneller Mitbetheiligung des genitospinalen Centrums im Lendenmark führen. Jedoch kann auch letzteres in seinem Tonus originär ungünstig beschaffen, oder durch Schädigungen von nicht sexueller Provenienz primär afficirt sein. Für gewöhnlich sind demnach drei Stadien zu unterscheiden, nämlich das der „genitalen Localneurose", der „Lendenmarkneurose"[2]) und der Verbreitung der letzteren zu allgemeiner Neurasthenie. — Diese Stufenfolge kann allerdings nicht als allgemein zutreffend erachtet werden, da häufig genug die beiden ersten Stadien sich nicht von einander trennen lassen, andererseits die allgemein neurasthenischen Erscheinungen sehr häufig voraufgehen und nur durch die hinzutretende „Localneurose" eine bestimmte sexuale Färbung annehmen. Immerhin war jedoch durch diese Aufstellung KRAFFT-EBING's eine schärfere klinische Umgrenzung des Begriffs der sexualen Neurasthenie angebahnt, die denn auch nach der ätiologischen, symptomatologischen und therapeutischen Seite hin eine weitere Erschliessung dieses Gebietes in den letzten Jahren zur Folge gehabt hat. Aus der neuesten Literatur dieses Gegenstandes müssen wir die bezüglichen Capitel des (die sexuale Neurasthenie allerdings nicht gesondert abhandelnden) MÜLLER'schen Handbuches, den kurzen Abschnitt darüber in LÖWENFELD's Pathologie und Therapie der Hysterie, und vor Allem die vortreffliche Darstellung FÜRBRINGER's in NOTHNAGEL's specieller Pathologie und Therapie rühmend hervorheben.

Aetiologie.

Man wird in den meisten Fällen nicht zum Neurastheniker, sondern man ist es; die der Anlage nach von Anfang an bestehende Neurasthenie wird nur herausgebildet, entwickelt, durch Umgebung, Erziehung, Selbstzucht allerdings auch gehemmt oder gefördert. Aus dem Begriffe der Neurasthenie geht dies insofern als selbstverständlich hervor, da sie ja eben Krankheitsanlage und Krankheit zugleich sein soll; es wird aber auch durch die tägliche Erfahrung nur allzusehr bestätigt. Wer sich die Mühe giebt, Kinder, zumal in Grossstädten, diesen Brutanstalten der Neurasthenie, daraufhin zu beobachten, der wird in ihrem Wesen und Gebahren bei den verschiedensten Gelegenheiten, beim Spiel, bei der Arbeit, beim Verkehr untereinander und mit Erwachsenen die Typen der werdenden

---

1) Das BEARD'sche Buch über sexuelle Neurasthenie ist offenbar unvollendet, wie u. a. daraus hervorgeht, dass ein Capitel über Symptomatologie ganz fehlt, und diese nur durch eine Casuistik repräsentirt wird. — Uebrigens wies BEARD in diesem Buche auf das (allerdings seltene) Vorkommen sexualer Neurasthenie bei weiblichen Individuen hin (S. 136—140).

2) Streng genommen sollte man eigentlich eher von „Sacralneurose" sprechen, da die spinalen Erections- und Ejaculationscentren bekanntlich dem Abschnitte des zweiten bis vierten Sacralnerven angehören.

Neurastheniker unschwer herausfinden. Von sexualer Neurasthenie kann freilich erst jenseit der männlichen Pubertätentwicklung, d. h. im Allgemeinen erst gegen die Grenze des zweiten Lebensdecenniums die Rede sein. Dass man um diese Grenze herum, und unter Umständen noch früher, schon recht beklagenswerthe und recht widerliche Exemplare sexualer Neurasthenie antrifft: das hängt zusammen mit allen für eine rationelle Jugenderziehung gerade in Grossstädten so ungünstigen modernen Lebensverhältnissen, mit der körperlichen Verwahrlosung und Verweichlichung, der geistigen Frühreifung und Ueberfütterung, der frühen ungezügelten Erweckung der Erotik durch Lectüre und Schaustellungen jeder Art; last not least mit den in diesem Erdreich wurzelnden „Jugendsünden" und ihrem verderblichen Einflusse. — Wohl die grosse Mehrzahl der Fälle von sexualer Neurasthenie finden wir bei Männern zwischen 20 und 45 Jahren, während sie uns wenigstens in ihren reineren und einfacheren Formen mit zunehmendem Alter (in dem dagegen die Neigung zu schweren exuellen Perversionen wächst) immer seltener begegnet.

Es beruht dies wohl auf dem Umstand, dass mit jener Lebensperiode, die vermöge der ihr obliegenden ernsten Bethätigung an den Aufgaben und Kämpfen des Daseins jeden seine innere Anlage zu enthüllen zwingt und also dem Offenbarwerden der Neurasthenie besonders günstig ist, zugleich die das Sexualsystem reizenden und schädigenden örtlichen Einflüsse in gesteigertem Maasse zusammentreffen.

Locale Functionstörungen und Erkrankungen der Urogenitalorgane bei Männern können nun in mehrfacher Weise zur Entwicklung sexualer Neurasthenie direct und indirect beitragen. Einmal wirken sie — namentlich Onanie und gewisse chronische Usethralerkrankungen — in hohem Grade psychisch deprimirend, und begünstigen schon dadurch jene krankhaft veränderte Reactionsweise des Nervensystems, deren Ausdruck eben die asthenische Neuro-Psychose, die Neurasthenie ist. Ueberdies befördern sie die einseitige Richtung und Fixirung der Vorstellungen auf das sexuale Innervationsgebiet; die vorhandene urogenitale Localaffection wird erst zur Ursache krankhafter Localvorstellungen und diese werden ihrerseits wieder zur Quelle neuer localer Symptome, wie sich das namentlich bei der sogenannten psychischen (hypochondrischen) Impotenz so deutlich bekundet. Die festgewordene krankhafte Vorstellung bewirkt oder unterhält Impotenz, diese wiederum nährt rückwirkend die psychische Reizbarkeit und Verstimmung. Ein nicht zu unterschätzender mitwirkender Factor ist dabei die von solchen Kranken so überaus häufig gepflegte Lectüre pseudopopulärer, vermeintlich belehrender Schriften über Samenverluste, Onanie u. dergl., worin theils aus wirklicher Unwissenheit der Verfasser, theils aus unlauteren industriellen Motiven die Folgezustände dieser Dinge phantastisch übertrieben, mit den schwärzesten Farben gemalt, als Quelle schrecklichen Siechthums, fürchterlicher Rückenmarkkrankheiten u. dergl. hin-

gestellt werden.[1]) Daher die gewöhnliche Hypochondrie solcher Kranken,
daher insbesondere die bei ihnen so häufige „Tabophobie". Sie muss
natürlich ins Maasslose wachsen, wenn im Zusammenhange mit der primären Localaffection, auf dem Wege centripetaler Reizfortleitung, sich
secundär Erscheinungen einstellen, die in der That als Rückenmark-
symptome, namentlich als Innervationsstörungen genitospinaler
und benachbarter Centren aufzufassen sind, oder doch einer subjectiven Deutung in diesem Sinne leicht unterliegen.

Zu den unzweifelhaft wichtigsten sexualen Schädlichkeiten, auf die
das Gesagte ganz besonders passt, gehören Onanie und Trippererkrankungen. Die Vermittelung zwischen diesen ätiologischen Momenten und der Neurasthenie vollzieht sich in beiden Fällen der
Hauptsache nach wahrscheinlich durch eine zumeist an der Pars profunda (prostatica) urethrae haftende Localaffection — mag diese nun
(im Ganzen wohl seltener) in nachweislicher anatomischer Veränderung,
oder in blosser „Localneurose", in excessiver Hyperästhesie und moto-
rischem Reizzustand (vorübergehendem Krampf des Prostatamuskels) bestehen. Zuverlässige Auskunft über diese Verhältnisse vermag natürlich
im Einzelfalle nur die Sondenexploration und die nöthigenfalls hinzu-
genommene endoskopische Untersuchung zu liefern. Letztere hat allerdings
auch als angebliche Folgen onanistischer Reizung öfters Congestionen
und catarrhalische Entzündungen der Harnröhrenschleimhaut, namentlich
ihres prostatischen Theils ergeben [GRÜNFELD, ULTZMANN, PEYER —
doch handelt es sich hier um theilweise streitige und jedenfalls nicht
constante Befunde [FÜRBRINGER]. In Abwesenheit anatomischer Veränderungen müssen wir einstweilen den Zusammenhang zwischen Onanie
und sexualer Neurasthenie mehr auf dem Wege schädigender functioneller
(centripetaler) Reizwirkung herzustellen versuchen — wobei übrigens nicht
ausser Acht zu lassen ist, dass gerade neurasthenisch veranlagte Individuen
auch von früh auf zu onanistischen Excessen ganz besonderen, oft unwiderstehlichen Hang zeigen. Die mitgetheilten vereinzelten Beobachtungen
von sexualer Neurasthenie beim weiblichen Geschlechte betreffen fast
ausschliesslich Masturbantinnen. Auch hier scheint bald nur Hyperästhesie
der Sexualorgane, bald eine wirkliche Localaffection des Uterus und der
Adnexe — in einem von mir kürzlich beobachteten Falle eine Retroversion
und leichter Descensus, in einem anderen Retroflexion des virginalen
Uterus — im Zusammenhange mit der geübten Masturbation, vielleicht
auch, wie in einem meiner Fälle, mit verfrüht und ungeschickt geübten
Coitusversuchen, den Ausgangspunkt darzubieten.

---

1) Ausser den früheren bekannten Schriften dieser Art, dem „persönlichen Schutz"
von LAURENTIUS, dem „Jugendspiegel" von BERNHARDI, dem „Johannistrieb" von B.MOHR-
MANN, der „Selbstbewahrung" von O. RETAU u. s. w. scheinen neuerdings die von
einem Dr. ALFRED DAMM unter prahlerischen Titeln (die Krankeit der Welt; die Wieder-
geburt der Völker u. s. w.) in die Welt gesandten Bücher besonders schädlich zu wirken.

Aehnlich verhält es sich auch, was die gewöhnliche sexuale Neurasthenie der Männer anbetrifft, mit dem ätiologischen Einflusse von Trippererkrankungen. Während die acuten und chronischen Krankheitstadien der gewöhnlichen Gonorrhoe nur selten erhebliche nervöse Störungen zur Folge haben, ist dies dagegen anscheinend ziemlich häufig der Fall bei zurückbleibenden functionellen oder anatomischen Veränderungen der Prostata und der Pars prostatica urethrae. Endoskopisch lassen sich in diesen nervenreichsten und empfindlichsten Bezirken, dieser „area sensitiva" des Genitaltractus zuweilen hochgradige Hyperämie und Schwellung, dunkle und leicht blutende Schleimhautbeschaffenheit bei gleichzeitiger Hyperexcitabilität nachweisen. Einen lehrreichen Fall der Art beschrieb neuerdings BRANSFORD LEWIS. Doch sind so ausgesprochene Beispiele structureller Veränderung offenbar nicht häufig. In der Mehrzahl der Fälle fehlen anatomische Läsionen hier, wie bei Onanisten, völlig und wir haben es nur mit Erscheinungen functioneller Prostata-Reizung, Hyperästhesie und Krampfzustand der Prostata zu thun. Wir müssen daher auch den Zusammenhang des Tripperleidens mit darauffolgender Neurasthenie, namentlich in der so häufigen Form vorübergehender Impotenz durch „reizbare Schwäche", wesentlich als dynamisch bewirkt ansehen. Möglicherweise ist dabei auch an eine (schon von ULTZMANN vermuthete specifisch lähmende Wirkung des Trippergiftes auf die prostatischen Nervenapparate zu denken.

Ungemein schwierig zu beurtheilen sind die schädigenden Einflüsse anderer, vielfach angeschuldigter sexueller Momente, wie Missbrauch der Geschlechtskraft, Excesse, Ausschweifungen, Perversionen (die ja ihrerseits wiederum häufig als Zeichen schon vorhandener Neurasthenie gelten) — und, gerade entgegengesetzt, auch geschlechtliche Enthaltung. Wir bewegen uns hier auf einem der Beobachtung und strengen Kritik nur wenig zugänglichen, überdies dem Einflusse vorgefasster Meinungen allzusehr unterworfenen Gebiete. Was ist überhaupt Missbrauch, was regulärer Gebrauch? wie unterscheiden sich Missbrauch und Excess? wie und wo, z. B. im gewöhnlichen ehelichen Verkehr, soll die Grenze gezogen werden? Diese Fragen dürften, selbst unter Berufung auf den alten LALLEMAND, der sich schon daran versuchte, noch immer recht schwer zu beantworten sein! In gewissen eclatanten Fällen liegt ja natürlich der begangene „Excess" oder „Missbrauch" ohne weiteres zu Tage. Wir sehen denn auch, wenn wir den anamnestischen Angaben solcher Kranken vertrauen, die Zeichen sexualer Neurasthenie in fast unmittelbarem Anschlusse an ein allzu glückliches pervigilium Veneris, eine Liebesorgie, oder die Inscenirung irgend einer besonders raffinirten geschlechtlichen Caprice und Bizarrerie sich entwickeln. Freilich handelt es sich in derartigen Fällen doch meist um kürzere, mehr acut auftretende und wieder verschwindende Störungen, die allerdings vorübergehend ein der sexualen Neurasthenie ähnliches Bild darbieten, aber sich doch

durch ihre viel geringere Neigung zu chronischer Verlaufsweise wesentlich
unterscheiden. Etwas Anderes ist es natürlich, wenn die betreffenden
Individuen schon vorher neurasthenisch waren, oder wenn die sexuellen
Ueberreizungen längere Zeit hindurch in häufiger Wiederkehr einwirkten,
der Missbrauch sozusagen habituell wurde; wobei es unter Umständen
nachweislich zur Entwicklung von chronischer Prostatitis mit Prostatorrhoe
kommt. In solchen Fällen können dann allerdings so schwere Formen
spinaler und universaler Neurasthenie mit vorwaltenden oder mindestens
nicht fehlenden Sexualsymptomen vorhanden sein, wie man sie gerade bei
derartigen (öfters noch recht jugendlichen) Veteranen der Liebe gelegentlich antrifft. Beiläufig bemerkt sei, dass von einzelnen Patienten auch die
öftere Verübung des Coitus in berauschtem Zustand als Ursache schwerer
neurasthenischer Folgeerscheinungen angeführt wurde. Ich habe überhaupt
den Eindruck gewonnen, dass bei schon bestehender neurasthenischer
Grundlage der Missbrauch von Alkohol, sowie auch von anderen narkotischen und Genussmitteln (namentlich von Morphium) nicht nur die
Neurasthenie-Symptome bedeutend verschlimmert, sondern auch die Aus-
bildung der specifisch genitalen Form der Neurose besonders begünstigt.
Auch traumatische Neurasthenien können unter Umständen (z. B. bei
Wirbelverletzungen in der Lumbal- und Sacralgegend, nach einem Fall
auf die letztere) den sexualen Charakter annehmen, wie ich das in mehreren
Fällen sehr deutlich beobachtete.

Hinsichtlich der Abstinenz stehe ich auf einem allerdings der her-
gebrachten Meinung, oder was sich dafür ausgiebt, durchaus widersprechen-
dem Standpunkte. Ich bezweifle, dass schon irgend Jemand bei sonst
vernünftiger Lebensweise durch geschlechtliche Abstinenz
allein krank, speciell neurasthenisch oder sexual-neurasthe-
nisch geworden ist. Ich halte diese immer wiederkehrenden Behauptungen für leere und nichtssagende Redensarten, wobei es sich entweder
um gedankenloses Miteinstimmen in den allgemeinen Chorus oder, noch
schlimmer, um ein bewusstes Kniebeugen vor dem mächtigen, allverehrten
und überdies so bequem anzubetenden Götzen Vorurtheil handelt. Ein An-
kämpfen gegen dieses Vorurtheil ist aber im sittlichen wie im hygienischen
Interesse dringend geboten, und entschieden eine würdigere Aufgabe der Aerzte
als das Mithelfen an den Irrwegen staatlicher Regelung und Beschützung
der Prostitution. Beides steht in einem fatalen Zusammenhange; denn
eben jene im Laienpublikum ausserordentlich beliebte und leider auch von
Aerzten laut oder stillschweigend gebilligte Meinung von der unbedingten
Schädlichkeit geschlechtlicher Abstinenz wirkt zumal auf die heranwachsende
Jugend in hohem Grade verderblich; sie treibt diese dem illegitimen Geschlechtsverkehr, d. h. im Wesentlichen der Prostitution geradezu in die
Arme. Man kann also gar nicht laut und häufig genug dagegen oppo-
niren. — Veranlassung oder wenigstens Vorwand für die populäre Meinung
über diesen Gegenstand bietet bekanntlich der Umstand, dass bei Jüng-

lingen und Männern, die geschlechtlich abstinent leben, sogenannte physiologische Pollutionen in grösseren oder kleineren Zwischenräumen ein-
zutreten pflegen. Allein jeder Arzt weiss oder sollte wissen, dass diese
während des Schlafes in meist erotischem Traumzustande erfolgenden
Samenergüsse, wenn sie ein gewisses Mass nicht überschreiten, keineswegs als krankhafte Vorgänge zu betrachten, namentlich nicht mit Spermatorrhoe und ähnlichen Zuständen auf eine Stufe zu stellen sind, da sie
irgend welche gesundheitschädigenden Rückwirkungen auf den gesammten
Organismus nicht ausüben; und dass sie überdies nicht einmal als constante und nothwendige Begleiterscheinungen geschlechtlicher Enthaltsam-
keit gelten dürfen. Es giebt thatsächlich Individuen genug, die trotz streng
durchgeführter cölibatärer Lebensweise weder von Pollutionen, noch von
irgend welchen sonstigen „Abstinenzkrankheiten" heimgesucht werden, weil
sie sich durch hygienisch geregeltes körperliches und geistiges Verhalten
zu schützen und ihre Widerstandskraft auch sexuellen Erregungen gegenüber zu stärken verstehen. Niemand wird bestreiten wollen, dass das für
unsere heutigen jungen Leute etwas schwieriger ist, als in jener Zeit, da
Tacitus die „sera juvenum Venus" und die inexhausta pubertas bei unseren Altvordern zu rühmen wusste. Aber dass es unter den jetzigen
Verhältnissen unmöglich, undurchführbar, gar nicht zu verlangen wäre,
ist eine ganz willkürliche und haltlose Uebertreibung, nur der Bequemlichkeit dienend und nur geeignet, die ohnehin in unseren Tagen nicht
so reichlich sprudelnde Quelle moralischer Kraft noch mehr zum Versiegen
zu bringen. Statt auf die vermeintlichen Gefahren sexueller Abstinenz
aufmerksam zu machen, sollte man lieber immer und immer wieder
hygienische Lebensordnung, Abhärtung, Arbeit, körperliche Uebung, Bekämpfung schädlicher Neigungen und Gewohnheiten, vor Allem des über-
flüssigen Rauchens und Trinkens unserer männlichen Jugend predigen —
und sie darauf vorbereiten, dass, wer gegen diese Gebote sündigt, sich
selbst zum Neurastheniker erzieht, mag er ausserdem sexuell abstinent
leben oder nicht, und im letzteren Falle noch weit mehr, da er alle Gefahren
des illegitimen Geschlechtsverkehrs zu den übrigen Schädlichkeiten hinzufügt.[1]

---

1) Ich befinde mich auf diesem Gebiete in werthvoller Gesinnunggemeinschaft
mit Prof. SEVED RIBBING in Upsala, dessen auch bei uns viel gelesene sexuelle Hygiene
die wärmste Anerkennung und Empfehlung verdient. Sie ist durch die Höhe und
den sittlichen Ernst ihres Standpunktes der koketten Schönfärberei und süsslichen Sinnlichkeit der weitverbreiteten MANTEGAZZA'schen Schriften himmelweit überlegen. —
Auch in Deutschland mehren sich übrigens neuerdings in erfreulicher Weise die gleich-
gerichteten Aeusserungen wissenschaftlicher Stimmführer (wie MENDEL, FÜRBRINGER),
so dass vielleicht Hoffnung vorhanden ist, das Märchen von der sexuellen Abstinenz
als Quelle gefährlicher neurasthenischer Erscheinungen allmälig verschwinden zu sehen.
Für ebenso verfehlt halte ich freilich die von S. FREUD neuerdings versuchte Aufstellung einer besonderen, von der Neurasthenie verschiedenen Form der „Angstneurose", insofern diese bei absichtlich Abstinenten oder auch bei Masturbanten
entstehen soll, sobald sie auf ihre Art der sexuellen Befriedigung verzichten.

Eine nach meiner Erfahrung ziemlich häufige und immer häufiger werdende Ursache sexualer Neurasthenie bei Männern bilden die zur Verhütung der Conception im Geschlechtsverkehre angewandten Präservativmittel — vor Allem die unvollständige Vollziehung des Geschlechtsactes, der sog. Coitus reservatus oder Congressus interruptus, d. h. die Zurückziehung des erigirten Gliedes aus der Scheide vor erfolgter Ejaculation (wie es, nach Genesis 38, 8 und 9, zu gleichem Zwecke schon Onan bei seiner Schwägerin Thamar geübt haben soll; woher die von Einigen in Vorschlag gebrachte Bezeichnung „Onanismus conjugalis").

Seitdem die aus England stammende neomalthusianische Propaganda auch auf dem Continent mehr und mehr Boden gewinnt, und zwar keineswegs blos in den unteren, den sogenannten arbeitenden Volkskreisen, wird auch der von dieser Propaganda aufs lebhafteste befürwortete „unvollständige Beischlaf" sowohl im ehelichen, wie im ausserehelichen Geschlechtsverkehr — namentlich aber gerade im ersteren — vielfach gewohnheitsmässig geübt, und zur Beobachtung seiner schädigenden Wirkungen auf das Nervensystem bei Männern und Frauen reichliche Gelegenheit geboten. Die sonst noch zur Verwendung kommenden anticonceptionellen Verfahren, die Benutzung von Condoms, von Mensingaschen Occlusivpessarien, von Schwämmen, Vaginalausspritzungen und Suppositorien u. s. w. sind entweder — wie die letztgenannten Mittel — für den Mann völlig indifferent, oder können, wie namentlich Condoms und Occlusivpessarien, wohl mehr oder minder gefühlstörend wirken, ohne jedoch, wie es scheint, das Nervensystem des Mannes in erheblichen Maasse nachtheilig zu beeinflussen; während letzteres dagegen bei gewohnheitsmässiger Ausübung des Coitus reservatus ganz entschieden der Fall ist.

Es wird dies nicht nur durch die thatsächliche Erfahrung bestätigt, sondern ist auch theoretisch vollkommen einleuchtend. Mehrere Factoren wirken dabei zusammen. Der naturgemässe Ablauf des Geschlechtsactes erfährt von vornherein eine wesentliche künstliche Abänderung; die auf Hinausschiebung und Vermeidung der natürlichen intravaginalen Ejaculation gerichtete Aufmerksamkeit bringt ein nicht hineingehöriges willkürliches Element in den Vorgang, das die Abwickelung der automatischreflectorischen Erregungsketten retardirt und beeinträchtigt. Die in langsamerem Tempo und minder kräftig erfolgenden Frictionen, das schwächere Wollustgefühl, die minder vollständige und plötzliche Lösung der geschlechtlichen Spannung hindern das Zustandekommen einer so vollständigen Reaction, wie sie bei der natürlichen Ejaculation eintreten muss, da bei dieser durch die erforderliche energische Muskelaction eine plötzliche Entleerung des blutüberfüllten Genitalschlauches bewirkt, der centripetale Reiz zugleich ausser Spiel gesetzt und somit durch Aufhebung der centralen Innervation der gesammte Genitalapparat mit einem Male gänzlich erschlafft wird. Eine solche physiologische Reaction kann sich beim Coitus reservatus des völlig veränderten Ablaufes der Vorgänge wegen nicht geltend machen. PEYER hat unter Betonung dieser Verschiedenheiten die Annahme aufgestellt, dass die beim Coitus reservatus stattfindende unvollkommene Lösung der Erection zunächst einen „chronischen Irritations- und Erschlaffungszustand der Pars prostatica urethrae" zur Folge habe, der seinerseits wieder zum Ausgangspunkt und pathologisch-anatomischen Substrat einer consecutiven Neurasthenie werden könne. Diese Meinung dürfte vielleicht für gewisse, mit cystalgischen Localerscheinungen einhergehende Fälle Gültigkeit haben. Näher dagegen liegt es für die Mehrzahl der Fälle, an eine durch den abnormen Ablauf des Erregungsmechanismus unmittelbar gesetzte functionelle Schädigung der direct betheiligten (genitalen) und benachbarter spinaler Centren zu denken, die natürlich um so schwerer ins Gewicht fallen muss, je häufiger die veranlassende Noxe sich wiederholt, und je mehr die betreffenden Centren sich schon vorher durch ursprüngliche Veranlagung oder durch Erwerb einem der „reizbaren Schwäche" entsprechenden Zustande angenähert befanden.

Seitdem ich vor etwa zehn Jahren durch eine zufällige Begegnung auf diesen Gegenstand aufmerksam geworden bin, sind mir bei männlichen Neurasthenikern in fast erschreckender Häufigkeit Fälle entgegengetreten, wobei auf Befragen oder auch spontan die gewohnheitmässige Ausübung des Coitus reservatus als mitwirkendes oder (wohl mit Unrecht) sogar als alleiniges ätiologisches Moment angeschuldigt wurde. Meist waren es Ehemänner, in jüngeren oder mittleren Jahren, den besseren Ständen angehörig, Kaufleute, Beamte, Juristen, Lehrer, Officiere. Der Coitus reservatus wird in solchen Fällen bald ohne Wissen der Frau, bald nach gemeinsamem Uebereinkommen gepflegt, wobei die Veranlassung bald mehr vom Manne, bald von der Frau herrührt. Die Motive sind so, wie man sie eben bei unseren „decadenten" Lebensverhältnissen und Lebensansichten — wo jeder Einzelne möglichst viel Genuss bei möglichst geringer Pflichtleistung anstrebt — erwarten kann. Der Mann wünscht sich keine Kinder, oder doch höchstens eins oder zwei, weil sie zu viel Geld kosten; die Frau will keine, weil es ihre Gesundheit oder Schönheit untergraben, ihre gesellschaftlichen Triumphe beeinträchtigen könnte, oder einfach aus Antipathie gegen die unbequemen, pflege- und erziehungbedürftigen Störenfriede. Daneben giebt es natürlich auch Fälle genug, wo ärztlicherseits Conceptionen wegen örtlicher oder allgemeiner Erkrankungen, Erschöpfung durch frühere Wochenbetten u. s. w. verboten oder doch widerrathen werden, und wo die Eheleute den Muth völliger Entsagung nicht finden, sich daher auf den „präventiven Sexualverkehr" in seinen mannigfachen Modalitäten beschränken. — Bei illegitimen Verbindungen, namentlich Liaisons mit Ehefrauen, ist der Coitus reservatus aus dem einen oder anderen Grunde auch ziemlich häufig; doch machen sich wohl wegen der im Allgemeinen doch kürzeren Dauer solcher Verhältnisse die nachtheiligen Folgen meist weniger fühlbar. — Ich bemerke übrigens, dass der Coitus reservatus theils wegen Unbekanntschaft mit anderweitigen Präventivmitteln angewandt wird, theils weil letztere als nicht sicher genug gelten, oder auch weil sie die Empfindung zu sehr abschwächen (was namentlich von ungeschickt gewählten Condoms gilt). Hervorzuheben ist, dass es sich in der Regel um leichtere und (bei geeignetem Verhalten) besserung-fähige Formen von Neurasthenie handelt.

Da meine Ansichten über diesen Punkt von manchen Seiten angezweifelt oder direct bestritten worden sind, so mögen von zahlreichen Beispielen, die mir vorgekommen sind, nur die beiden folgenden, als gewissermassen typisch, kurz angeführt werden; beide sind dadurch bemerkenswerth, dass auch die Frauen der betreffenden Neurastheniker anscheinend aus der gleichen Ursache functionell-neuropathische oder local genitale Störungen aufwiesen:

1) S., Kaufmann, 37 Jahr, gross, gut gebaut, kräftig, seiner Angabe nach früher völlig gesund. Seit 5 Jahren verheiratet, unmittelbar hinter einander zwei Kinder. Um weiterem Kindersegen zu entgehen, übte Pat. im Einver-nehmen mit der Frau den Beischlaf erst mit Condoms, dann — da ihnen dieses Verfahren nicht Sicherheit genug zu bieten schien — in Form des Coitus re-servatus. Die Zurückhaltung der Ejakulation und Beendigung ausserhalb der Scheide misslang jedoch in letzter Zeit einmal, und es kam zu einer neuen Gravidität, worüber das Ehepaar sehr unglücklich ist. Pat. zeigt Symptome der Spinal- und Cerebral-Irritation, spontanen und auf Druck vermehrten Schmerz in der Gegend der unteren Rücken- und der Lendenwirbel, ausstrah-lende Schmerzempfindungen und Parästhesien in den Beinen, Magendrücken, Stuhlträgheit, häufigen Kopfschmerz, gedrückte hypochondrische Stimmung u. s. w.; lokal bestehen ziehende Empfindungen in der Harnröhre und sehr aus-gesprochener Tenesmus vesicae. Die von specialistischer Seite vorgenommene endoskopische Untersuchung hatte gänzlich negatives Ergebnis. — Auch die Frau leidet an neuropathischen Störungen verschiedener Art, namentlich Neur-algien mehrerer Nervenbahnen, Prosopalgie, hemikranischen Anfällen, Gelenk-neurosen, Schmerzpunkten an der Wirbelsäule und den unteren Rippen.

2) S., aus den Vereinigten Staaten, Kaufmann, 35 Jahr, wurde mir von einem einheimischen Arzte mit der Diagnose beginnender Tabes zugeschickt. Die Untersuchung ergab jedoch keines der für Tabes charakteristischen Zeichen (weder Ataxie, noch Fehlen des Kniephänomens, noch lanzinierende Schmerzen, noch Pupillenstarre u. s. w.), sondern den typischen Symptomenkomplex sexualer Neurasthenie, wofür der übrigens kräftige, in guten Verhältnissen lebende, im Essen und Trinken durchaus mässige, überhaupt solide Mann lediglich den Coitus reservatus mit der Ehefrau als Ursache anschuldigte. Die Frau, eine grazile junge Blondine, wünschte von Kindern verschont zu bleiben, und der Mann, gehorsam wie nur ein echter amerikanischer Ehemann, entsprach ganz ihren Wünschen; er übte die in Rede stehende Form des Präventivverkehrs, da er anderweitige zu gleichem Ziele führende Verfahren nicht kannte. Er klagte über häufig spontan auftretende Rückenschmerzen in der Lenden- und Kreuzgegend, Gürtelgefühle, Magenschmerzen, Sodbrennen, Stuhlverstopfung, abwechselnd mit öfteren, an „gastralgische Krisen" erinnernden Anfällen von Diarrhöe und Er-brechen. Die Blasenentleerung war retardirt, der Harn von normaler Be-schaffenheit und Quantität, die Potenz nach Meinung des Patienten in letzter Zeit deutlich vermindert. Einmal hatte auf der Reise infolge geschlechtlicher

Erregung ein reichlicher Samenerguss stattgefunden, wonach lahmes Gefühl in der Lendengegend und tagelange Müdigkeit in den Beinen zurückblieb. — Ich empfahl Kaltwasserkur und Gymnastik, anderweitige Regelung des Coitus (eventuell unter Zuhilfenahme geeigneter Kondoms). Ich sah den Patienten im folgenden Jahre wieder, sehr erheblich gebessert; bei der Frau hatte sich aber seiner Angabe nach inzwischen ein chronisches Uterusleiden entwickelt, das eine längere gynäkologische Behandlung erforderlich machte und wahrscheinlich, durch Sperrung des Sexualverkehrs, auf ihn selbst günstig zurückwirkte.

Schliesslich sei noch hervorgehoben, dass nach einer von manchen Seiten gehegten Ansicht auch andere Theile des männlichen Sexualapparates, als die prostatischen Bezirke, durch krankheiterregende Reize zum Ausgangspunkt der Neurasthenie werden können. Namentlich gilt dies von der nervenreichen Glans penis; Balanitis, Phimosen, Concretionen der Vorhaut u. s. w. sollen in gewissen Fällen das ätiologische Moment abgeben. Die Möglichkeit ist ja nicht abzuweisen; doch könnte die glanduläre Reizung vielleicht mehr indirect einwirken, insofern die obigen Affectionen bekanntlich den Hang zur Onanie und damit zur Entstehung sexualer Neurasthenie fördern, auch in manchen Fällen der specifisch gonorrhoische Charakter einer Balanoposthitis wohl übersehen sein mag. Dass vollends eine Varicocele, eine Epididymitis u. dgl. zur sexualen Neurasthenie führen sollten, ist von vornherein wenig wahrscheinlich und thatsächlich in keiner Weise begründet.

Symptomatologie und Verlauf.

Nach Ursprung und Eigenart des Verlaufes der gewöhnlichen sexualen Neurasthenie des männlichen Geschlechtes haben wir die specifischen Localsymptome — die Zeichen „localisirter" Neurasthenie — und die der Irradiation, der intercentralen Reizausbreitung angehörigen Fernsymptome, die Erscheinungen diffuser oder „allgemeiner" Neurasthenie zu unterscheiden. Im Einzelfalle lässt sich freilich eine grundsätzliche Trennung zwischen beiden Symptomreihen nicht immer durchführen. Der Hergang ist ja allerdings in einem grossen Theile der Fälle anscheinend so, dass sich auf Grund der besprochenen ätiologischen Momente zuerst die „locale Genitalneurose" entwickelt, mag es sich nun dabei um rein functionelle Hyperästhesie (namentlich im prostatischen Harnröhrenabschnitte) oder um structurelle Veränderungen dieser Gegend handeln, die aber auch nicht sowohl als solche, wie vielmehr durch den damit verbundenen functionellen Reiz hier in Betracht kommen. An die Symptome der Genitalneurose scheinen sich dann erst die Erscheinungen der spinalen und in weiterer Ausbreitung der cerebralen, der allgemeinen Neurasthenie anzuschliessen, so dass wir hier einem ähnlichen Verlaufe begegnen, wie so häufig nach Verletzungen in den auf einander folgenden oder sich aus einander entwickelnden Formen der traumatischen Localneurose und der allgemeinen „traumatischen Neurose", der traumatischen

Neurasthenic und Hypochondric. In anderen Fällen gehen dagegen allgemein neurasthenische Erscheinungen bei den betreffenden Individuen
schon lange voranf und erhalten durch die hinzutretende urogenitale
Erkrankung oder Functionsstörung nur eben jene specifische Localfärbung,
durch die sich der Zustand als besondere klinische Varietät, als sexuale
Form der Neurasthenic kennzeichnet.

Da aber die localen Symptome in beiden Categorien von Fällen
im Wesentlichen stets dieselben und überhaupt typischer Art sind, während die allgemeinen Züge des Krankheitbildes naturgemäss mannigfach
differiren, so sind jene ersteren symptomatisch und diagnostisch von
allein entscheidender Bedeutung. Ihre bemerkbare Uebereinstimmung
und Constanz (die natürlich sehr bedeutende gradweise Unterschiede
nicht ausschliesst) ist offenbar daranf zurückzuführen, dass es eben
die an einen ganz bestimmten, umschriebenen Abschnitt des
Urogenitalapparates gebundenen Symptome, und zwar vorwiegend
oder doch primär solche von irritativer Natur sind, die in dem klinischen Bilde der sexualen Neurasthenie als herrschend hervortreten.

Wir können die localen Sensibilitätstörungen und die localen
motorischen und secretorischen Störungen — bei letzteren wieder
die Störungen irritativer (spastischer) und depressiver (paretischer)
Natur — gesondert betrachten.

Die beobachteten Sensibilitätstörungen haben, wie die Sensibi-
tätstörungen des Neurasthenischen überhaupt, wesentlich irritativen Charakter; sie treten auf als Hyperästhesien, Dysästhesien und Parästhesien
der Genitalorgane, und zwar mit offenbar vorwiegender oder ausschliess-
licher Localisirung in Blasenhals, Prostata und prostatischem Theil der
Harnröhre. Wir finden spontan auftretende Gefühle von Druck, Schwere,
Ziehen oder Reissen, von mehr oder minder heftigem Schmerz in der
Tiefe des Dammes, fast immer mehr oder weniger ausgesprochene
Empfindlichkeit beim Uriniren (Dysurie), nicht selten auch beim Coitus;
also Symptome, wie sie Erkrankungen und Neurosen des Blasenhalses
und seiner Umgebung, gesteigerter Reizbarkeit und Neuralgien der Prostata, Hyperästhesien der Pars prostatica u. s. w. entsprechen. Das
unstreitig wichtigste und zugleich constanteste dieser Symptome ist die
Dysurie oder Cystalgie, die durch erhöhte Reizbarkeit des Blasenhalses bedingte Schmerzhaftigkeit der Harnentleerung, womit
sich in der Regel auch gesteigerter Harndrang, also häufiges und
zugleich durch die Schmerzhaftigkeit erschwertes Harnlassen (Strangurie, Tenesmus vesicae) verbindet. Während die Dysurie als rein
neuralgische Erscheinung zu betrachten ist, handelt es sich dagegen bei
der Strangurie und dem Tenesmus vesicae schon um einen anomalen,
aus der krankhaften Hyperästhesie des Blasenhalses sich ergebenden
Reflexact. Sehr ausgesprochen finden wir diese Erscheinungen namentlich
in den Fällen sexualer Neurasthenie, die sich auf Grund von Onanie, von

gonorrhoischen Erkrankungen und von sexuellen Excessen entwickeln. Die unmittelbaren Ursachen der sensibeln Reizsymptome sind vielleicht nicht in allen diesen Fällen die gleichen; bei Onanisten scheinen die öfters nachgewiesenen catarrhalischen Schwellungen, Hypertrophie des Samenhügels (ULTZMANN) — bei Trippererkrankungen die gonorrhoische Urethritis postica und Prostatitis — bei sexuellen Excessen auch öfters die Entwicklung parenchymatöser Prostatitis eine mitwirkende Rolle zu spielen. Doch sei wiederholt, dass sich die gleichen Reizerscheinungen auch in der grossen Mehrzahl solcher Fälle finden, wo locale structurelle Veränderungen sich an Prostata, Harnröhre und Blasenhals nicht nachweisen lassen, wo es sich demnach nur um functionelle Reizzustände, um gesteigerte Irritabilität, Hyperästhesie dieser Organabschnitte handelt.

Zu den im Ganzen selteneren Formen localer Sensibilitätstörung bei sexualer Neurasthenie muss die (bei Rückenmarkkrankheiten, Tabes häufigere) eigentliche Neuralgie der Harnröhre, ferner die mit Neuralgie verbundene Hyperalgesie des Hoden (der sog. irritable testis) gezählt werden, von denen in einem späteren Abschnitte specieller die Rede sein wird. Ebenso gehört hierher die bei Neurasthenikern zuweilen ohne nachweisbare locale Ursachen (Balanitis u. dgl.) vorkommende Hyperästhesie der glans penis, die als Ursache oder Mitursache neurasthenischer Impotenz von Wichtigkeit sein kann.

Die motorisch-secretorischen Reizerscheinungen bestehen in krampfhaften Actionen des urogenitalen Muskelapparates, die theils durch directe örtliche (peripherische) Reizung ausgelöst werden — theils aber und vorwiegend auf dem Wege centripetaler Fortleitung und spinaler Reflexerregung zu Stande kommen. Abgesehen von der eben erwähnten, durch krankhafte sensible Reizung des Blasenhalses entstehenden Form des Cystospasmus, dem mit Schmerz verbundenen krampfhaften Harndrang (Tenesmus vesicae) sind die wichtigsten hierhergehörigen Innervationsstörungen: die krankhaften Pollutionen, die von Pollution unabhängigen Samenentleerungen (Spermatorrhoe), die Prostatorrhoe, und endlich die durch Krampf des Harnröhrensphincters bedingte Harnretention (spastische Ischurie). Schon hier sei voraufgeschickt, dass die Untersuchung des Urins selbst im Allgemeinen keine für sexuale Neurasthenie besonders characteristischen Momente ergiebt, dass vielmehr die in einzelnen Fällen beobachteten Normabweichungen sich theils auf individuelle Verhältnisse und Complicationen, theils auf gewisse noch nicht näher bekannte, vielleicht unter nervösem Einflusse stehende Stoffwechselanomalien (Oxalurie, Phosphaturie) zurückführen lassen.

Krankhafte Pollutionen gehören mit zu den häufigsten Erscheinungen typischer Sexualneurasthenie. Es sind darunter Ejaculationen zu verstehen, die — im Gegensatz zu den nocturnen, sogenannten „physiologischen" Schlafpollutionen — auch bei Tage und in wachem Zustande

erfolgen, sich überdies durch abnorm häufige Wiederkehr und nicht
selten auch durch Hinterlassung abnormer Rückwirkungen als pathologisch kennzeichnen. Ihre Frequenz ist sehr verschieden, mehrmals in
der Woche, täglich, zuweilen selbst mehrmals an einem Tage oder bei
Nacht. Der grösseren Häufigkeit entspricht natürlich auch eine stärkere
Gesammtreaction in Form functioneller Erschöpfung. Wie beim normalen
Ejaculationsact, wird bei den krankhaften Pollutionen auch Secret der
Prostata und der Cowper'schen Drüsen mit dem Sperma entleert; es muss
also die Musculatur der zum Genitalapparat gehörigen Drüsen insgesammt
mitwirken. Ihre Genese ist dem entsprechend auf einen reflectorisch
bedingten Krampf des beim Ejaculationsact thätigen Muskelapparates
zurückzuführen; wir finden sie daher auch sehr häufig neben dem in
gleicher Weise reflectorisch bedingten Krampf der Harnröhren- und
Blasenmusculatur, dem Tenesmus vesicae. Beiden Krampfformen liegt
die besonders bei Onanisten so stark entwickelte Hyperästhesie des
Blasenhalses und des prostatischen Harnröhrentheiles zu Grunde. Die
krankhaften Pollutionen werden im weiteren Verlaufe aber nicht blos
durch örtlich wirkende, mechanische und dynamische Reize ausgelöst,
sondern sie erfolgen vielfach schon bei leichter psychosexualer Erregung,
durch erotisch wirkende Eindrücke der verschiedensten Art, Bilder und
Vorstellungen, die blosse Ausmalung sinnlicher Gegenstände, wobei es
sich also offenbar um eine von psychosensorischen Centren ausgehende, centrifugale Anregung des spinalen Ejaculations-
apparates und um schon vorauszusetzende gesteigerte Erregbarkeit dieses letzteren handelt. Die Pollutionen erfolgen in derartigen
Fällen nicht selten ganz unvermittelt und plötzlich, ohne das Voraus-
gehen von Orgasmus und Erection; sie hinterlassen auch gerade in solchen
Fällen eine durch Schmerz, Schwere, Ermüdungsgefühl, Schwindel, Un-
ruhe, Schlaflosigkeit u. s. w. gekennzeichnete, ein- oder selbst mehr-
tägige, den gewöhnlichen Schlafpollutionen in ähnlicher Hochgradigkeit
niemals zukommende consecutive Erschöpfung.

Spermatorrhoe, nicht im älteren, fast auf alle wirklichen oder vermeintlichen „Samenverluste" ausgedehnten Wortgebrauche, sondern in der
Einschränkung auf die von Pollutionen unabhängigen Samenentleerungen, wie sie, ohne erotische Vorstellungen, ohne Erection
und Orgasmus, im Zusammenhange mit der Stuhl- und Harnentleerung erfolgen — also als Defäcations- und Mictionsspermatorrhoe — bildet gleichfalls ein sehr häufiges Symptom sexual-neurasthenischer Erkrankung und keineswegs blos in ihren vorgeschrittenen Formen.
Nicht immer brauchen daneben krankhafte Pollutionen vorhanden zu sein,
auch die Potenz kann beim Bestehen wirklicher Spermatorrhoe noch ganz
normal oder nur wenig beeinträchtigt sein. Die Spermatorrhoe ist eine
Erscheinung, die theils auf vermehrter Samenproduction und Krampf der
Samenbläschen, theils auf Insufficienz und Parese der Ausführungsgänge,

der Ductus ejaculatorii beruhen kann. Unter Umständen treten auch beide Momente in Wirkung und können überdies durch das mechanische Agens der Bauchpresse, wie besonders bei der Defäcation, wirksam unterstützt werden. Die beiden erwähnten Hauptformen der Mictions- und der Defäcationsspermatorrhoe sind daher auch in ihrer Entstehung und pathologischen Bedeutung keineswegs als gleichwerthig zu betrachten. Mictionsspermatorrhoe allein in Form der Beimischung von Sperma zum Harn (Spermaturie, GRÜNFELD) ist ein ziemlich häufiges und oft sogar latentes Symptom gonorrhoischer Harnröhrenerkrankung, sowie auch anderweitiger entzündlicher Localaffectionen, und wird auch bei den hierauf beruhenden Formen sexualer Neurasthenie vorzugsweise beobachtet. Es kann sogar unter Umständen zeitweise das einzige auffällige Symptom krankhafter localer Nervenreizung darstellen, und man kann alsdann wohl von einer monosymptomatischen Neurasthenie, einer „Tripperneurasthenie" sprechen. Die im Ausfluss bei chronischem Tripper vorkommenden Tripperfäden können in solchen Fällen zahlreiche Spermatozoen enthalten, wie dies FÜRBRINGER in nicht weniger als 25 unter 140 Fällen chronischer Gonorrhoe (also bei fast 18 Proc.) constatirte. Von der Imprägnation der Tripperfäden bis zur Gegenwart zahlreicher, durchweg aus Sperma bestehender Fäden und Flocken konnte jedes Zwischenstadium beobachtet werden. Die Ursache der Spermatorrhoe ist hier wohl in den chronischen Entzündungzuständen der Pars prostatica und der Samenausführunggänge, mit Erweiterung und Erschlaffung dieser letzteren zu suchen. Von grösserer Bedeutung und von anderer Provenienz sind dagegen die Fälle, in denen Samenentleerung sich an eine voraufgegangene Harnentleerung unmittelbar anschliesst; sie bilden den Uebergang zu den Defäcationsspermatorrhoen, bei denen ja auch der Samenerguss meist mit der den Defäcationsact beschliessenden Urinentleerung oder als Nachact der letzteren hervorgepresst wird. Dass die Bauchpresse also hierbei eine Hauptrolle spielt, ist unverkennbar; sie kann aber wohl die Entleerung der Samenblasen nur bewirken, wo gleichzeitig ein Krampfzustand in der Muscularis der letzteren, oder eine Erschlaffung der Ductus ejaculatorii, oder beides zusammen vorliegt. Ein blosses mechanisches Ausdrücken der Samenblasen durch die bei der Defäcation im Rectum herabsteigenden Kothmassen ist undenkbar, da, wie FÜRBRINGER im Anschlusse an CURSCHMANN hervorhebt, der Lage der Samenblasen viel eher ein Ausweichen und Abklemmen der Mündungstellen entsprechen würde. Mehr Wahrscheinlichkeit hat die Annahme für sich, dass mit den Mastdarmcontractionen zusammen auch solche der Samenblasen angeregt werden. — Endlich kommen aber bei Neurasthenikern, wiewohl selten, auch Fälle vor, in denen wirkliche rein spermatische Abgänge ohne voraufgegangene Gonorrhoe, ohne Verbindung mit Miction und Defäcation stattfinden; wo es sich also wahrscheinlich um eine vermehrte Samenproduction und damit zusammenhängenden isolirten Samenblasenkrampf handelt.

Prostatorrhoe, d. h. die Entleerung von normalem oder krankhaft beschaffenem Prostatasecret ohne Sperma, ist ein sehr viel seltenerer Befund als krankhafte Pollutionen und Spermatorrhoe, und kommt fast ausschliesslich den auf Gonorrhoe beruhenden Formen der sexualen Neurasthenie zu. Der Entstehungmechanismus ist dabei zum Theil durch die mit Gonorrhoe zusammenhängenden Prostataerkrankungen (parenchymatöse Prostatitis) gegeben; zum Theil handelt es sich aber auch nicht um nachweisbare Vergrösserung und Entzündung des Organs, sondern nur um krankhaft gesteigerte Empfindlichkeit der Drüse auf mechanische Reizung, die auch dazu führt, dass schon durch Action der Bauchpresse bei der Stuhl- und Harnentleerung Prostatasecret mit hervorgepresst wird. In noch anderen Fällen liegen wohl gonorrhoische Urethritis posterior und Stricturen im hinteren Theil der Harnröhre zu Grunde, wodurch theils die Empfindlichkeit der Prostata vergrössert, theils auch der Muskelapparat der Drüse direct oder reflectorisch in Krampfzustand versetzt wird. Directen Aufschluss über den Empfindlichkeitgrad, sowie auch über etwaige Vergrösserung der Drüse liefert die Rectaluntersuchung, die in allen hierhergehörigen Fällen so wenig zu verabsäumen ist, wie Catheterismus und endoskopische Befundaufnahme. Das unter normalen Verhältnissen dünnflüssige, milchig trübe Prostatasecret nimmt bekanntlich bei entzündlichen Processen und Vermischung mit dem catarrhalischen Secret der Ausführungsgänge und der Urethra eine mehr dickflüssige, schleimig-eiterige Beschaffenheit an, bleibt aber milchig getrübt; es zeigt den charakteristischen Spermageruch, entwickelt bei der Probe mit 1 proc. Ammoniumphosphatlösung meist die bekannten Spermakrystalle, enthält unterm Mikroskop die die Trübung bedingenden geschichteten Amyloidkörner und nicht selten verfettete Cylinderzellen der Prostata, ausserdem mehr oder weniger Rundzellen, rothe Blutkörperchen und aus der Urethra stammende Formelemente. Die im Harn enthaltenen Urethralfäden zeigen die gleichen Bestandtheile, sind aber wegen Vermengung mit Harn für den Nachweis der Spermakrystalle ungeeignet. In seltenen Fällen können auch vereinzelte Spermatozoen (aus Resten von Ejaculat, oder durch Atonie der Ductus ejaculatorii) in den Ausfluss gelangen, ohne dass aber von gleichzeitiger Spermatorrhoe die Rede wäre. Lässt sich bei der Rectalpalpation ein dünnes, milchiges Secret aus der Drüse hervordrücken, so ist Prostatitis mit Sicherheit auszuschliessen (FÜRBRINGER).

Retentio urinae, spastische Ischurie, ist die Folge von Krampfzustand des Harnröhrensphincters, von Urethrospasmus — während die Combination dieses Zustandes mit gleichzeitiger überwiegender Detrusorreizung (Cystospasmus), wie schon erwähnt wurde, das Bild der Strangurie, des Tenesmus vesicae, liefert. Die Gelegenheitursachen sind für Entstehung des letzteren Zustandes bei sexualer Neurasthenie günstiger, als für die Entstehung spastischer Ischurie, da die in den meisten Fällen bestehende Hyperästhesie des Blasenhalses und der hinteren Harnröhrenabschnitte mit der gesteigerten Innervation des M. compressor urethrae zusammen auch eine energische Innervation der Blasenmusculatur auf directem oder reflectorischem Wege hervorrufen muss. Der Verschluss wird also kein vollständiger und nachhaltiger sein, sondern durch die gesteigerte Action des Detrusor bald überwunden und durchbrochen werden, worauf eben die Erscheinungen des Tenesmus hindeuten. Zur einfachen Retention kommt es besonders in solchen Fällen, wo bestehende Stricturen oder entzündliche Veränderungen in Harnröhre und Prostata (nach Gonorrhoe) ohnehin verengernd wirken und den Krampfzustand des M. compressor gleichzeitig begünstigen. Die Exploration der Harnröhre wird in solchen Fällen sowohl über das Vorhandensein von Krampf, wie von wirklichen Stricturen und von entzündlichen Schwellungen der Harnröhre Aufschluss ertheilen.

Die der sexualen Neurasthenie zugehörigen motorischen Schwächesymptome sind: gewisse Formen der Impotenz, namentlich die sogenannte „Impotenz aus reizbarer Schwäche" und — ein viel selteneres Symptom — die durch Insufficienz des Harnröhrensphincters bedingte Enuresis (Incontinentia urinae). Uebrigens ist, der obigen Darstellung zufolge, auch die Spermatorrhoe wenigstens in einem Theile der Fälle 'nicht als Reiz-, sondern als Schwächesymptom, durch Insufficienz der Ductus ejaculatorii bedingt, zu betrachten.

Unter den Symptomen der sexualen Neurasthenie spielt die Impotenz eine sehr wichtige und hervorragende Rolle, und man könnte wohl die für dieses Leiden am meisten charakteristische, durch ihren eigenthümlichen Entwicklungmodus von anderen unterscheidbare Impotenzform geradezu als „neurasthenische Impotenz" bezeichnen. Ist demnach auch die Beziehung zwischen sexualer Neurasthenie und Impotenz eine sehr intime, so darf man doch nicht so weit gehen, wie neuerdings GYURKOVECHKY, der unter dem Namen „sexuelle Neurasthenie" alle jene Formen der Impotenz beschreiben will, „deren Ursprung wie nicht auf irgend eine materielle Veränderung der Secretions- und Erectionsorgane, des Geschlechtsapparates, oder auf eine anderweitige, deutlich zu Tage tretende Erkrankung des Körpers zurückführen können". Wir dürfen nicht sexuale Neurasthenie mit Impotenz in irgend einer Form identificiren. Aber man wird zugestehen müssen, dass unter den Fällen typischer, seit längerer Zeit bestehender sexualer Neurasthenie der Männer nur wenige sind, in denen nicht die mehr oder weniger herabgesetzte Potenz den Gegenstand lebhaftester Klage, das Hauptmotiv für Beanspruchung ärztlicher Hülfe, kurz das subjectiv besonders schwer und wichtig genommene, cardinale Symptom bildete. Und man muss sich auch darüber klar werden, dass dieses Symptom nicht nur im Mittelpunkte aller Klagen für den Kranken steht, sondern dass es auch seinerseits wieder den Ausgangspunkt ausgebreiteter, auf die verschiedensten spinalen und cerebralen Nervengebiete übergreifender Reizirradiation, schwerer und tiefer psychischer Depressionserscheinungen — kurz, dass es für diese

Gruppe von Neurasthenikern das alles bestimmende und beherrschende, in Wahrheit essentielle Symptom ist.

Die Impotenz der Neurastheniker entwickelt sich sehr gewöhnlich in der Form, dass ihr Anfangstadium durch die verfrüht zu Stande kommende Ejaculation gekennzeichnet wird, zu einer Zeit, wo Orgasmus und Erection noch in nahezu normaler, wenigstens nicht sehr auffällig abgeschwächter Weise stattfinden. Gerade dieses Stadium der „ejaculatio praecox" ist es, auf das der ULTZMANN'sche Ausdruck „Impotenz durch reizbare Schwäche" ganz besonders passt; denn in der That liegen hier die charakteristischen Erscheinungen gesteigerter Reizbarkeit und rascher Erschöpfbarkeit des spinalen Ejaculationscentrums sehr deutlich vor Augen: die Reizschwelle für Erregung des Centrums liegt hier offenbar tiefer, da es nicht erst des durch die kräftigen Frictionen bedingten Reizzuwachses, ja häufig nicht einmal des durch die volle Blutansammlung in den Schwellkörpern gesetzten peripherischen Reizes bedarf; andererseits erfolgt auch der Ablauf der Erscheinungen viel rascher, tritt die Endkatastrophe und das mit ihr verbundene völlige und plötzliche Erlöschen des centrifugalen Innervationreizes schon nach viel kürzerer Erregungsdauer oder viel geringerer Summation der zugeleiteten peripherischen Reizwellen als in der Norm ein. — In dem späteren Stadium beeinträchtigter Potenz klagen die Kranken nicht mehr blos über verfrühte Ejaculation, sondern über seltenere und nur noch sehr unkräftig und schliesslich gar nicht mehr zu Stande kommende Erectionen; zur Schwäche des Ejaculationscentrums ist hier die des Erectionscentrums hinzugetreten, das durch die adäquaten physiologischen Reize nur noch in ungenügender Weise oder überhaupt nicht bis zu dem für Einleitung der Erection erforderlichen Grade erregt wird. — Diese Impotenz ist also der entsprechende Ausdruck der neurasthenischen Reactionsweise der genitospinalen Centren; sie entspricht dem zweiten Stadium, der „Lendenmarkneurose" nach KRAFFT-EBING'schem Schema, und ist in der That auch sehr häufig mit anderweitigen von den unteren Markabschnitten ausgehenden Innervationstörungen (im Gebiete der Plexus lumbalis und sacrococceygeus) vergesellschaftet. Sehr verschiedenartig gestaltet sich bei der neurasthenischen Impotenz das Verhalten der sexuellen Libido. An und für sich ist ja einleuchtend, dass mit der auf solche Weise herabgesetzten oder aufgehobenen Potenz keineswegs eine entsprechende Abnahme der Libido verbunden zu sein braucht. Thatsächlich ist auch die Geschlechtslust in solchen Fällen oft noch ganz normal, zuweilen sogar nach dem alten Satze „vetita lacessunt" krankhaft erhöht (während im Allgemeinen krankhafte Steigerungen des Geschlechtstriebes bei echter und uncomplicirter Neurasthenie eher zu den Seltenheiten gehören, höchstens als vorübergehende Erscheinungen vorkommen). Dagegen treffen wir nicht ganz selten den Zustand, der von Kranken selbst häufig mit der Impotenz verwechselt zu werden pflegt oder sie veranlasst, sich für impotent zu halten, dass nämlich selbst auf adäquate und früher wirksame geschlechtliche Anlässe nunmehr jede Spur von Libido ausbleibt, mithin die zur Auslösung von Erectionen erforderlichen intercentralen Erregungen unter solchen Umständen von dem Individuum überhaupt nicht mehr aufgebracht werden.

Hier braucht also die Erregbarkeit der Centren nicht einmal in dem Grade gelitten zu haben, wie bei der erstbesprochenen Form, der „neurasthenischen" Impotenz; es werden aber die psychosexualen Erregungen dem Erectionscentrum nicht in der als Reizschwelle wirksamen Stärke zugeleitet; der Effect bleibt daher aus. Dieser Zustand ist wichtig, da er für das Individuum sehr eigenartige und verhängnissvolle Folgen haben kann; in ihm steckt nämlich eine wichtige Quelle sexualer Perversionen, da abnorme und bisher unerprobte Reize sich noch oft als wirksam erweisen, Libido und Erectionen hervorrufen, und daher den adäquaten physiologischen Sexualreizen mit Vorliebe substituirt werden. Manche in späteren Abschnitten zu betrachtende sexuelle Verirrungen, allerlei Bizarrerien und Paradoxien des Geschlechtstriebes, der zumal bei älteren Individuen öfters hervortretende Hang zu „sadistischen", den Coitus ersetzenden oder vorbereitenden Acten, zu activer und auch passiver Alogolagnie (vgl. dieses Cap.) lassen sich auf die in Rede stehenden neurasthenischen Störungen als Ausgangspunkt zurückführen.

Es bleiben noch die im Ganzen leichteren Formen der relativen, der temporären und der im engeren Sinne so genannten psychischen Impotenz zu betrachten, die alle drei bei Neurasthenikern vorkommen können, aber nicht gerade etwas für sexuale Neurasthenie Charakteristisches haben, und eigentlich mehr in differential-diagnostischer Hinsicht Beachtung verdienen. Als „relative" Impotenz pflegt man den Zustand zu bezeichnen, dass Jemand einzelnen Individuen gegenüber noch mehr oder weniger potent, bei anderen dagegen impotent ist; als „temporäre" Impotenz, dass Jemand (oft zu seiner eigenen Ueberraschung) im entscheidenden Augenblick plötzlich impotent, zu anderer Zeit dagegen wieder völlig potent ist. Ich brauche nur an die bekannte dichterische Behandlung und Ausschmückung dieses Themas bei Ovid, Petron, Ariost, Bussy Rabutin, in Voltaire's Pucelle (Jean Chandos) und in Goethe's „Tagebuch" zu erinnern. Als „psychische" (besser hypochondrische oder nosophobische) ist diejenige Impotenz zu betrachten, die eigentlich keine ist, eine bloss befürchtete und zwar grundlos befürchtete, aber durch die Autosuggestion doch in hohem Maasse wirksame Form der Impotenz; ein bei älteren und jüngeren Neurasthenikern leider recht häufiger und hartnäckiger, oft durch vermeintliche üble Erfahrungen, ungeschickte Coitusversuche, durch nachtheilige Lectüre u. s. w. hervorgerufener, keineswegs aber vorwiegend mit urogenitalen Localaffectionen oder functionellen Schädlichkeiten zusammenhängender Zustand. Bei der „psychischen", wie bei der „temporären" und „relativen" Impotenzform sind es „psychosexuale", von psychischen Centralorganen ausgehende, allerdings unter der Schwelle des Bewusstseins liegende Hemmungen, die vorübergehend oder dauernd, unregelmässig oder constant das Zustandekommen der Ladung in den genitospinalen Centren verhindern. Es handelt sich hier demnach um cerebrale Impotenzformen — bei der echt neurasthenischen Impotenz, der Impotenz „durch reizbare Schwäche" dagegen um spinoperipherische oder vorwiegend spinale.

Ich muss mich auf diese Andeutungen beschränken, da wir es hier nur mit der Impotenz als einer Theilerscheinung sexualer Neurasthenie zu thun haben, und eine allgemeine Erörterung dieser praktisch so wichtigen, vielleicht wichtigsten genitalen Functionstörung weit aus dem Rahmen dieses Werkes heraus führen würde. Auch hinsichtlich des bei sexualer Neurasthenie viel selteneren Syptoms der Enuresis, der Incontinentia urinae sei nur kurz bemerkt, dass sein Vorkommen, in uncomplicirten Fällen wenigstens, auf eine secundär eintretende Erlahmung des krampfhaft contrahirten Harnröhrensphincters, aus peripherischer oder centraler Ursache, zurückzuführen ist. Allerdings kann auch der Fall vorliegen, dass ein plötzlicher und unwiderstehlich eintretender Krampf des Detrusor einen willkürlich nicht zu hemmenden Harnabfluss erzeugt, was jedoch fast nur in Verbindung mit schmerzhafter Reizung des Blasenhalses (Cystalgie), daher abwechselnd mit oder neben Tenesmus vesicae vorkommt; dieser Zustand ist daher von der rein paretischen oder paralytischen Incontinenz leicht zu unterscheiden. —

An die zuletzt besprochenen Innervationstörungen, die schon zum grossen Theile auf eine pathologisch veränderte Thätigkeit gewisser im Rückenmark belegener Reflexcentren zurückgeführt werden müssen, reihen sich nun im weiteren Verlaufe mannigfaltige Krankheiterscheinungen an, die den Charakter urogenitaler Störungen nicht mehr an sich tragen, immerhin aber auf das Rückenmark, und speciell auf die unteren Rückenmarkabschnitte als ihren gemeinschaftlichen Ausgangspunkt hinweisen. Es liegt dabei nahe, an eine der excessiven Reizung und gesteigerten Reizbarkeit oder Herabsetzung centraler Leitungwiderstände entsprechende abnorme Reizausbreitung im Rückenmark zu denken; zumal es sich auch hier besonders um Erscheinungen irritativer Natur in sensibeln, weniger in motorischen Nervengebieten handelt. Zu den sensibeln Reizerscheinungen gehören die spontan auftretenden Schmerzen in der Lenden- und Kreuzgegend, die ausstrahlenden schmerzhaften Empfindungen und Parästhesien, nicht bloss in den Geschlechttheilen, sondern auch in Damm, After u. s. w., in der Glutäal- und Hüftgegend, sowie namentlich in den unteren Gliedmaassen. Diese Erscheinungen sind es ja bekanntlich, die im Verein mit den sexualen Symptomen derartige Kranke so oft mit der Befürchtung zu uns treiben, dass sie tabisch seien oder zu werden im Begriff stehen. Die ärztliche Untersuchung ergiebt natürlich sehr bald den Ungrund dieser Befürchtungen; man findet die Kniephänomene intact, findet keine Ataxie, keine Muskelgefühlstörung, keine Abschwächung oder Verlangsamung der Hautsensibilität u. s. w. — mit einem Worte, keine objectiven Tabessymptome; aber die „Tabophobie" solcher Kranken ist, wie eben andere neurasthenischen Phobien auch, nur sehr schwer zu bannen. — Von motorischen Reizerscheinungen sind zuweilen Zittern (mit dem Charakter des neurasthenischen Tremor) und leichte Reflexsteigerungen, namentlich Fussclonus zu beobachten: Symptome, die wohl hier und da den Verdacht auf eine beginnende disseminirte Sclerose vorübergehend erwecken. Sehr gewöhnlich besteht Stuhlverstopfung, die öfters mit Diarrhöen abwechselt: Störungen, die wahrscheinlich von dem in gleicher Höhe mit dem Vesicalcentrum liegenden Centrum anospinale ausgehen. Auch örtlich beschränkte vasomotorische und secretorische Innervationstörungen, vermehrte Schweisse u. s. w. sind vielleicht als Ausdruck anomaler Function der regionären Gefässnervencentren und Schweisscentren zu betrachten.

Natürlich können sich früher oder später auch von höher gelegenen Rückenmarkabschnitten und vom Gehirn aus mannigfaltige Störungen, namentlich sensible und sensorielle Reizsymptome hinzugesellen. Ein näheres Eingehen auf die Erscheinungen der „spinalen" und „cerebralen", der „universalen" Neurasthenie würde den Raum überschreiten und dem Zwecke dieses Werkes ferliegen. Es genüge hier auf einige besonders wichtige und im Anschlusse an sexuale Neurasthenie besonders häufige Gruppen von Erscheinungen kurz hinzuweisen: auf die mannigfachen spontan auftretenden Schmerzempfindungen im Rücken und Kopf, die ausstrahlenden neuralgiformen Schmerzen und Parästhesien, die bereits auf kurze und geringfügige Leistung eintretenden Ermüdungsgefühle in den verschiedensten Muskeln (wohin u. a. auch die bei derartigen Kranken so häufige Asthenopie als Ermüdungerscheinung des Accommodationsmuskels und der Recti interni zu rechnen ist), Kopfdruck, Schwindel, Angstgefühle und die für Neurastheniker gewissermaassen pathognomonischen Angstvorstellungen, „Phobien" (worunter eine der bekanntesten, aber nicht gerade häufigsten die sogenannte Agoraphobie, der „Platzschwindel"), endlich die aus dem permanenten Krankheitgefühl entspringende und darauf zurückwirkende, das ganze Wollen und Denken nachhaltig beeinflussende Gemüthdepression, die (übrigens oft mit jähem Stimmungsumschlag gepaarte) neurasthenisch-hypochondrische Psychose.

Da für eine grössere Casuistik der Raum fehlt, so mag nur ein durch Schwere der Erscheinungen ausgezeichneter Fall als gewissermaassen typisches Verlaufbeispiel angeführt werden:

3) K., Fabrikant, 49 Jahre, entstammt einer neuropathischen Familie (ein Bruder war geisteskrank, endete durch Selbstmord); hat von früh auf der Onanie sehr stark gefröhnt; vor mehr als 20 Jahren sehr schwere Trippererkrankung mit heftiger Urethritis posterior, nachfolgender Prostatitis und Cystitis; 10 Jahre darauf erfolgte eine neue Tripperinfection von gleicher Schwere und mit gleichen Complicationen. Obgleich eine entsprechende Localbehandlung mit Er-

folg zur Anwendung gebracht wurde, machten sich doch seit dieser Zeit die
Erscheinungen ausgesprochener sexualer Neurasthenie und weiterhin schwerer
allgemeiner Neurasthenie geltend. Pat. litt an äusserst häufigen, copiösen und
in hohem Grade schwächenden Pollutionen, die sowohl bei Tage wie bei
Nacht und im Wachen ohne voraufgegangene geschlechtliche Erregung erfolgten
und nicht selten täglich, oder sogar 2—3 Mal in der Zeit von 24 Stunden
eintraten; ferner an Spermatorrhoe, die lange Zeit bei fast allen, sowohl
natürlichen wie künstlich erzwungenen Stuhlentleerungen die fast regelmässige
Begleiterscheinung bildete, und an Prostatorrhoe, in Form des Abganges
von Prostatasecret mit dem Harn. Er klagte über Harndrang und Schmerz
beim Harnlassen; der anfangs noch in grossen Zwischenräumen unregelmässig geübte Coitus (Pat. ist unverheirathet) wurde später durch abneh-
mende Potenz erschwert und ist in den letzten Jahren überhaupt nicht mehr
versucht worden. Im Uebrigen haben sich die obigen Beschwerden mit der
Zeit wieder vermindert, Pollutionen erfolgen jetzt nur noch in 8—10 tägigen
Intervallen; Defäcationsspermatorrhoe nur noch selten, hauptsächlich bei einem
im Laufe des Tages durch Abführmittel hervorgerufenen Stuhlgang, nicht aber
bei natürlicher Ausleerung in den Morgenstunden. Neigung zu Tenesmus und
Prostatorrhoe sind noch vorhanden; bei Rectaluntersuchung ist keine Vergrösserung und Empfindlichkeit der Prostata auf Druck zu constatiren; dagegen
grosse Empfindlichkeit der Harnröhre in ihrem prostatischen Theil bei Einführung von Instrumenten; endoskopischer Befund negativ. — Im Laufe der
letzten 10 Jahre sind nun, allerdings mit veranlasst durch unvorsichtige Lebensweise des Patienten (sehr starkes Rauchen und Trinken, Theilnahme an carne-
valistischem Excessen u. dergl.) successiv immer schwerere neurasthenische
Allgemeinerscheinungen aufgetreten; Rücken- und Kopfschmerzen von grosser
Heftigkeit, Cardialgie und Coliken, Herzpalpitationen, Oppressionsgefühl, steno-
cardische Anfälle abwechselnd mit congestiven Kopfanfällen und mit anderweitigen vasomotorischen Störungen, fliegender Hitze und Kälte, Schweissen u. s. w.
— in den letzten 5 Jahren haben sich ausserdem zeitweise eigenthümliche
convulsivische Anfälle eingefunden, die ohne Bewusstseintrübung einhergingen
und der gegebenen Schilderung zufolge in der Art ihres Auftretens an schwere
Choreaformen oder myoklonische Zustände erinnerten (bei den heftigsten dieser
Anfälle soll Pat. durch die durchzuckenden Schläge gegen die Wand geschleu-
dert oder zu Boden geworfen und nachher so gelähmt gewesen sein, dass er
nur auf allen Vieren herumzukriechen vermochte). Diese Anfälle waren längere
Zeit so häufig und von so grosser Heftigkeit, dass sie Pat. zum Aufgeben
seiner geschäftlichen Thätigkeit zwangen; sie sind aber seit beinahe 2 Jahren
spurlos weggeblieben! Die Stimmung des Pat. ist trotzdem fast verzweifelt,
die meisten der obenerwähnten Beschwerden, Angstgefühle, Schwindel, Blut-
andrang nach dem Kopfe, Schlaflosigkeit u. s. w. peinigen ihn nach wie vor;
Mittel und Curen der verschiedensten Art wurden versucht, aber ausnahmslos
sehr schlecht vertragen; Kaltwasser hatte noch den meisten, doch auch nur
vorübergehenden Nutzen.

Für die noch wenig bekannte und gewürdigte Neurasthenia sexualis
beim weiblichen Geschlechte — gewissermassen ein Gegenstück zur
Hysteria virilis — ein bestimmtes, allgemein zutreffendes Symptombild anzu-
geben, ist nach den bisherigen spärlichen und unabgeschlossenen Erfahrungen
darüber kaum möglich. Man wird hier in der Diagnose leicht zwischen
sexueller Neurasthenie und Hysterie schwanken, und, je nachdem man

dem Begriffe der letzteren eine weitere oder engere Auslegung geben will, sich für die eine oder die andere entscheiden. Man muss sich freilich dabei erinnern, dass auch bei Hysterischen Neurasthenie vorkommt, und dass neurasthenische Symptome bei Hysterischen sogar mit zu den häufigsten und constantesten gehören. Wenn man von der ehedem üblichen Auffassung der Hysterie als einer „genitalen Reflexneurose" neuerdings mit Recht allgemein abgekommen ist, so dürfte von dieser veralteten Anschauungsweise so viel übrig bleiben, dass wir vielmehr die Entwicklung allgemeiner Neurasthenie bei weiblichen Individuen im Anschlusse an krankhafte Reizzustände, functionelle oder auch structurelle Veränderungen im weiblichen Genitalapparat, vor sich gehen sehen, und in solchen Fällen also — wenn auch in etwas anderem Sinne wie bei Männern — wohl von einer sexualen Neurasthenie reden dürfen. Hysterie wird mit Sicherheit auszuschliessen sein, wenn sich weder die vielfältig (wenn auch mit Unrecht) betonten Permanenzsymptome, die sogenannten „Stigmen", noch auch die eigentlich charakteristische und pathognomonische, psychopathologische Erscheinung der krankhaften hysterischen Suggestibilität, vor allem in der Form pathogen wirkender Autosuggestionen, in merklichem Grade nachweisen lassen. Dagegen dürfen die von KRAFFT-EBING als „Erethismus genitalis" bezeichneten, peinlich schmerzhaften, nicht wollüstigen, oft mit Pollution endigenden Erregungszustände, wie sie namentlich im Zusammenhange mit Masturbation (und verfrühten Coitus-Versuchen?) vorzukommen scheinen, zum Theil als specifisch neurasthenisches Localsymptom gelten. Am ehesten dürfte es überhaupt gelingen, für die bei Onanistinnen sich mitunter herausbildende Form sexualer Neurasthenie ein einigermassen typisches Bild zu entwerfen. Es handelt sich hier vielfach um alternde Mädchen im dritten und vierten Lebensdecennium, die ausser anderweitigen äusserlichen Zeichen der Onanie, wie Hypertrophien und Entzündungen der Vulva u. s. w., namentlich Catarrhe und Lageveränderungen der Gebärmutter (Descensus, Retroversio, Retroflexio) mit den davon abhängigen Localsymptomen darbieten können, die hier annähernd eine ähnliche Rolle spielen wie die „Localneurose" des prostatischen Harnröhrenabschnittes bei Männern, wozu dann die mannigfaltigen Symptomengruppen der gastrointestinalen, cardialen, spinalen, cerebralen Neurasthenie, der neurasthenisch-hypochondrischen Psychose u.s.w. früher oder später allmälig hinzutreten. — Das folgende Beispiel mag zur Veranschaulichung dienen:

4) Frl. A. H., im 28. Lebensjahre, Tochter eines pensionirten Beamten, eine kräftig gebaute, gut genährte Brünette mit vollen, selbst üppigen Formen, ohne die geringsten Spuren von Chlorose und Anämie, aber mit schlaff apathischem Gesichtsausdruck, unreinem Teint, grossen bläulichen Ringen unter den Augen, beständig in äusserst trüber, hypochondrisch-melancholischer Gemüthstimmung. Ihre Klagen beziehen sich auf Kopfdruck („Gefühl, als wenn der Kopf auseinanderspringen wollte") nebst Schwindel, Ohrensausen, Photopsie, öfteren Migräneanfällen u. s. w., auf Rücken- und Kreuzschmerzen und den

ganzen Symptomencomplex der spinalen Adynamie mit den auf geringste Geh-
austrengung eintretenden Ermüdungsgefühlen in den Beinen, rascher Ermüdung
beim Stehen, Schwanken bei geschlossenen Augen, gesteigerten Sehnenphänomenen;
ferner Herzklopfen, Oppressionsgefühle, Intercostalneuralgie und die sämmtlichen
Erscheinungen neurasthenischer Dyspepsie, cardialgische Beschwerden, Uebel-
keiten, Flatulenz, Meteorismus, hartnäckige Verstopfung abwechselnd mit zeitweise und plötzlich auftretenden Diarrhöen. Den Hauptgegenstand der Klagen
aber bildete das bei jeder Bewegung merkbare Schwere- und Schmerzgefühl im
Unterleib, sowie ein in der Form krankhafter Pollutionen (Clitoris-Crisen) öfters,
besonders um die Zeit beim Herannahen der Menses sich einstellender, copiöser
und mit eigenthümlichen Paralgien und schmerzhaften Erregungszuständen verbundener Schleimabgang. Menses in unregelmässiger Wiederkehr, schmerzlos, ziemlich profus, von durchschnittlich 4—5 tägiger Dauer. Die gynäkologische Untersuchung ergab bräunlich pigmentirte, geschwollene und verlängerte labia minora;
ziemlich weite Scheide mit nur rudimentär vorhandenem Hymen, und
eine Retroversioflexio des Uterus mit in Rückenlage hoch hinaufstehender
Portio und vom Mastdarm aus fühlbarem Uteruskörper. Erst nach längerem
Zureden und allmälig befestigtem Vertrauen gelang es, der Pat. das von vielen
Thränen begleitete Geständnis zu entreissen, dass sie als Schulmädchen im
Alter von kaum 12 Jahren, noch vor dem Menstruationsbeginn, von einem um
4 Jahre älteren Schulknaben zu wiederholten Coitus-Versuchen verlockt worden
sei; die dadurch bei ihr frühzeitig eingeleitete geschlechtliche Erregung habe
sie in der Folge zu häufigen masturbatorischen Acten veranlasst, über die sie,
ebenso wie über die erwähnten Deflorationsversuche, die grösste Scham und
Reue empfand, ohne ihnen jedoch gänzlich entsagen zu können, da die qualvolle
Erregung zu bestimmten Zeiten stets wieder verführte. Der Mutter frühzeitig
beraubt, allein mit dem alten und kränklichen Vater im Hause lebend, habe
sie sich niemand mittheilen können. Sie habe auch, da sie sich nicht mehr
als Virgo fühlte, mehrere Heirathanträge ablehnen zu müssen geglaubt, und
dadurch ihre unglückliche Gemüthsstimmung begreiflicherweise vollends ver-
düstert. — Die Behandlung musste unter diesen Umständen wesentlich psychischer Natur sein und sich im Uebrigen auf allgemein kräftigende Methoden, bei
möglichster Vermeidung örtlicher Eingriffe, beschränken, wodurch in Zeit von
zwei Monaten ein verhältnismässig befriedigendes, freilich nicht andauerndes Er-
gebniss erzielt wurde. —

Prognose und Behandlung.

Wenn man die der Therapie gewidmeten Abschnitte in den Schriften
von BEARD und in anderen ihm mehr oder weniger nachgeschriebenen
Büchern durchliest, so sollte man Wunder glauben, welch ein gewaltiges
Arsenal von Waffen, medicamentöser und nicht medicamentöser Art, uns
gegen diesen bösartigen Feind, die Neurasthenie, zu Gebote stünde und
mit welcher Sicherheit, welcher „Eleganz" wir ihn aus dem Felde zu
schlagen vermöchten! Nach BEARD darf die Mehrzahl der neurasthenischen Kranken auf Besserung, wenn nicht auf volle
Heilung hoffen; „es giebt", nach ihm, „wohl kein Gebiet in der Therapie,
in dem während der letzten fünfzehn Jahre grössere Fortschritte gemacht
worden sind, als in der Behandlung der Neurasthenie; neue Mittel sind

gefunden, neue Gebrauchsweisen alter Mittel mit Glück versucht, neue
Verbindungen von Arzneistoffen eingeführt, neue Doctrinen der Hygiene
aufgestellt worden — kurz, eine neue Aera ist für die Behandlung der
Neurosen angebrochen und wird allein schon durch die Anwendung
der Electricität und der Bromverbindungen glücklich charakterisirt". Wie Schade, dass BEARD nicht auch das Aufkommen der „Suggestivtherapie" noch mit erlebte! — Ich kann mich leider diesem BEARD'-
schen Optimismus keineswegs anschliessen; ich finde ihn Allem, was wir
über das Wesen, die Entwicklung und so zu sagen die Lebensbedingungen
der Neurasthenie wissen, völlig widersprechend. Allenfalls mag man sagen,
dass es sehr verschiedene Grade und Formen der Neurasthenie giebt, dass
bei der prognostischen Beurtheilung des einzelnen Falles ausserdem die
familiären und individuellen Verhältnisse, Gelegenheitursachen, Milieu u. s. w.
wesentlich in Betracht kommen; dass hiernach manche Fälle von voru
herein eine günstigere Auffassung zulassen, und dass selbst bei den im
Allgemeinen ungünstigen Fällen eine palliative Besserung durch Beseitigung
einzelner, besonders lästiger und quälender Symptome ziemlich oft möglich
sein wird.

Was nun die besondere Form der sexuellen Neurasthenie betrifft,
so geht schon aus den früheren Erörterungen genügend hervor, dass wir
es auch hier, den verschiedenen ätiologischen Momenten entsprechend, mit
Zuständen von sehr ungleicher Schwere und Verlaufsweise zu thun haben,
sodass eine einheitliche Prognose der sexualen Neurasthenie als solcher
gar nicht möglich ist. Die Prognose wird besser sein, wenn die allgemein
neurasthenischen Erscheinungen sich erst im Anschlusse an eine genitale
Localneurose entwickelten, als wenn sie auch vor dieser bereits bestanden
und nur die specifische Localfärbung erhielten; sie wird besser sein, wenn
es sich nur um eine functionelle Schädigung, um Hyperästhesie der Prostata und der Pars prostatica, als wenn es sich ausserdem um greifbare und
schwere structurelle Veränderungen (Cystitis und Prostatitis, Stricturen
u. s. w.) handelt; sie wird im Allgemeinen besser sein, wenn Reizung durch
geschlechtliche Excesse, durch abusiven Coitus u. dergl., als wenn lang-
dauernde Trippererkrankungen mit ihren Complicationen und Folgezuständen
zu Grunde liegen. Schwere, auf das Allgemeinbefinden sehr ungünstig
einwirkende Erscheinungen, wie die krankhaften Pollutionen, die Spermatorrhoe, zeigen oft mit der Zeit eine spontane Abnahme; doch gilt dies
fast nur für die „Reizsymptome" — während die eigentlichen Schwächesymptome, vor Allem die neurasthenische Impotenz, eine derartige Tendenz
zu spontaner Besserung weit weniger bekunden. — Uebrigens sind natürlich die anderweitigen individuellen Verhältnisse, Alter, Beschäftigung,
Lebensweise, Art und Weise des Sexualverkehrs u. s. w. für die Prognose
des Einzelfalls wesentlich maassgebend.

Die Prophylaxe der sexualen Neurasthenie liegt in der Forderung
allgemeiner und insbesondere sexueller Hygiene! Darauf kann natürlich

hier nicht eingegangen werden — das würde ein eigenes Buch erfordern, ein Buch, wie es vor Anderen RIBBING über sexuelle Hygiene so trefflich verfasst hat (vgl. auch die Bemerkungen p. 15 über geschlecht-liche Enthaltung, die irrthümlicherweise Vielen noch als eine Ursache sexualer Neurasthenie gilt, während sie umgekehrt vielleicht bei neur-asthenisch veranlagten und durch die Verhältnisse an regelrechter ehelicher Geschlechtsbefriedigung verhinderten Personen oft das sicherste Vorbeu-gungmittel abgeben würde).

Die Behandlung darf natürlich den Doppelcharakter des Leidens, als eines localen und eines allgemeinen, und die Art der Beziehungen zwischen Local- und Allgemeinleiden nicht aus den Augen verlieren. Aller-dings folgt aus dem Umstand, dass meist locale, functionelle oder struc-turelle Schädigungen innerhalb des Urogenitalapparates den allgemeinen Erscheinungen voraufgehen, noch keineswegs die jedesmalige unbedingte Nothwendigkeit und Nützlichkeit einer localen Therapie. Der auf neuro-pathologischem Gebiete überhaupt nur mit Vorsicht anwendbare Satz „cessante causa, cessat effectus" findet hier um so weniger Geltung, als ein wirkliches Causalitätverhältniss zwischen dem Urogenitalleiden und der allgemeinen Neurasthenie keineswegs obwaltet. In Wahrheit ist ja das Localleiden nicht „Grundursache" der Neurasthenie, vielmehr nur eine Gelegenheitursache, die bei Einwirkung auf ein schon krankhaft vor-bereitetes Nervensystem die neurasthenischen Störungen erzeugt, diesen wohl die specielle Richtung und Färbung giebt, sie aber doch nicht selb-ständig hervorruft; demgemäss kann die durch urogenitale Reizzustände genährte und unterhaltene „reizbare Schwäche" in den nervösen Centren auch nach Beseitigung des primären Localleidens als selbständiger krank-heiterregender Factor ungeschwächt fortdauern. — Diese Erwägungen müssen uns veranlassen, die Wichtigkeit einer sexualen Localtherapie auf diesem Gebiete (wie in ähnlicher Art bei Hysterischen) von vornherein nicht zu überschätzen, überflüssige und in ihrer Wirksamkeit zweifelhafte örtliche Eingriffe durchaus zu vermeiden, andererseits aber wirklich ziel-bewusste und zweckentsprechende örtliche Maassnahmen ebenso wenig zu verabsäumen. Es wird freilich schwierig sein, hier zwischen dem „zu viel" und „zu wenig" immer den richtigen Curs einzuhalten, der im Ganzen, wie ich glaube, eher unbeschadet nach der Seite des „zu wenig" hinüber etwas abweichen dürfte.

Eine durchgreifende örtliche Behandlung wird vor Allem dann in-dicirt sein, wenn es sich um Beseitigung structureller Veränderungen, pathologisch anatomischer Erkrankungen im männlichen Urogenitalapparat handelt; also z. B. bei noch fortbestehender Trippererkrankung oder bei den postgonorrhoischen Veränderungen in Harnröhre, Blase und Prostata, die ja mit zu den häufigsten Quellen sexual-neurasthenischer Zustände gehören. Die Art und Weise, in der hier einzuschreiten ist, fällt über-wiegend in den Wirkungskreis der neuerdings so ausgebildeten specialistischen Thätigkeit dieses Organgebietes, und kann daher hier nur andeutungsweise berührt werden. Bei endoskopisch constatirter Hyperämie und entzündlicher Schwellung des prostatischen Harnröhrentheils verdient die örtliche Application von Höllensteinlösungen verschiedener Concentration (von 1:2000 bis 1:200) an Stelle der alten LALLEMAND'schen Aetzungen den Vorzug. BEARD empfahl auch Injectionen mit Bromnatriumlösung (1:15) als sedirend und schmerzstillend bei Hyperästhesien der Urethra, ebenso Warmwasserinjectionen, während bei uns zu gleichen Zwecken die WINTERNITZ'sche Kühlsonde sich grosser Beliebtheit erfreut und den meisten Kranken dieser Art wohl bekannt ist. Die Einlegung starker Metallbougies wird in der Regel schlecht vertragen, weiche Bougies leisten wenig, ebenso wenig wie die neuerdings so viel benutzten medicamentösen Bougies, Antrophore und ähnliche Vorrichtungen. Für die Behandlung von Stricturen und Prostatavergrösserungen würden ausser der Sondenbehandlung unter Umständen auch operative Eingriffe (Urethrotomie, Prostatektomie) in Betracht kommen können. Beachtenswerth scheint mir der von J. W. WHITE ausgegangene und von BRANSFORD LEWIS mit Erfolg benutzte Vorschlag, zur Bekämpfung der Prostatitis und der Prostatahyperästhesie kalte Douchen gegen das Perineum zu appliciren, sowie einen Strom kalten Wassers 20 Minuten durch den Mastdarm hindurch gehen zu lassen. Jedenfalls lassen diese Proceduren mehr erwarten, als die Application von „Gegenreizen" (Höllenstein, Jodtinctur, Vesicantien) in der Dammgegend und die gegen irritative Zustände der Prostata von BEARD empfohlenen Rectalinjectionen (von Ergotinlösung etc.) und Suppositorien.

Natürlich wird in den (offenbar seltenen) Fällen, in denen glanduläre Reizungen, Phimosen, Concretionen, Balanitis u. dergl. dem Krankheitsbilde zu Grunde liegen, auch eine entsprechende örtliche Behandlung, namentlich die Phimosenoperation, oder die Circumcision bei übermässig langem und hypertrophischem Praeputium angezeigt sein können. Letztere Operation soll freilich nach BEARD — der sie empfiehlt — erst nach Wochen und Monaten eine günstige Wirkung entfalten.

Nach ähnlichen Gesichtspunkten würde auch bei der sexuellen Neurasthenie des weiblichen Geschlechts zu verfahren sein, soweit Genitalneurosen oder locale Genitalerkrankungen (Folgezustände onanistischer Reizung; Scheiden- und Gebärmuttercatarrhe, Lageveränderungen des Uterus u. s. w.) als schädigende, pathogen wirkende Momente in den Vordergrund treten. Im Ganzen dürfte hier, soweit es irgend zulässig ist, noch mehr Enthaltung von jeder eingreifenderen örtlichen Behandlung, oder von letzterer überhaupt geboten sein, da nicht abzusehen ist, wie weit bei der anomal gesteigerten Reizbarkeit die Reflexwirkung und die psychische Folgewirkung derartiger Eingriffe sich erstrecken kann und wie unerwünschte Veränderungen des Gesammtzustandes oder einzelner Symptome dadurch ausgelöst werden.

Mit der auf Grund derartiger Erwägungen möglichst eingeengten Erfüllung nachweisbarer Causalindicationen, ist überhaupt die Grenze für
das Gebiet der localen Behandlung bei sexualer Neurasthenie im Allgemeinen erreicht. Darüber hinaus, d. h. also für die wesentlich symptomatische Behandlung, sollte von örtlichen Hülfsmitteln nur mit äusserster
Einschränkung und unter ganz besonderen Vorbedingungen Gebrauch gemacht werden. Eine ihrer Natur nach ja meist sehr chronische, örtliche
Behandlung sexualer Functionstörungen, wie Pollutionen, Spermatorrhoe, Impotenz u. s. w. wirkt aus gleich zu erörternden Gründen in der Regel nur
nachtheilig, und ich kann daher insbesondere auch der in gedankenloser
Weise viel zu häufig geübten örtlichen Anwendung der Electricität.
in den Formen intraurethraler und intrarectaler Faradisation und
Galvanisation, hier durchaus nicht das Wort reden. Ich selbst habe
diese Behandlungsmethoden lange Jahre hindurch in solchen Fällen oft
genug geübt, um über ihren Werth oder Unwerth ein Urtheil zu gewinnen,
und halte es für gerathen, von seltenen Ausnahmefällen abgesehen, auf
die genannten Applicationsweisen, soweit sie eben symptomatischen Zwecken
der Palliativbehandlung dienen sollen, lieber ganz zu verzichten. Zu der
Unsicherheit und Zweideutigkeit ihrer Wirkung kommt noch als besonders
erschwerend der Umstand, dass diese Verfahren (zumal die Galvanisation
in der Urethra) nur in völlig sachkundiger Hand wenigstens der unbedingt zu stellenden Forderung, dass nicht geschadet werden solle,
entsprechen; als in dem erforderlichen Grade sachkundig sind aber die
Specialisten dieser Region, von denen heutzutage diese Art der Electrotherapie überwiegend getrieben wird, nicht durchweg zu betrachten.

Aber auch wenn gute Apparate und technisch vollkommen geschulte
Kräfte zu Gebote stehen, ist es gerathener, derartige Verfahren zu vermeiden, die nur allzu geeignet sind, die örtliche Reizung zu unterhalten
oder neu zu entfachen, und jedenfalls die Aufmerksamkeit der Kranken
beständig auf diesen locus affectus hinzulenken, eine abziehende und be-
ruhigende psychische Wirkung dadurch zu erschweren oder ganz zu
vereiteln. Wir wissen, wie bedeutend der Einfluss krankhafter Vorstellungen sich gerade in der Sexualsphäre geltend macht, in wie bedenklicher Weise gewisse zäh festgehaltene Autosuggestionen beim Zustandekommen bestimmter Symptome (z. B. der Impotenz) mitwirken; bleibt nun
die vorstellende Thätigkeit in der angenommenen fehlerhaften Richtung
fort und fort engagirt, gelingt es nicht, sie aus diesem selbstgesponnenen
Netz zu befreien, so ist ein wesentlicher Fortschritt auch nur in dieser
symptomatischen Beziehung kaum zu erwarten. Hier also sind vielmehr
die Hebel anzusetzen: es gilt, die Gedanken des Neurasthenikers von
der sexualen Sphäre möglichst abzulenken und anderwärts fest-
zulegen; es gilt, wenn möglich, dem Kranken das Bewusstsein beizubringen
dass der Mann doch höhere und wichtigere Aufgaben im Leben zu erfüllen hat, als die mit der Sexualsphäre zusammenhängenden „reproduc-

tiven" (und oft genug nicht einmal thatsächlich reproductiven) — ihn auf andere Ziele hinzuweisen, vor andere, seinen Kräften und Neigungen angemessene Aufgaben zu stellen. Wie soll das aber geschehen wenn die Therapie gerade daran haftet, an der ganzen Misere fortwährend herumklaubt, wovon die Kranken befreit, wovon ihre Aufmerksamkeit und ihre Interessen losgelöst werden sollen? — Erklären wir den Kranken vielmehr fest und entschieden, dass sie nur gesunden können, aber auch sicher gesunden werden bei einer Lebensweise, die allen Anforderungen einer vernünftigen Hygiene Rechnung trägt und die zugleich strenge Anforderungen einer energischen Selbstzucht an sie richtet (wohin z. B. geschlechtliche Abstinenz, wie auch Verbote des Rauchens und Trinkens und sonstiger nachtheiliger Lebensgewohnheiten gehören): dieser Weg psychisch-pädagogischer Behandlung bei gleichzeitiger körperlicher und geistiger Roborirung, bei sorgfältiger Fernhaltung gefahrdrohender Schädlichkeiten ist der einzige, der bei überhaupt besserungsfähigen Neurasthenikern wirkliche Erfolge, nicht bloss flüchtige Scheinerfolge verspricht — während die symptomatische Localbehandlung hier meist nur ein decoratives Beiwerk ist, selten eine Förderung, oft dagegen eine Hemmung und Verkehrung echter Heilbestrebungen darstellt.

Nach diesen leitenden Gesichtspunkten sind auch die mannigfaltigen Einzelfragen zu beurtheilen, die sich bei Behandlung von Neurasthenikern an uns herandrängen; nicht bloss über das Wie?, sondern vor Allem schon über das Wo? der Behandlung; ambulant, oder unter steter ärztlicher Aufsicht, also in speciellen Anstalten, in den vorzugsweise als Nervenheilanstalten eingerichteten Sanatorien, deren uns ja die letzten Jahrzehnte eine Unzahl gebracht haben und noch fortwährend bringen. Die Frage beantwortet sich in gewissem Sinne schon selbst eben aus dem Entstehen und Bestehen dieser unzähligen Anstalten; sie würden ja nicht existiren, wenn sie nicht einem unabweisbarem Bedürfnisse entsprächen und dienten; und die Mehrzahl darunter ist gerade vorzugsweise von Neurasthenikern bevölkert, bei manchen kann man auch sagen übervölkert. Der sehr gestiegenen Frequenz entspricht allerdings keineswegs immer die Erfolgziffer; und das kann kaum anders sein, da wenigstens eine recht grosse Zahl dieser Etablissements nicht im Entferntesten das Ideal einer Anstalt, wie sie eigentlich für Neurastheniker beschaffen sein müsste, auch nur annähernd verwirklicht. Von Lage und sonstigen Zufälligkeiten abgesehen, sind diese Anstalten vielfach zu gross, haben zu viele Kranke, dagegen zu wenige oder zu wenig geübte Aerzte, behandeln daher namentlich in der mit gewaltigem Anschwellen der Frequenzziffer einhergehenden „Saison" oft recht oberflächlich, schablonenhaft, ohne jede Individualisirung, sind auch häufig gar nicht mit dem unumgänglich erforderlichen Heilapparat, vor Allem mit den Einrichtungen für Bäder, Kaltwassercuren, Diätcuren, Elektrotherapie, Gymnastik in genügender oder gar mustergiltiger Art ausgestattet. Den Aerzten, sofern sie nicht selbst Besitzer sind.

fehlt es oft an der nothwendigen Autorität der Anstaltleitung gegenüber,
zur Aufstellung und stricten Durchführung aller wünschenswerthen Ver-
ordnungen; die geübte Controle namentlich lässt vielfach zu wünschen
übrig. Eine sehr beklagenswerthe Schwäche vieler (ärztlicher und nicht
ärztlicher) Dirigenten solcher Anstalten ist die fortwährende Bau- und
Vergrösserungsucht, während gerade umgekehrt nur eine Verkleinerung
der Krankenzahl eine wirklich intensive Behandlung, auf die es bei den
Neurasthenikern so wesentlich ankommt, ermöglichen würde. Das Alles
spricht nicht gegen diese Anstalten im Allgemeinen; man muss sie be-
nutzen — sollte sich aber immer vorher die genügende Ort- und Personen-
kenntniss verschaffen, um aus ihnen die überhaupt wählbaren und gerade
im gegebenen Falle passendsten herauszufinden. Es liegt mir natürlich
ganz fern, hier für einzelne dieser Anstalten Propaganda zu machen, und
ich enthalte mich daher bestimmter Empfehlungen, die ohnehin gleich den
Hotelempfehlungen unserer Reisebücher bei wechselnden Verhältnissen nur
allzu leicht hinfällig und durch die Erfahrung oft desavouirt werden.

Von den Curmitteln, wie sie in solchen Anstalten, in den Sanatorien
grosser Städte und natürlich auch in den grösseren offenen Badeorten mehr
oder weniger vereint dargeboten werden, sind namentlich Diät, Hydrotherapie, Kinesiotherapie (d. h. Gymnastik und Massage, wofür
die ganz unpassende und verfehlte Bezeichnung „Mechanotherapie" uns
von specialistischer Seite neuerdings aufgedrängt wird) und Elektrotherapie — letztere in der Form allgemeiner, nicht localer Anwendung —
bei Neurasthenischen überhaupt von besonderer Bedeutung.

Ich kann diese Themata hier nur kurz streifen, da es sich ja nicht
um eine Monographie der gesammten Neurasthenie, sondern um eine —
freilich das eindringendste Verständniss der Gesammtneurose voraus-
setzend — Specialform der letzteren handelt. Hinsichtlich der Diät er-
freuen sich bekanntlich die sogenannten Mastcuren (PLAYFAIR'sche oder
WEIR MITCHELL'sche Curen) weitgehender Beliebtheit. Diese Curen verdienen aber ihren Ruf nur dann, wenn sie eben nicht „curmässig", d. h.
nicht schablonenmässig betrieben, sondern für jeden Einzelfall entsprechend
modificirt und überhaupt ganz und gar dem individuellen Krankheitszustande
angepasst werden. Dies gilt nicht nur für die Diätverordnung im engeren
Sinne, sondern auch für die im ursprünglichen Curplane liegende Verbindung mit wochenlanger Bettruhe, Electricität und Massage. Man achte
auch hierbei überall auf die pädagogische Seite der Cur, auf die angestrebte psychische Beeinflussung, wozu die anbefohlene Bettruhe, das Ge-
bundensein an minutiöse Vorschriften und deren unverbrüchliche Durchführung, überhaupt die Unterwerfung der Kranken unter einen autoritären
ärztlichen Einfluss oft erwünschte Gelegenheit darbieten. Viel weniger ist auf
die unmittelbar durch solche Fütterungscuren erreichte Gewichtszunahme
(die oft nur gering und zudem von sehr vorübergehender Natur ist) zu
geben. Die beliebte Verordnung grosser Milchmengen (bis zu vier Liter am

Tage!) halte ich für ganz verwerflich; Milch, sowie auch der übrigens sehr empfehlenswerthe Kefyr sind in der Regel nur in kleineren Mengen ($\frac{1}{2}$ bis höchstens 1 Liter täglich) als Unterstützungsmittel neben ausreichender substantiellerer Kost zweckmässig zu verwerthen. Spirituosen sind, soweit sie nicht zu besonderen Zwecken (als Analeptica bei Schwächezuständen; oder umgekehrt als Ermüdung- und Schlafmittel: Bier Abends) in Betracht kommen, thunlichst, den individuellen Lebensgewohnheiten entsprechend, einzuschränken und in schweren Fällen häufig ganz zu verbieten.

Von hydrotherapeutischen, sowie überhaupt von balneologischen Methoden kommen die leichteren, beruhigenden oder mild anregenden Badeformen vorzugsweise zur Geltung. Es gehören dahin besonders die mit Wasser von kühler oder selbst kalter Temperatur vorschriftmässig ausgeführten Waschungen und Abreibungen, und die temperirten Halbbäder und Vollbäder von kurzer Dauer, mit nachfolgender kräftiger Frottirung, und öfters auch mit Uebergiessung. Alle diese Badeformen, und ebenso die in Einzelfällen nützlichen Theilbäder (Sitzbäder, Fussbäder, Güsse), Umschläge, Douchen u. s. w. erfordern die genaueste, zumeist nur in Anstalten mögliche Anordnung und Ueberwachung. Einzelnes ist natürlich auch im Hause unter geeigneten Verhältnissen, besonders nach voraufgegangenen Anstaltcuren, wenn die Kranken selbst oder ihre Angehörigen schon einigermaassen Bescheid wissen, wohl durchführbar (kalte Waschungen, feuchtkalte Umschläge, selbst Abreibungen). Als Surrogate für Anstaltbehandlung haben sich mir auch die neuerdings so sehr vervollkommneten Vorrichtungen für Wassercuren im Hause (nach Moosdorf, Krüche, Dittmann und Anderen), sowie gerade bei sexualer Neurasthenie die Anlegung der Chapman'schen Rückenschläuche (mehrere Stunden am Tage; unter genauer Specialvorschrift über Temperatur- und Wasserwechsel) vielfach nützlich erwiesen. —

Hinsichtlich der Heilgymnastik und Massage will ich im Allgemeinen nur bemerken, dass ich erstere in Form einfach und duplicirt activer (schwedischer Widerstands-)Bewegungen für weit wichtiger halte als die Massage, aber auch letztere als Adjuvans nicht verschmähe, und dass ich einer gut ausgeführten manuellen Gymnastik, wie sie bei uns freilich nur selten und ausnahmsweise zu haben ist, vor der heutzutage grassirenden maschinellen Gymnastik nach Zander'schen und anderen Systemen aus principiellen wie aus empirischen Gründen entschieden den Vorzug gebe. Ich glaube in dieser Beziehung wohl zu einem competenten Urtheil einigermaassen berechtigt zu sein, da ich in einem vortrefflich geleiteten heilgymnastischen Institute (die Anstalt meines Vaters war die erste, in der die Ling'sche Gymnastik in Deutschland eingeführt und gepflegt wurde) aufgewachsen und von früh auf in steter Fühlung mit diesen Dingen gewesen bin, und die Heilgymnastik selbst viele Jahre hindurch praktisch ausgeübt habe. Es ist freilich wenig verlockend, vor Aerzten, die in der unendlichen Mehrzahl kaum einen elementaren Vorbegriff von der

Sache mitbringen, derartige Fragen zur Erörterung zu stellen, und ich
kann auch bei dieser Gelegenheit nicht umhin, auf die Wurzel so vielen
Uebels, auf die mangelhafte praktisch-therapeutische Ausrüstung
der Aerzte an unseren Hochschulen bedauernd hinzuweisen. Die Ver-
nachlässigung und Gleichgültigkeit, deren sich namentlich unsere medicinischen Kliniken (von ganz vereinzelten Ausnahmen abgesehen) den hoch-
entwickelten physikalischen Heilmethoden, der Hydrotherapie, Kinesiotherapie, Elektrotherapie u. s. w. gegenüber schuldig machen, ist wahrhaft er-
schreckend; und dieser Umstand dürfte weit mehr als andere neuerdings so
viel bejammerte Uebel der staatlichen Gesetzgebung u. s. w. dazu beigetragen
haben, die Aerzte für ihren immer schwieriger sich gestaltenden Berufs-
kampf mit minderwerthiger Vorbereitung und Ausstattung zu versehen,
und das ärztliche Ansehen, die Schätzung ärztlicher Leistungsfähigkeit in
den Augen des Publikums demgemäss zu vermindern. —
   Von den der Electrotherapie angehörigen Methoden sind, wie gesagt, die der sogenannten allgemeinen Elektrisation zugerechneten für
die Neurasthenie-Behandlung vorzugsweise verwendbar. Bekanntlich hatten
ROCKWELL und BEARD als „allgemeine" Faradisation und Galvanisation zuerst gewisse Verfahren angegeben, die auch noch heute, namentlich in Verbindung mit Electromassage vielfach geübt werden, die aber
umständlich, zeitraubend, und überdies in ihrer Wirkung ziemlich unvollkommen sind, und die daher — wie ich dies an anderem Orte ausführlicher
nachgewiesen und begründet habe[1]) — durch die eine weit vollkommenere
Methode allgemeiner Elektrisation darstellenden hydroelektrischen
Bäder, sowie durch geeignete Anwendungen der Influenzmaschine
(allgemeine Franklinisation) angemessen ersetzt werden. In den
Händen geschickter Aerzte, die über ein gutes Instrumentarium und —
was bedeutend wichtiger ist — über volle Sachkenntniss verfügen, liefern namentlich wohl überwachte (nicht etwa dem Wärterpersonal zu beliebiger Ausführung überlassene) faradische Bäder, und die sogenannten elektrosta-
tischen Luftbäder, Spitzenströmungen u. s. w. bei Neurasthenischen oft
überraschend günstige Wirkung, bei denen ich übrigens gern bereit bin, dem
„suggestiven Factor" einen grossen, wenn auch keineswegs alleinigen
Antheil zuzugestehen. Diesen Factor zu eliminiren ist aber nicht möglich,
auch nicht einmal erwünscht; Aufgabe des Arztes ist es vielmehr, ihn ge-
schickt und dem jedesmaligen Heilvorhaben entsprechend zu dirigiren.
   Natürlich wird auch die eigentliche Suggestionstherapie in ge-
schickten Händen und bei consequenter Durchführung oft gute Resultate

---

1) Die hydroelektrischen Bände, kritisch und experimentell auf Grund eigener
Untersuchungen bearbeitet. Wien und Leipzig, 1883. — Vgl. auch meine Artikel über
hydroelektrische Bäder in der Real-Encyclopädie der ges. Heilkunde, 2. Auflage,
Band IX und encyclopädische Jahrbücher, Band I, sowie an letzterem Orte den Ar-
tikel über Influenzmaschinen; ferner REMAK's Artikel „Elektrotherapie" in der dritten
Auflage der Real-Encyclopädie Band VI (1895).

ergeben. (Vgl. darüber Schrenck-Notzing a. a. O., woselbst auch eine reichhaltige Special-Literatur beigebracht ist.)

Dass von medicamentösen Mitteln bei der sexualen Neurasthenie — wie bei Neurasthenikern überhaupt — nur ein sehr bescheidener Gebrauch zu machen ist, wird nach den früheren Bemerkungen wohl als selbstverständlich erscheinen. Von dem ungeheuerlichen Wust bekannter und unbekannter Droguen und Präparate, wie sie Beard anführt und empfiehlt, wird man nur verschwindend wenige als ernstlich in Betracht kommende Heilmittel oder auch nur als schätzbare Palliativmittel gelten zu lassen haben. Da wir es ja bei den mannigfachen Klagen der Neurastheniker zum weitaus überwiegenden Theil mit sensibeln Reizerscheinungen in der Form von Hyperästhesien, Dysästhesien und Parästhesien zu thun haben, so spielen naturgemäss unter den angepriesenen Mitteln auch die Narcotica, Nervina, Sedativa, Antineuralgica u. s. w. die nach Masse und Bedeutung hervorragendste Rolle, und die Zahl derartiger Mittel befindet sich den Fortschritten der chemischen Industrie entsprechend in einem Stadium unheimlichen Wachsthums. Den „alten" Schlafmitteln, auf die man schon längst nicht mehr schläft, sind Paraldehyd, Amylenhydrat, Methylal, Urethan, Sulfonal, Somnal, Hypnol, Trional und Tetronal u. s. w. gefolgt; dem Antipyrin, Antifebrin und Phenacetin, die als „Nervina" schon fast abgewirthschaftet haben, das Exalgin, Salipyrin, Jodopyrin, Antinervin, Phenocoll, Euphorin, Salophen, Agathin, Laktophenin, Migraenin, Citrophen — und ein Ende ist, solange unternehmende Firmen noch immer neue Reclamebezeichnungen und ärztliche Reclamisten ausfindig zu machen wissen, vorläufig kaum abzusehen. Man kann dem Arzte nur dringend rathen, allen diesen schönen Empfehlungen gegenüber kaltes Blut zu bewahren, sich auf die neuen Mittel möglichst wenig einzulassen und jedenfalls möglichst wenig von ihnen zu versprechen. Das gilt natürlich nicht minder von den auch auf sexualem Gebiete zu einer gewissen Bedeutung gelangten Producten des neuesten organtherapeutischen Rationalismus, dem Brown-Séquard'schen Liquor testiculorum, den Constantin Paul'schen und Babes'schen Subcutaninjectionen normaler Nervensubstanz, auch wohl von dem auf „Anregung der intarorganen Oxydation" ausgehenden Poehl'schen Spermin, das ich in Form subcutaner Injection in zahlreichen Fällen lange Zeit hindurch mit wechselndem und ungleichem, bisweilen allerdings überraschend günstigem Erfolg und wenigstens ohne irgendwie bedenkliche Nebenerscheinungen angewandt habe. — Von leichteren Palliativmitteln sind gerade bei sexualen Erregungszuständen noch die Brompräparate in geeigneter Form und Darreichungsweise, als Erlenmeyer'sches Bromwasser, Sandow'sches brausendes Bromsalz u. s. w. — von organischen Bromverbindungen Bromkampher. Bromchinin, neuerdings Gallobromol (Dibromgallussäure; von Lépine [1])

---

1) Lépine le gallobromol. Semaine médicale 1893 nr. 28; du gallobromol chez les neurasthéniques, ibid. nr. 32.

und C. Stein [1]) gerühmt, in Tagesdosen von 2—3 g und darüber) — am
ehesten verwerthbar. Bei anämischen Neurasthenikern ist aus der ungeheuren
Masse der verfügbaren Eisenpräparate eine zweckmässige Auswahl zu
treffen; am meisten sind die leichteren natürlichen kohlensauren Eisen-
wässer (Cudowa, Driburg, Elster, Franzensbad, Pyrmont, Schwalbach u.s.w.)
und Eisenarsenwässer (Levico, Roncegno, Guberquelle) — letztere in
vorsichtiger Dosirung und Gebrauchsanordnung — sowie die neueren organischen Eisenpräparate, Hämatogen, Hämalbumin, vor Allem das
Schmiedeberg'sche Ferratin, als besser resorbirbar und assimilirbar zur
Benutzung geeignet.

Von unleugbarer Wichtigkeit sind, wie bei Neurasthenikern überhaupt,
Aufenthaltswechsel durch Reisen (u. A. prolongirte Seereisen), Klima-
curen, Aufenthalte an der Seeküste und im Gebirge — letzteres
meiner Meinung nach bei Neurasthenikern noch vorzuziehen, weil es
grössere Gelegenheit zu Eigenthätigkeit und Gymnastik in der Form des
auch anderweitig so nützlichen Bergsteigens darbietet. Man muss natürlich von solchen Kranken die Ausführung passend gewählter Berg-
touren direct verlangen und sie darin controliren, ebenso wie man sie
auch zu sonstigem geeigneten Sportbetriebe (Schwimmen, Rudern,
Schlittschuhlaufen u. s. w.) und überhaupt zu gymnastischen Uebungen
anhalten muss, wodurch im Verein mit abhärtenden Kaltwasserproce-
duren auch dem onanistischen Hange am besten entgegengewirkt wird.
Auch die Berufs- und sonstige Thätigkeit der Kranken muss Gegenstand aufmerksamer ärztlicher Fürsorge sein; man verlange, dass Neurastheniker sich beschäftigen, dass sie in ihrer Laufbahn verharren, die sie
nur zu oft aufzugeben oder gar nicht anzutreten geneigt sind, dass sie
an sie herantretenden Anforderungen erfüllen, Examina absolviren u. s. w. —
kurz, man verkündige ihnen überall das strenge, aber heilsame Evangelium
der Arbeit und Pflichterfüllung. — Eine überaus heikle, gerade bei sexualer
Neurasthenie häufig recht „actuelle" Frage ist die der Eheschliessung.
Manche Aerzte sind überzeugt, in der Ehe und der damit verbürgten regelrechten Geschlechtsbefriedigung ein souveraines Heilmittel sexualer Neurasthenie zu finden, das sie ihren Kranken daher angelegentlich empfehlen.
Ich kann diese Meinung keineswegs theilen und glaube, dass man sich im
Gegentheil entschieden hüten sollte, Männer mit sexualer Neurasthenie
zur Eingehung der Ehe direct zu bereden [2]). Was dabei herauskommen
kann, lehren eheliche Tragicomödien, wie man sie im Leben oft genug zu
beobachten Gelegenheit hat; mir selbst lag vor einiger Zeit ein derartiger
Fall vor, der mit dem Scheidungsantrage der Frau wegen — Impotenz

---

1) Conrad Stein über die Wirkungen des Gallobromols, Centralblatt f. d. ges.
Therapie 1895, Heft 4.

2) Anders ist es bei sexual-neurasthenischen Weibern (Mädchen, Witwen), für
die die Ehe gewiss ein vortreffliches Heilmittel abgäbe, falls sie an den richtigen
Mann kämen.

des Ehemanns endete. — Noch viel bedenklicher und verwerflicher finde ich die solchen Kranken nicht selten ertheilten Rathschläge in Beziehung auf ausserehelichen Geschlechtsverkehr, die directen Aufforderungen zur Unzucht, zur Anknüpfung von Liaisons u. s. w. — es sind das Dinge, die meiner Meinung nach sowohl über die Competenz ärztlicher Rathertheilung weit hinausgehen, wie auch der eigenen persönlichen Würde des Rathertheilenden durchaus widerstreiten. Leute, denen nur auf solche Weise zu helfen ist, werden auch ohne derartige ärztliche Rathschläge den „Weg zum Venusberg", gleich Tannhäuser, leicht genug finden. —

Man wird sagen, das Alles sei vielleicht ganz schön, aber doch an „positiven" Heilmaassregeln recht wenig. Ich sage, es ist genug für den, der dies Wenige als rechter Arzt im rechten Sinne zu handhaben, der namentlich auf Neurastheniker psychisch einzuwirken, sie erzieherisch zu beeinflussen im Stande ist. Verbannen wir doch mit Recht bei der Behandlung Geisteskranker die unnütze Vielgeschäftigkeit. Wie wenig wird da in den Anstalten „verordnet", und wie gut sind trotzdem die in den überhaupt heilbaren Fällen erzielten Resultate! Nicht äusserliche Geschäftigkeit ist es auch, die bei Neurasthenikern noth thut, sondern geistig persönliche Einwirkung des Arztes, und die Befähigung, noch latente, somatische und psychische, intellectuelle und sittliche Eigenkräfte des Kranken aufzuwecken und zu Heilzwecken zu verwerthen. Mit etwas von dieser Befähigung muss sich Jeder zu erfüllen suchen, der als denkender Arzt, nicht aber als Routinier oder gar in noch weniger empfehlenswerther Eigenschaft, an die Behandlung neurasthenischer Krankheitzustände herantritt.

II. Genitale Localneurosen.

Peripherische und spinoperipherische Sexualneurosen der Männer und Frauen.

Wir fassen die „peripherischen" und „spinopherischen" Genitalueurosen in diesem Abschnitt zusammen. Auf dem Papiere lässt sich eine Trennung zwischen den „peripheren Affectionen sexualer Nerven" und „Affectionen der spinalen Centren" — wie sie das bekannte KRAFFT-EBING'sche Schema aufstellte — wohl vollziehen; praktisch ist sie überhaupt undurchführbar, und auch vom rein theoretischen Standpunkte erscheint sie nicht mehr gerechtfertigt, seitdem die neuere Neuronenlehre uns Zelle und Faser als untrennbaren, selbständigen Organismus, als Glieder eines höheren anatomisch-physiologischen Nerveneinheit auffassen lässt, und auch in der Nomenclatur peripherische Faser und Rückenmarkzelle, die Projectionssysteme zweiter Ordnung, zum indirecten Neuron („Teleneuron", WALDEYER") zu verschmelzen beginnen. — Selbstverständlich hat diese ganze Aufstellung und Gruppirung der „genitalen Localneurosen" überhaupt nur einen bedingten Werth; es haftet ihr die unvermeidliche Unvollkommenheit an, dass es sich dabei vielfach mehr um Symptome oder Symptomgruppen, als um deutlich geschiedene und für sich abgeschlossene klinische Krankheitbilder handelt, da die „genitalen Localneurosen" überaus häufig nur Theilerscheinungen, sei es nervöser oder anderweitiger Organerkrankungen oder functioneller Allgemeinerkrankungen (der Neurasthenie, Hysterie) darstellen — wie ja auch schon aus der im vorhergehenden Abschnitt erörterten Beziehung einer bestimmten Form der urogenitalen Neurose zur sexualen Neurasthenie der Männer genügend hervorgeht. Dennoch darf der Versuch einer gesonderten Bearbeitung dieser Zustände und ihrer Einreihung in das umfassende Gebiet der sexualen Neuropathologie um so weniger ganz unterlassen werden, als gerade die hier zu erörternden Symptome und Symptomgruppen noch in vieler Beziehung der näheren Aufhellung und Erläuterung besonders bedürfen, andererseits aber manche von ihnen als therapeutische Objecte eine so grosse praktische Bedeutung in Anspruch nehmen, dass sie aus Einzelsymptomen und Manifestationen dadurch fast zur Höhe selbständiger und essentieller Krankheitvorgänge emporwachsen. — Für die Nothwendigkeit einer gerade in diesem Abschnitt streng durchzuführenden Trennung auf Grund

der Verschiedenheiten des männlichen und des weiblichen Sexuallebens sei auf die Bemerkungen in der allgemeinen Einleitung (pag. 1
und 2) verwiesen.

A. Neurosen des männlichen Genitalapparats.

Literatur. Ausser der schon beim vorigen Abschnitte (pag. 4, 5) angeführten Literatur vgl. namentlich noch folgende Specialwerke: Curling, a practical treatise
on the diseases of the testis etc. Philadelphia 1843 (deutsch erschienen 1843.) — Kocher,
die Krankheiten des Hodens und Nebenhodens, Stuttgart 1871—1875. — Roubaud,
traité de l'impuissance et de la stérilité, Paris 1872. — Curschmann, die functionellen Störungen der männlichen Genitalien, in v. Ziemssen's Handbuch der speciellen Pathologie und Therapie, Band IX 2, 2. Aufl. Leipzig 1878 (mit reichhaltiger
Angabe der älteren Specialliteratur über krankhaften Samenverlust, Impotenz, Sterilität des Mannes). — Oberländer, Volkmann's Sammlung klinischer Vorträge,
Nr. 275, 1886. — Peyer, die reizbare Blase, Stuttgart 1888. — Englisch, Artikel „Prostata" in der 2. Auflage der Real-Eucyclopädie der ges. Heilkunde, Band XVI
(1888). — Fürbringer, die inneren Krankheiten der Harn- und Geschlechtsorgane,
2. Aufl.. Berlin 1890. — Güterbock, die Krankheiten der Harnröhre und Prostata,
Leipzig u. Wien 1890. — Peyer, Neurosen der Prostata, Berliner Klinik, Hft 38,
1891. — Derselbe, die nervösen Erkrankungen der Urogenitalorgane in Zülzer-Ober-
länder's klinischem Handbuch der Harn- und Sexualorgane, Baud IV, Leipzig 1894.
— Fürbringer, die Störungen der Geschlechtsfunctionen des Mannes in Nothnagel's
specieller Pathologie und Therapie, Band XIX 3, Wien 1895 (mit umfangreicher
bis auf die neueste Zeit fortgeführte Literaturangabe in demselben Gebiete wie bei
Curschmann).

1. Sensibilitätstörungen.

a) Hyperästhesien und Parästhesien (Dysästhesien,
Neuralgien).

Hyperästhesien und Parästhesien des männlichen Genitalapparats
können als Theilerscheinung von Rückenmarkskrankheiten, oder auf Grund
peripherischer Erkrankung der betreffenden Leitungsbahnen zur Beobachtung kommen. Die sensiblen Nerven der Genitalorgane stammen bekanntlich theils aus Aesten des Plexus lumbalis (Nervus iliohypogastricus, N. ilioinguinalis, R. spermaticus externus und lumboinguinalis des
N. genitofemoralis) — theils aus dem Plexus pudendalis (pudendo-
haemorrhoidalis); speciell aus zwei Endästen des N. pudendus: dem N.
perinei und N. dorsalis penis. Der N. perinei verbreitet sich insbesondere in
der Scrotalhaut und der seitlichen Dammgegend, während der das Trigonum
urogenitale durchbrechende N. dorsalis penis Haut und Schwellkörper des
Gliedes versorgt und sich mit seinen Endzweigen in der Glans penis aus-
breitet. Aus dem Plexus hypogastricus des Sympathicus gehen die
Geflechte hervor, die besonders Hoden, Samenbläschen, Prostata, sowie auch
die Schwellkörper des Penis versorgen (Plexus deferentialis, semina-
lis und prostaticus; Plexus cavernosus). Es erklärt sich auf diese
Weise, dass Hyperästhesien und Neuralgien in der äussern Haut der Genitalgegend sich häufig in Verbindung mit entsprechenden Erscheinungen
anderer Aeste des Lumbal- und Sacralgeflechts, als Symptome einer Lum-
balneuralgie (Lumbo-Abdominal-Neuralgie) — sowie ferner auch als
Symptome von Erkrankungen des Conus medullaris und der Cauda

equina (Compression durch Geschwülste u. s. w.)[1]) vorkommen; während dagegen die Hyperästhesien und Parästhesien innerer Theile des Genitalapparates (Harnröhre, Prostata, Hoden u. s. w.) vielfach ganz isolirt auftreten und mit den eben vorerwähnten cutanen Hyperalgien und Neuralgien keinen engeren Zusammenhang haben. Sie sind auch verhältnismässig seltener intraspinalen, oder selbst in dem engeren Sinne peripherischen Ursprungs, dass der Ausgangspunkt dabei in der Bahn des peripherischen Leitungsnerven zu suchen wäre; vielmehr könnte man sie nach der von ZIEHEN[2]) kürzlich vorgeschlagenen Terminologie grossentheils zu den exogenen oder ultraperipherischen, durch örtliche Organreize ausserhalb des Nervensystems hervorgerufenen Empfindungstörungen zählen. Zu den Hyperäthesien am Genitalapparat ist u. A. das excessive (zum Schmerz gesteigerte Wollustgefühl — die bei Neurasthenia sexualis schon erwähnte Hyperästhesie der Glans penis — zu den Parästhesien der als Dermatoneurose zu betrachtende Pruritus der Genitalien, namentlich des Scrotum, zu rechnen.

Ein hervorragendes praktisch ärztliches Interesse erlangen von diesen Empfindungstörungen besonders die folgenden:

1. Die Hyperästhesie und Neuralgie der Hoden und Nebenhoden (sog. irritable testis und Neuralgia testis). 2. Die Neuralgia urethrae. 3. Die sensitive Prostata-Neurose (Hyperalgesie und Neuralgie der Prostata).

1. Hyperalgesie und Neuralgie der Hoden und Nebenhoden ("irritable testis" und Neuralgia testis).

Als „irritable testis" wurde bekanntlich von dem amerikanischen Chirurgen CURLING zuerst 1843 ein Zustand von hochgradig gesteigerter Hodenempfindlichkeit beschrieben, den er von der eigentlichen, spontan auftretenden Neuralgie des Hoden durchaus getrennt wissen wollte. Eine solche Trennung lässt sich jedoch nicht aufrecht erhalten, da mit der Hyperalgesie sich häufig, wenn auch nicht in allen Fällen, spontan auftretender und anfallsweise gesteigerter (neuralgischer) Schmerz im Hoden und Samenstrang zu verbinden pflegt, und die Neuralgie fast constant nur bei gleichzeitig bestehender Ueberempfindlichkeit vorkommt. Letztere kann bald einseitig, bald doppelseitig (im ersteren Falle, gleich der Ovarie, überwiegend linkseitig) auftreten oder auch von einer Seite auf die andere übergreifen; sie kann bald auf einzelne Stellen beschränkt, bald über den ganzen Hoden und Nebenhoden verbreitet erscheinen. Die Hyperalgesie des Testikels kann so gross sein, dass schon die Reibung von Kleidung-

---

1) Vgl. L. LAQUER, über Compression der Cauda equina, neurolog. Centralblatt 1891 nr. 7. — RAYMOND, sur les affections de la queue de cheval (extrait de la nouvelle iconographie de la Salpétrière), Vorlesung am 14. und 21. December 1894.

2) Vgl. ZIEHEN, Leitfaden der physiologischen Psychologie, Jena 1893; und Artikel „Empfindung" in den encyclopädischen Jahrbüchern, Band V (1895) p. 76.

stücken, sowie jede Bewegung und Lageveränderung, und das Stehen bei nicht unterstütztem Scrotum heftige Schmerzen hervorrufen. Die Schmerzanfälle sind oft mit Erhebung der Hoden, durch krampfhafte Contraction des Cremaster, zuweilen auch mit Uebelkeit und Erbrechen verbunden. Der Cremaster-Reflex ist gewöhnlich verstärkt. Keineswegs so häufig, wie einzelne namentlich ältere Autoren behaupten, findet man Anschwellung der Hoden und des Samenstrangs, oder anderweitige palpable Veränderungen, namentlich Varicocele; weit häufiger dagegen (nach PEYER) hyperämische und chronisch-entzündliche Veränderungen der Schleimhaut der pars prostatica, mit dem dazu gehörigen Symptomencomplex von Spermatorrhoe und Pollutionen, Tenesmus vesicae, incompleter oder completer Impotenz u. s. w., sowie mit diffus-neurasthenischen Phänomenen.

Die ätiologischen Momente sind noch nicht genügend aufgehellt. Das Leiden kommt zumeist im jugendlichen oder mittleren Lebensalter, häufig bei nervösen und schlecht genährten Individuen zur Beobachtung. Erschöpfende functionelle Reizungen und Localerkrankungen, Excesse, andererseits aber auch anhaltende Abstinenz, Onanie, Tripper, chronische Orchitis und Epididymitis, Prostatitis, selbst Nierensteine u. s. w. werden als Ursache beschuldigt. Vereinzelt scheinen acute und chronische Rückenmarkerkrankungen, Traumen der Wirbelsäule, Tabes zu Grunde zu liegen. Auch bei Diabetes mellitus habe ich einmal ächte Hoden-Neuralgie (vielleicht neuristischen Ursprungs?) auftreten sehen.

Der Verlauf ist fast stets sehr langwierig, und gestaltet sich öfters auch insofern nicht unbedenklich, als das überaus lästige und schmerzhafte Leiden gleich anderen neuralgischen Genitalaffectionen, ganz besonders leicht excessive psychische Reactionen in Form hochgradiger Hypochondrie und melancholische Verstimmung hervorrufen kann. Die Prognose ist demnach überwiegend ungünstig. Zwar treten nicht selten längere Pausen und Remissionen auf, ein völliges spontanes Verschwinden des Leidens ist jedoch selten. Aber auch die Therapie, die sich bei der pathogenetischen und ätiologischen Dunkelheit des Zustandes auf recht unsicherem Boden bewegt, erzielt dem entsprechend im Ganzen nur zweifelhafte Erfolge. Bald wurden tonisirende Mittel, Eisen, Chinin, bald kalte Douchen, Sitzbäder und Seebäder, bald die verschiedensten Nervina und Antineuralgica, bald örtliche Blutentziehungen, Hautreize, Electrisation u. s. w. aufgeboten. Den entschiedensten palliativen Nutzen haben subcutane Morphium- oder Cocain-Injectionen (am besten im Verlaufe des Samenstrangs), Irrigationen mit Aether oder Chloräthyl, und eine in zweckmässiger Weise ausgeführte Galvanisation (am besten mit der ZUELZER'schen becherförmigen Scrotal-Electrode als Anode, während die Kathode mit breiter biegsamer Platte in der Sacralgegend anliegt). Auch die mechanische Unterstützung durch ein Suspensorium dient zur Erleichterung und gleichzeitigen Prophylaxe. In hartnäckigen Fällen sollte die Suggestivtherapie nicht unversucht bleiben. Von operativen Eingriffen ist abzurathen. Weder die vorgeschlagene Unterbindung der Samenstrangvenen und die subcutane Incision der Tunica albuginea, noch die Unterbindung der Arteria spermation, noch selbst die Castration haben in der Regel dauernde Erfolge gezeitigt, wenn es ihnen auch an einzelnen Lobrednern nicht fehlt; ihr vorübergehend günstiger Einfluss scheint mehr auf indirecten, centripetalen Einwirkungen zu beruhen. Die schon von CURLING bei Kranken mit gleichzeitiger Spermatorrhoe als heilsam erprobte Localbehandlung (Cauterisation) der pars prostatica wird neuerding von PEYER — der Complication mit Spermatorrhoe und Pollution in fast zwei Dritteln aller Fällen vorfand — sehr entschieden empfohlen.

2. Neuralgia urethrae virilis.

Die Neuralgie der männlichen Harnröhre charakterisirt sich durch anfallsweise verstärkte, heftige Schmerzen im Harnröhrenverlaufe, die bald vorwiegend an der Harnröhrenmündung, in der Glans penis, oder an höher gelegenen Stellen localisirt werden, und gewöhnlich mit Hyperästhesie der Harnröhre, häufig auch mit eigenthümlichen Parästhesien (brennenden, kitzelnden Empfindungen u. dgl.) einhergehen. Mit den Sensibilitätstörungen sind häufig motorische Reizerscheinungen in Form von gesteigertem Harndrange und mit abnorm häufiger, zuweilen auch gleichzeitig erschwerter und verlangsamter Entleerung kleiner Harnmengen verbunden. Diese letzteren Erscheinungen, die der „Cystalgie" und des Cystospasmus, sind, soweit sie bei echter Neuralgie der Harnröhre sich finden, offenbar secundärer Natur und auf abnorme reflectorische Erregungen der die Austreibung und Zurückhaltung des Harns vermittelnden antagonistischen Muskelkräfte zurückzuführen. Die genaue Untersuchung der Harnröhre und Blase, sowie auch des Harns ergiebt dabei in den meisten Fällen anscheinend keine Abnormitäten; in anderen Fällen haben sich jedoch endoskopisch leichte Veränderungen am Blasenhalse und der Pars prostatica, chronisch-hyperämische Schleimhautveränderungen, Reste von Nachtripper, kleine Erosionen am Orificium externum urethrae (PEYER) auch hier nachweisen lassen. Abgesehen von Fällen der letzteren Art, die mit den früher besprochenen localen Schädlichkeiten in Verbindung gebracht werden, ist die Aetiologie des Leidens meist dunkel; sicher kann Neuralgie der Harnröhre bei chronischen Spinalerkrankungen, namentlich bei Tabes, sogar bereits im Prodromalstadium der letzteren vorkommen, und ist hier wahrscheinlich gleich den „lancinirenden Schmerzen" der Tabes-Kranken als ein von der Faserung der Hinterwurzeln ausgehendes degenerativ-neuritisches Symptom zu betrachten.

Die Prognose ist, diesen verschiedenen Entstehungsmöglichkeiten entsprechend, bald zweifelhaft, bald überwiegend ungünstig. Die Behandlung fällt in denjenigen Fällen, wo locale, den Reizzustand hervorrufende Veränderungen am Blasenhals und der Pars prostatica sich finden, zum Theil mit derjenigen der „Reizblase" zusammen (Psychrophor, locale

Application von Adstringentien und Aetzmitteln); in anderen Fällen müssen wir uns, bei der Unbekanntheit oder Unzugänglichkeit der directen Krankheitsursachen, auf eine zweckmässige Regulirung der Lebensverhältnisse und auf palliative Linderung der neuralgischen Beschwerden durch Narcotica (innerlich, subcutan, sowie auch örtlich in Bougieform applicirt), durch warme Sitz- und Vollbäder, Galvanisation (intern oder besser extern: Anode am Damm, Kathode auf dem Kreuzbein oder über der Symphyse; stabil, am Schlusse einige Stromwendungen) beschränken. OBERLAENDER will auch bei rein nervösen, von localer Entzündung unabhängigen Zuständen von der Injection einer (anfangs $\frac{1}{2}$ %, allmälig verstärkten) Höllensteinlösung erheblichen Nutzen gesehen haben.

3. Sensitive Prostata-Neurose (Hyperalgesie und Neuralgie der Prostata).

Das Vorkommen einer „Neuralgie" der Prostata, im Sinne einer spontan auftretenden Schmerzhaftigkeit ohne organische Grundlage, wurde von erfahrenen Chirurgen, wie LE ROY d'ETIOLLES, MERCIER, CIVIALE und Anderen schon seit langer Zeit als unzweifelhaft angenommen. Hierbei wurde jedoch wohl nicht immer scharf zwischen eigentlicher Neuralgie und erhöhter Empfindlichkeit, sei es der Prostata selbst oder des prostatischen Harnröhrenabschnittes, unterschieden; andererseits machte der Mangel endoskopischer Untersuchungmethoden es früher unmöglich, die acuten Neurosen von structurellen Veränderungen dieser Region scharf abzugrenzen. Ueber die Nerven der Prostata selbst wissen wir sehr wenig, während die nächst angrenzenden Theile, Blasenhals und Pars prostatica bekanntlich äusserst nervenreich sind und die schon in früheren Abschnitten hervorgehobene Rolle einer vorzugsweise sensitiven Zone des Genitalapparats spielen. Es dürfte also schwierig sein, die sensitiven Neurosen der Prostata, mögen sie in echter Neuralgie oder in Hyperalgesie oder, ähnlich wie beim Hoden, in einem Gemische von beiden bestehen, von den Neurosen des umgebenden Harnröhrenabschnittes in allen Fällen bestimmt zu unterscheiden. Immerhin bleiben jedoch Fälle bestehen, bei denen eine solche Unterscheidung möglich ist und die Untersuchung sowohl Hyperalgesie wie auch spontan auftretende Schmerzhaftigkeit der Drüse selbst, beides in der Regel gleichzeitig, feststellt. Die Kranken, meist jüngere oder im mittleren Alter stehende, nervös reizbare, etwas herabgekommene Personen, klagen über mehr oder weniger lästige, durch Anstrengung und Bewegung selbst zu heftigstem Schmerz gesteigerte Empfindungen, die in der Tiefe des Damms und der Aftergegend localisirt, öfters aber auch als weiter nach der Harnröhrenmündung ausstrahlend bezeichnet werden, und sich häufig mit Harndrang, Schmerz bei der Harnentleerung und tropfenweisem Harnabgang (den oft erwähnten cystalgischen Symptomen), sowie auch mit Schmerz und Krampferscheinungen in entfernten Theilen durch Irradiation und Mitempfindungen, namentlich im Ischiadicusgebiete verbinden. Bei der Rectalpalpation findet man die Drüse oft in hohem Grade empfindlich. Selbstverständlich kann von der Annahme einer Neurose nur die Rede sein, wenn krankhafte Vergrösserung und anderweitige (entzündliche, neoplastische) Veränderungen, Congestion der Drüse etc., ausgeschlossen werden können, zu welchem Zwecke die Rectaluntersuchung mit der Katheteruntersuchung combinirt vorgenommen werden muss, und wenn ebenso die endoskopische Untersuchung der Harnröhre und Blase einen negativen Befund liefert. Man wird daher die Diagnose einer Prostata-Neuralgie nur bei vorangegangener Untersuchung durch einen erfahrenen Specialisten mit einiger Sicherheit aussprechen dürfen. Die Ursachen sind ziemlich unbestimmt: ausser den schon wiederholt als Quelle urogenitaler Reizzustände angeführten Schädlichkeiten scheinen namentlich Unterleibstörungen (Darmträgheit, sitzende Lebensweise, anhaltendes Reiten bei Cavalleristen) begünstigend zu wirken. Therapeutisch ist von allen bei organischen Prostata-Erkrankungen üblichen Methoden localer Behandlung in der Regel Abstand zu nehmen; ausser allgemeiner Kräftigung und Regelung der Lebensverhältnisse des Kranken (besonders Sorge für Stuhlentleerung) sind als Palliativmittel Narcotica, namentlich Morphium oder Cocain, subcutan oder sehr zweckmässig in Form leicht schmelzender Suppositorien, oft unentbehrlich.

b) Hypästhesien und Anästhesien.

Hypästhesien und Anästhesien der äusseren Haut in der Genitalgegend bilden eine Theilerscheinung von Rückenmarkerkrankungen (des Conus medullaris, im Bereiche des zweiten bis fünften Sacralnervensegments, als Ursprungsgebiet des N. pudendo-haemorrhoidalis), sowie von Erkrankungen der entsprechenden Hinterwurzeln und der Nervenstämme der Cauda equina. Fälle der Art, in denen die verminderte oder aufgehobene Sensibilität der äusseren Genital- (und Anal-)gegend, zum Theil mit gleichzeitiger Anästhesie von Blase und Mastdarm, ein besonders hervorragendes und diagnostisch werthvolles Symptom bildet, sind in der letzten Zeit sowohl auf Grund traumatischer Veranlassungen wie auch von Neubildung und Compression der Cauda equina, oder multpler Neuritis bei Männern und Frauen mehrfach beobachtet worden. [1)]

Anästhesie oder richtiger Hypästhesie der Glans penis (Herabsetzung des Gemeingefühls sowohl wie des namentlich durch die KRAUSE'-schen Endkolben vermittelten specifischen Wollustgefühls) scheint bei centralen Nervenerkrankungen und vielleicht auch auf Grund einer örtlichen Ursache einen nicht ganz seltenen Befund zu bilden und kann

---

1) Vgl. EULENBURG, Beitrag zu den Erkrankungen des Conus medullaris und der Cauda equina beim Weibe. Zeitschrift f. klin. Medicin. Band XVIII, Heft 5 u. 6. — RAYMOND, sur les affections de la queue de cheval à propos de deux cas de ces affections (Vorlesungen in der Salpétrière am 14. und 21. December 1894; nouvelle iconographie de la Salpétrière 1895, 2).

zu scheinbarer Impotenz Veranlassung geben, insofern das Zustandekommen eines kräftigen Orgasmus und energischer Anregung des Ejaculationcentrums dadurch beeinträchtigt und selbst unmöglich gemacht
wird. Bei den so häufigen Klagen über mangelhafte Libido und aus-
bleibendes Wollustgefühl beim Coitus ist jedenfalls auf diesen Umstand
in ausgiebiger Weise Rücksicht zu nehmen.

2. Motilitätstörungen.

a) Irritativ-spastische Zustände (Hyperkinesen und Parakinesen).

Als ein eigenthümlicher, besonders der Pubertätszeit und dem jugendlichen Alter überhaupt eigener Krampfzustand der Hoden ist die Erscheinung der Orchichoric ($ὄρχις$ und $χορεία$, Hodentanz) zu betrachten,
worunter man ein Auf- und Absteigen des Hoden in seinen Hüllen bis
zum Leistenkanal aufwärts versteht. Es handelt sich dabei offenbar um
eine abnorme Erregung (clonischen Krampf) im Cremaster, die meist
reflectorischen Ursprungs zu sein scheint und bei empfindlichen jüngeren
Personen schon durch die Entblössung oder Berührung zum Zwecke der
Untersuchung ausgelöst werden kann, also etwa zu dem auf Entblössung
eintretenden „Wogen" willkürlicher Muskeln bei reizbaren Individuen ein
Analogon bildet. Eine pathologische Bedeutung kommt diesem Zustande
übrigens nicht zu.

Daran schliesst sich die Steigerung des Cremasterreflexes, die
wir nicht bloss bei localen Neurosen, sondern in Verbindung mit
herabgesetztem oder fehlendem Patellarreflex, bei degenerativen
Nervenerkrankungen (Neuritis, Tabes) nicht selten antreffen. Eine durch-
gängige Constanz dieses letzteren Verhaltens auf Grund einer Art von
Antagonismus beider Reflexe (O. Rosenbagh) habe ich bei sorgfältiger
Nachprüfung in einer grossen Anzahl von Fällen nicht wahrnehmen können.

Die Krämpfe der Harnröhre und Blase gehören, streng genommen,
nicht in dieses Gebiet, sind aber wegen des überaus häufigen und engen
Zusammenhanges mit Sexualerkrankungen nicht auszuscheiden und bilden,
wie wir schon bei der sexualen Neurasthenie gesehen haben, eine der ge-
wöhnlichsten und wichtigsten Theilerscheinungen genitaler Neurosen. Man
pflegt den gewöhnlich auf Hyperästhesie beruhenden, isolirten Krampf der
Harnröhrenmuskulatur als Urethrospasmus — den Krampf des Detrusor
vesicae („Blasenkrampf" im eigentlichen und engeren Sinne) als Cystospasmus zu bezeichnen. Bei jenem bildet natürlich erschwerte Harn-
ausscheidung bis zur Harnverhaltung (Retentio urinae, Ischurie) — bei
diesem gesteigerter Harndrang die specifische und so zu sagen pathognomonische Krampferscheinung; da aber in der Neurose der Pars prostatica,
der urogenitalen Neurose $κατ'$ $ἐξοχήν$, beide Zustände, wenn auch in verschiedenem Grade mit einander vergesellschaftet, gleichzeitig oder abwechselnd vorkommen, so resultirt daraus das als Strangurie oder Tenesmus vesicae bekannte Symptombild, das durch krankhaften Harndrang

in Verbindung mit erschwertem und schmerzhaftem, oft tröpfelndem
Harnabfluss charakterisirt ist. Bei krampfhafter Detrusor-Reizung und
erschlafftem Sphincter kann es auch zu beschleunigtem und selbst zu
unwillkürlichem Harnabgang (Enuresis, Incontinenz) kommen,
wenn auch die gewöhnlich als Enuresis und Incontinenz bezeichneten Fälle
der grossen Mehrzahl nach nicht hierher zu ziehen sind, da es sich bei ihnen
keineswegs um Krampfzustände der Blasenmuskulatur, sondern ausschlies-
lich um Schwäche- oder Lähmungszustände, richtiger um Atonie und Areflexie der Schliessmuskulatur des Blasenhalses und der Harnröhre handelt.

— Als mit dem Krampfzustand der Harnröhrenmuskulatur und des Blasenhalses eng zusammenhängend ist auch der von Manchen angenommene
Krampfzustand der Prostata zu betrachten, wobei die Erscheinungen
der Cystalgie, (Ischurie und Tenesmus) mitunter mit Abgang von Prostata-
Secret verbunden zu sein scheinen, während in anderen Fällen auch Pol-
lutionsgefühl oder wirkliche Pollutionen, sei es durch directe Compression der
Samenbläschen oder auf Grund reflectorischer Reizausbreitung, beobachtet
werden. — Die Behandlung dieser Zustände ist an die speciellen Ursachen,
die constitutionellen Verhältnisse der Kranken u. s. w. gebunden und fällt
im Allgemeinen mit derjenigen der unter „sexualer Neurasthenie" besprochenen „Localneurose", sowie der Urethral- und Prostata-Hyperästhesien
(pag. 48—50) zusammen. Die Allgemeinbehandlung durch kräftigende und
sedirende Heilverfahren ist demnach auch hier entschieden wichtiger, als die
örtliche, letztere zwar in Fällen mit vorgefundener struktureller Veränderung der Pars prostatica u. s. w. nicht zu verabsäumen, im Uebrigen
aber möglichst zu restringiren.

Als hierher gehörige, specifisch genitale Reizzustände, die wesentlich
auf abnorme Erregungen der spinalen Erections- und Ejaculationscentren
zurückzuführen sind, haben wir den Priapismus und die krankhaften
Pollutionen näher zu betrachten.

Priapismus.

Als „Priapismus" ist der Zustand krankhaft gesteigerter und ver-
längerter, nicht mit Wollustgefühl, dagegen mit Schmerz verbundener
Erection zu bezeichnen (wofür nach symptomatischen Analogien vielleicht
die Ausdrücke „Tenesmus penis" oder „Dyslagnie" gebraucht werden
könnten). Der Priapismus entspricht entweder einer excessiven Erregbar-
barkeit oder einer anomalen, nach Intensität und Dauer abnormen Erregung im spinalen Erectionscentrum. Das letztere gehört bekanntlich dem
Lumbalmark an und wird für gewöhnlich reflectorisch von den centripetal
leitenden Nerven des Penis erregt, während die centrifugalen Reflexbahnen
in den Nervi erigentes verlaufen, durch deren Reizung die Arterien
des Penis, besonders im Gefässgebiete der Arteria profunda, aus der die
kleinen Arterien der Schwellkörper entspringen, stark erweitert und
mit Blut gefüllt werden. Hierzu tritt dann die ebenfalls reflectorisch aus-

gelöste Contraction der Musculi ischio- und bulbocavernosi und des transversus perinei, wodurch die Venen des Gliedes, wenn auch nicht ganz vollständig, comprimirt werden und somit eine venöse Blutstauung in dem fluxionär angefüllten Gliede hervorgebracht, gleichzeitig auch der Bulbus urethrae zusammengedrückt wird. — Priapismus kann demnach zu Stande kommen, indem auf dem normalen Wege, d. h. vermittelst der sensiblen Penisnerven, dem Erectionscentrum abnorm häufige und abnorm andauernde und intensive Erregungen zugehen (wie besonders bei entzündlichen Localaffectionen der Urethra, bei Onanie u. s. w.) — oder indem die an sich nicht abnormen peripherischen Erregungen in Folge gesteigerter Reizbarkeit des Centrums quantitativ und qualitativ veränderte Auslösungen bewirken. Er kann aber auch von höher gelegenen Abschnitten der Nervencentren aus entstehen, wenn nämlich die die Erection einleitende Erregung der genitalen Vasodilatatoren von dem allgemeinen Vasodilatatorencentrum in der Medulla oblongata ausgeht und von hier auf centrifugalem Wege dem Erectionscentrum zugeleitet wird; endlich auch durch Zuleitung der Erregung vom Gehirn, speciell von der Grosshirnrinde, wobei die centrifugalen Leitungsbahnen im Pedunculus und Pons, wahrscheinlich auch zum Vasodilatatorencentrum der Medulla oblongata verlaufen. Es wird aus diesen Betrachtungen ohne Weiteres verständlich, dass Rückenmarkkrankheiten, namentlich acute traumatische Verletzungen (Wirbelfracturen und Luxationen) — und zwar keineswegs bloss solche des Lumbalmarks, sondern auch in höher belegenen Rückenmarkabschnitten — und dass nicht minder Gehirnkrankheiten bis zur Grosshirnrinde aufwärts Priapismus zum Symptom haben können; dass insbesondere auch gewisse Gifte, die auf das Centralnervensystem einwirken (Cantharidin?) und speciell intoxicatorische Erregungen des bulbären Vasodilatatorencentrums, wie sie in der Erstickung auf Grund von Sauerstoffmangel und Kohlensäureanhäufung im Blute sich abspielen (Strangulation), vielleicht auch leukämische Blutveränderung mit Priapismus einhergehen. Centralen Ursprungs ist insbesondere der Priapismus, den man als krankhafte Senseenzerscheinung, ferner bei Epileptikern, Geisteskranken u. s. w. häufig beobachtet, und der wohl nur zum Theil auf anomale Erregung, zum Theil auch auf einen Wegfall der vom Gehirn unter normalen Verhältnissen geübten hemmenden Impulse auf das Erectionscentrum zu beziehen sein wird.

Es entspricht dieser Betrachtung, dass der Priapismus, die krankhafte, mit Schmerz verbundene, tonische Erection, bei Männern, eintreten kann, deren sexuelle Potenz gleichzeitig vermindert oder sogar aufgehoben ist: ein Vorgang, der mit der Anästhesia dolorosa und mit den Krampferscheinungen in gelähmten Gliedern Aehnlichkeit darbietet, und der so zu erklären ist, dass die Leitung centripetaler Erregungen von der Peripherie zum Erectionscentrum gestört ist, während dieses dagegen vom Gehirn und von den oberen Rückenmarkabschnitten her centrifugal in verstärktem Maasse erregt wird.

Die Erscheinungen des Priapismus treten am häufigsten während der Nacht auf, wozu wohl ausser der verstärkten centripetalen Anregung des Erectionscentrums gerade die verminderte oder aufgehobene Thätigkeit der cerebralen Hemmungscentren wesentlich beiträgt. Sie sind durch diesen Umstand, durch die Störung der Nachtruhe, durch den mit der tonischen Erection sich verbindenden heftigen Schmerz, durch die nicht seltenen Störungen der Harnentleerung u. s. w. für die Kranken nicht selten so belästigend und qualvoll, dass ein therapeutisches Einschreiten schon vom rein symptomatischen Standpunkte dringend erforderlich wird. Abgesehen von der Beseitigung entzündlicher Localleiden und sonstiger peripherischer Reizzustände werden wir uns dabei allerdings überwiegend auf eine kräftige Anregung und Umstimmung der gesammten Nerventhätigkeit durch Land- oder Gebirgsaufenthalt, Diät, Bäder, Hydrotherapie u. s. w. beschränken. Von den als specifisch gerühmten pharmaceutischen Mitteln leisten die Bromide am meisten; auch die Verbindung von Brom und Campher als Camphora monobromata (innerlich in Pulvern oder Oblaten zu 0,1—0,3 mehrmals täglich) kann ich nach eigener Wahrnehmung empfehlen — während ich dagegen von Lupulin keinen evidenten Nutzen gesehen habe. Elektrische Proceduren dürfen nur mit grosser Vorsicht in Anwendung kommen; schwache stabile, galvanische Ströme (Anode allein, oder beide Pole auf die Wirbelsäule), noch besser allgemeine Elektrisation in Form von Bädern und Influenzelektricität sind dabei zu bevorzugen.

Krankhafte Pollutionen.

Zwischen „normalen" und krankhaften Pollutionen ist die Grenze deswegen schwer zu ziehen, weil nicht sowohl die Auffassung des krankhaften, als vielmehr die des normalen, physiologischen und typischen Verhaltens hier ziemlich willkürlich ist und einer sicheren Begründung durchaus ermangelt. Es ist auf diesen Punkt schon unter Neurasthenia sexualis, bei deren vermeintlicher Herleitung von sexueller Abstinenz (pag. 15), Bezug genommen worden. Die gewöhnlich vertretene Auffassung geht dahin, dass man Pollutionen als „normal" betrachten müsse, wenn sie bei erwachsenen Männern, zumal in jugendlichem Alter, ohne oder wenigstens ohne regelmässigen Geschlechtsverkehr, während des nächtlichen Schlafes meist in Begleitung erotischer Traumerscheinungen und in grösseren, ein- bis mehrwöchigen Intervallen spontan auftreten und keine weiteren Schädigungen der Gesundheit, im Gegentheil eher in manchen Fällen ein Gefühl verstärkter Euphorie hinterlassen. Es wird zur Unterstützung dieser Meinung angeführt, dass das in den Genitaldrüsen gebildete Secret sich in den Samenbläschen anstaue (die ehedem sogenannte Samenplethora) und daher von Zeit zu Zeit einer Entleerung nach aussen bedürfe, die dann eben während des Schlafes durch reflectorische Anregung des Ejaculations- (und in combinirter Weise des Erections-)Centrums erfolge. Ueber diese Anschauung lässt sich freilich streiten; ich meine, dass man empirisch wie theoretisch Manches dagegen einwenden kann, z. B. dass offenbar ganz ausserordentliche individuelle Unterschiede obwalten, so dass manche Männer nie oder doch fast nie, andere dagegen beständig mit Pollutionen zu thun haben, dass vor Allem die Lebensweise und die täglichen Gewohnheiten unbedingt eine hervorragende Rolle dabei spielen, und dass endlich nicht abzusehen ist, warum bei der doch ganz allmählich und unbemerkt vor sich gehenden Secretansammlung ein so plötzliches rapides Anwachsen der Spannung zu der explosionsartigen Entleerung, unter Begleitung erotischer Traumvorstellungen, mit einem Male eintreten sollte. Dies Alles bleibt jedenfalls unerklärt und vorest unerklärlich. Ich glaube, dass eine Pollution so wenig als „normaler" physiologischer Vorgang zu betrachten ist, wie etwa Husten oder Erbrechen; dass vielmehr auch den sogenannten „normalen" Pollutionen in Wahrheit aussergewöhnliche und exceptionelle, auf das Ejaculationscentrum wirkende Reizungen, wenn auch verhältnissmässig leichterer Art, zu Grunde liegen, die wir als „krankhaft" nur darum nicht gelten zu lassen brauchen, weil sie sich mit keinem merklichen subjectiven Krankheitgefühl, auch mit keinen anderweitigen objectiven Krankheitserscheinungen verbinden und einen sich in kürzester Zeit ohne üble Folgen abspielenden Vorgang darstellen. Auch das Erbrechen nach der ersten Cigarre oder über die gewohnte Aichungsgrenze hinausgehendem Biergenuss pflegen wir ja nicht gerade als „krankhaft" zu bezeichnen. — Unter welchen Umständen aber Pollutionen als entschieden krankhaft aufzufassen sind, darüber wird im Einzelfalle ein Zweifel kaum herrschen. Es wird dies allerdings dann geschehen, wenn Pollutionen sich sehr häufig, wenn sie sich insbesondere zeitweise in rascher und gesteigerter Aufeinanderfolge (allnächtlich, selbst mehrmals in einer Nacht) einstellen, wenn ihr Auftreten nicht von erotischen Traumvorstellungen eingeleitet oder begleitet wird, und wenn sie auf das Allgemeinbefinden nicht günstig oder mindestens indifferent, sondern im Gegentheil entschieden ungünstig wirken, indem sie allgemeines Unbehagen, Schwächegefühl, deutlich ausgesprochenen Depressionszustand von längerer, selbst ein- oder mehrtägiger Dauer zurücklassen. Als krankhaft sind insbesondere auch alle diejenigen Pollutionen anzusehen, bei denen mit der Reizung des Ejaculationscentrums keine entsprechende Reizung des Erectionscentrums einhergeht, die also bei ganz fehlender oder wenig ausgesprochener Erection verlaufen, und vor Allem diejenigen Pollutionen, die in wachem Zustande auf minimale und kaum angedeutete psychosexuale Erregung erfolgen, und die ein hervorragendes Glied in der Kette der für die „sexuale Neurasthenie" charakteristischen Erscheinungen reizbarer Schwäche des Genitalapparats bilden (vgl. den betreffenden Abschnitt, pag. 22). Je leichter und häufiger derartige Pollutionen, anscheinend ganz spontan oder (zumal bei Onanisten) auf geringfügigste mechanische oder psychische Reizung erfolgen, umsomehr und unzweifelhafter fällt der Zustand ins Pathologische und wird sich dann in der Regel auch bei genauerer Untersuchung nur als Einzelsymptom, als Theilerscheinung schwerer diffuser Neurosen und Neuropsychosen, oder selbst ausgesprochener degenerativer Localerkrankungen der nervösen Centralapparate, besonders des Rückenmarks (Compression nach Traumen, Tabes, Myelitis u. s. w.) herausstellen.

Von den „krankhaften" Pollutionen sind natürlich die als „Samenfluss", Spermatorrhoe bezeichneten Zustände durchaus zu unterscheiden, obwohl diese Bezeichnungen vielfach, selbst von Aerzten noch durcheinandergeworfen und promiscue gebraucht werden. Nach der entschieden beachtungswerthen Definition Fürbringer's haben wir unter „Spermatorrhoe" lediglich die von der Pollution unabhängigen, zumeist während der Defäcation und Harnentleerung stattfindenden Samenabgänge zu verstehen. Da es sich hierbei nicht um einen irritativen, sondern um einen depressiven Zustand des genitalen Nervenapparats, nicht um eine spastische Motilitätsstörung, sondern um eine Form anomaler (atonisch-paralytischer) Absonderung handelt, so werden wir diesen Zustand nicht hier, sondern unter den genitalen Secretionsneurosen (vgl. pag. 60) besprechen.

Von einer Symptomatologie der krankhaften Pollutionen kann logischerweise kaum die Rede sein, da die Pollutionen, wie wir sahen, selbst nur die Bedeutung eines Symptoms haben. Wenn neuere Monographien und Handbücher es für gut finden, bei dieser Gelegenheit den ganzen Symptomencomplex der urogenitalen Localneurose und der sexualen Neurasthenie aufzurollen, so brauchen wir hier einem solchen Beispiel um so weniger zu folgen, als ja ohnehin von den Pollutionen bereits in gleichem Zusammenhange (pag. 21, 22) die Rede gewesen ist. Beachtenswerth erscheinen die bei Untersuchung des Products krankhafter Samenabgänge neuerdings erhaltenen Befunde, insofern aus ihnen hervorgeht, dass es sich dabei keineswegs immer um ein in normaler Weise beschaffenes und gemischtes Sperma, sondern vielfach schon um ein krankhaft verändertes, quantitativ und qualitativ anomales Secret handelt. Indessen da diese Veränderungen häufiger und jedenfalls in ihrem höheren Grade ausschliesslich den als „Spermatorrhoe" (und Prostatorrhoe) zu bezeichnenden Zuständen, wenn auch keineswegs in specifischer Bedeutung, zukommen, so müssen wir auf ihre Erörterung an dieser Stelle verzichten; ebenso wie auf die Schilderung der am Harn zuweilen beobachteten, nichts Charakteristisches und Specifisches darbietenden, lediglich von Complicationen (Nierenaffectionen, Diabetes, Phosphaturie) herrührenden Anomalien.

Die Behandlung der krankhaften Pollutionen sollte rationellerweise wesentlich in hygienisch-therapeutischer Beeinflussung des Gesammtzustandes (der Neurasthenie, organischer Rückenmarkserkrankungen u. s. w.) oder in Beseitigung etwa nachweisbarer, besonders localer Krankheitreize bestehen (vgl. das unter „sexualer Neurasthenie" im therapeutischen Abschnitte Bemerkte). Die directe symptomatische Bekämpfung der Pollutionen als

solcher kann nur eine neben- und untergeordnete Rolle spielen, ist aber
in manchen Fällen, theils wegen des bedeutenden subjectiven Eindrucks
der gehäuften Pollutionen, theils auch wegen der geschilderten objectiven
Folgezustände nicht zu umgehen. Man suche also vor Allem ängstliche
und durch schlechte populäre Lectüre in ihrer Angst noch bestärkte Patienten psychisch zu beruhigen, und ihnen die relative. Gefahrlosigkeit
des Symptoms in einer ihrem individuellen Verständniss angepassten
Weise auseinanderzusetzen. Man lege auch bei den vorgeschlagenen
therapeutischen Massregeln stets den Hauptwerth auf hygienisches Verhalten, Lebensweise, Diät, allgemein kräftigende Methoden, denen die empfohlenen, aber in ihrem unmittelbaren Erfolge stets unsicheren symptomatischen Verfahren nur als Unterstützungsmittel beizugeben seien. Von
letzteren haben mir die (mit den nöthigen Cautelen geübte und längere
Zeit methodisch fortgesetzte) Anlegung des Chapman'schen Rücken-
schlauches, sowie eine sehr vorsichtige und milde Anwendung der Galvanisation (schwache und kurzdauernde, stabile, absteigende Ströme)
die bemerkenswerthesten Resultate geliefert. Auch mechanothe-
rapeutische Proceduren (Massage der Wirbelsäule in Form von
Klopfungen, Erschütterungen, mit dem Concussor und ähnlichen Vorrichtungen) scheinen sich zu bewähren. Von den empfohlenen pharmaceutischen Mitteln leisten unzweifelhaft die Brompräparate das Meiste,
sei es in Form von Bromalkalien oder einzelnen neuerdings belobten organischen Bromverbindungen, wie Bromcampher, Bromalin, Gallobromol;
wenig ist von Campher allein, gar nichts vom Lupulin, nur Nachtheiliges
von Atropin und von den eigentlich narkotischen Mitteln überhaupt zu
erwarten.

b) Motorische Schwächezustände (Hypokinesen und Akinesen).

Da wir es auf dem genitalen Nervengebiete lediglich mit der Willkür
entrückten Bewegungvorgängen zu thun haben, so kann von „Lähmungen"
im engeren Sinne auf diesem Gebiete nicht die Rede sein, wohl aber von
Zuständen krankhaft herabgesetzter oder aufgehobener tonischer und reflectorischer Innervation, von Atonien und Areflexien.

Fehlen des (den oberflächlichen Reflexen zuzurechnenden) Cremasterreflexes darf zwar bei richtig vorgenommener Prüfung niemals als ganz
normaler Befund gelten, wird aber zumal bei älteren Männern auch ohne
nachweisbare sonstige Erkrankung ziemlich häufig beobachtet. Cerebrale
Herdaffectionen, namentlich Blutungen, die zu Hemiplegie führen, haben
in der Regel eine Herabsetzung oder Aufhebung des Cremaster- (wie auch
des Bauch-)reflexes auf der gelähmten Seite zur Folge — worauf zuerst
O. Rosenbach aufmerksam gemacht hat — während die Sehnenphänomene
(Patellarreflex) in solchen Fällen häufig einseitig oder sogar doppelseitig
gesteigert zu sein pflegen. Auch bei schweren meningitischen Zuständen,

zumal im Coma, findet man Bauch- und Cremasterreflexe in der Regel
geschwunden.

Ausserdem kann natürlich auch eine peripherisch bedingte Störung
der centripetalen und der centrifugalen Reflexleitung mit Aufhebung des
Cremasterreflexes einhergehen, dessen Centrum sich in der Höhe des ersten
bis dritten Lumbalnervensegmentes (Bahn des Nervus ileoingninalis und
iliohypogastricus einerseits, des Ramus spermaticus ext. vom N. genitofemoralis andererseits) befindet. —

Als „Erschlaffung der Prostatamuskulatur" wird von Peyer
ein Zustand bezeichnet, der entweder auf die krankhaft gesteigerte Reizbarkeit der Prostatamuskeln folgen oder auch primär auftreten kann,
und der sich gewöhnlich mit anderweitigen urogenitalen Erschlaffung-
zuständen, Impotenz, Spermatorrhoe u. s. w. verbindet. Die Diagnose ist
nur bei instrumenteller Untersuchung der Harnröhre durch das gänzliche
Fehlen des von muskulöser Contraction herrührenden Prostatawiderstandes
zu stellen. — Ueber paretische Zustände der Ductus ejaculatorii
als Ursache der Spermatorrhoe vgl. den folgenden Abschnitt.

Die verminderte Erregung, verminderte oder aufgehobene
Erregbarkeit der genitospinalen Reflexcentren muss zu entsprechender Behinderung der Erection und Ejaculation und somit zu herabgesetzter oder schliesslich aufgehobener Potenz führen. Es gehören also
hierher diejenigen Formen der Impotentia coeundi, die auf einer
verminderten Inanspruchnahme und Leistungsfähigkeit der spinalen Centren, oder auf-Störungen in den dazugehörigen peripherischen Bahnen der Refexleitung beruhen. Wir haben die wichtigsten und häufigsten hierhergehörigen Formen, die der neurasthenischen
Impotenz, bereits früher unter sexueller Neurasthenie (pag. 25ff.) ausführlich
gewürdigt. In weit einfacherer Weise erledigen sich diejenigen Zustände,
die der sogenannten „paralytischen Impotenz" im engeren Sinne zugerechnet werden können und als deren Typus die bei gewissen Rückenmarkkrankheiten, namentlich bei Tabes oft frühzeitig sich ausbildende
Impotenz zu betrachten ist. Die Impotenz der Tabeskranken ist ein ent-
schiedenes Analogon der in der Regel gleichzeitig bestehenden Ischurie und
Verstopfung; wie diese der Ausdruck der Areflexie von Blase und Mastdarm,
so ist die Impotenz der Ausdruck genitaler Areflexie in Folge der degenerativen Erkrankung der hinteren Wurzelfaserung, vermöge deren den genitalen Centren die zur Reizauslösung erforderlichen centripetalen Erregungen nicht in genügender Stärke oder überhaupt nicht mehr zu-
fliessen. Was in so typischer Weise bei der grossen Mehrzahl der Tabes-
kranken sich abspielt (eine Ausnahme machen natürlich die Fälle von
atypisch verlaufender, von cervicaler Tabes u. s. w.), das kann auch bei
allen sonstigen Formen spinaler Herderkrankung eintreten, wenn entweder
die Reflexcentren direct dadurch leiden, oder die zugehörigen centripetalen
und centrifugalen Bahnen einer die Continuität der Fortleitung aus-

schliessenden Degeneration anheimfallen, wovon wir bei traumatischen Verletzungen sowie bei den verschiedensten Formen acuter und chronischer Erkrankung der unteren Rückenmarkabschnitte und der Cauda equina zahlreiche Beispiele finden. Aber auch Erkrankungen höher gelegener Rückenmarktheile und selbst des Gehirns können mit Schädigungen der Potenz einhergehen, insofern dabei entweder durch verminderte Erregungen oder durch gesteigerte Hemmungen auf centrifugalem Wege die Thätigkeit der genitospinalen Centren beeinflusst, und zwar herabgesetzt wird, wie dies namentlich bei cerebellaren Herdaffectionen (Tumoren) öfters der Fall zu sein scheint. Zu den central (cerebral?) bedingten, paralytischen Impotenzformen ist allem Anschein nach auch die durch gewisse excitirende und narkotische Genussmittel, durch Alkohol, Tabak, Morphium u. s. w., sowie durch anderweitige Intoxicationen (Saturnismus u. s. w.) erzeugte Potenzstörung zu rechnen. Prognose und Behandlung dieser Zustände richten sich nach der speciellen Form des Grundleidens. Da dieses in der Regel schwer, oft unheilbar ist, so bietet sich auf Herstellung der Potenz meist wenig Aussicht: ein Umstand, der, so bedauerlich er sein mag, nur um so mehr von der unnützen und irrationellen Quälerei der Kranken mit allerlei symptomatischen und specifischen Heilverfahren abmahnen müsste.

3. Secretionsstörungen.

a) Genitale Hyperekkrisien und Parekkrisien.

Zu dem specifischen Absonderungsproducte der männlichen Genitalien, dem ejaculirten Sperma, tragen bekanntlich keineswegs die männlichen Keimdrüsen allein bei, sondern das Ejaculat stellt ein ziemlich bunt zusammengesetztes Secret dar, an dem ausser dem eigentlichen Hodensecret auch noch die Abscheidungen der Nebenhodenkanälchen, des Vas deferens, der Samenblasen, der Prostata, der Cowper'schen und der urethralen Schleimdrüsen hinzukommen. Es ist daher klar, dass auf anomalen, krankhaft gesteigerten Nerveneinfluss copiösere Abscheidungen des Genitalsecrets nicht nothwendig durch quantitative Vermehrung sämmtlicher, sondern nur einzelner Bestandtheile dieses Conglomerats erfolgen, und dass auch bedeutende qualitative Veränderungen von einzelnen Componenten dieser Secretmischung allein ausgehen können.

Während man das zweifelhafte und jedenfalls seltene Vorkommen einer abnorm vermehrten Samenproduction als Polyspermie[1]) bezeichnet, sind dagegen für gewisse Formen krankhafter Ausflüsse, bei denen es sich vorzugsweise um einzelne Bestandtheile des Genitalsecrets handelt, Ausdrücke wie Spermatorrhoe, Prostatorrhoe u. s. w. gebräuchlich und

---

1) Besser „Hyperspermie". Unter Polyspermie wird in der Embryologie das Eindringen mehrerer Samenfäden in ein Ei zur Befruchtung verstanden.

vielfach allerdings auch missbräuchlich angewandt worden. Uns berührt dabei vorzugsweise die Frage, ob und wie weit die hierhergehörigen klinisch beobachteten Krankheitsformen von gestörten Nerveneinflüssen abhängig oder als Producte anderweitiger Localerkrankung u. s. w. zu betrachten sind — und ferner, ob es sich im ersteren Falle dabei um secretorische oder motorische, um irritative oder depressive Formen der Innervationstörung handelt. Diese Fragen sind bisher theils gar nicht, theils nicht mit genügender Sicherheit zu entscheiden.

Fassen wir die bekannteste und so zu sagen populärste der hierhergehörigen Störungformen ins Auge, die „Spermatorrhoe", so müssen wir (wie schon pag. 56 hervorgehoben wurde), wenn wir mit diesem verfehlten Ausdruck überhaupt einen bestimmten und wissenschaftlich fixirbaren Begriff verbinden wollen, uns ganz und gar auf den Boden der von FÜRBRINGER gegebenen Definition stellen. Danach ist der Ausdruck „auf jene von der Pollution unabhängigen Samenverluste zu beschränken, wie sie meist während der Defäcation und Harnentleerung erfolgen, und zwar ohne Erection und Orgasmus, ohne schlüpfrige Vorstellung". Es handelt sich also um die nicht gerade seltenen Vorkommnisse der „Mictions"- und „Defäcationsspermatorrhoe", die vielfach früher mit Unrecht als Endstadium krankhafter Pollutionen aufgefasst wurden, aber eine verhältnissmässig geringere pathologische Bedeutung besitzen, häufig ohne anderweitige schwere Störungen der Geschlechtsfunctionen einhergehen. Einzelne Autoren haben diese Zustände auf eine Parese der Ductus ejaculatorii zurückführen zu können geglaubt, während die krankhaften Pollutionen als auf einem Krampf der Samenblasen beruhend aufgefasst wurden, und sie erblickten in der Spermatorrhoe ein Analogon der paralytischen Incontinenz der Harnblase, eine „Incontinentia semininis". Andererseits liesse sich auch an eine durch krankhafte Localreize bedingte, partielle Hypersecretion denken; von einzelnen Autoren sind auch im anscheinenden Zusammenhange mit den genannten Formen der Spermatorrhoe entzündliche Veränderungen im hinteren Harnröhrenabschnitte, besonders auf gonorrhoischer Basis vielfach beobachtet worden, und es scheint in der That, dass wenigstens für die Mictionsspermatorrhoe (oder „Spermaturie", wie sie FÜRBRINGER zu nennen vorschlägt) der Gonorrhoe eine ähnliche pathogenetische Bedeutung zukommt, wie der Onanie für Entstehung der krankhaften Pollutionen. Unter 140 Männern mit chronischer Gonorrhoe, die FÜRBRINGER untersuchte, entleerten 25 mit ihrem Harn oder Ausfluss zahlreiche Spermatozoen, ohne dass irgend welche auf Neurasthenie deutende Symptome bei ihnen bemerkbar waren; über 20% der Untersuchten litten mehr an latenter, graduell verschiedener Spermatorrhoe, die übrigens alle Stadien von der Imprägnation der Tripperfäden bis zur Gegenwart zahlreicher, durchweg aus Sperma bestehender Fäden und Flocken darbieten konnte. Indessen scheinen die gonorrhoischen wie auch sonstige locale Schädlichkeiten (Entzündungen der Samenblasen, der Prostata, Hypertrophie der letzteren etc.) zur Spermatorrhoe nur dann Anlass zu geben, wenn dabei eine Insufficienz und Parese der Ductus ejaculatorii zu Stande gekommen ist, da ohne diese wenigstens eine reichlichere Ausspritzung von Sperma mit dem Harn nicht wohl möglich ist, und ebenso kann auch bei der Defäcationsspermatorrhoe schwerlich die blosse Defäcationsanstrengung für sich allein auf mechanischem Wege ein Auspressen der Samenblasen beim Hinabsteigen der Kothsäule durch den Mastdarm bewirken, wobei vielmehr ein Verschluss der Mündungstelle und Zurückhaltung des Samens zu erwarten sein würde. Eher könnte an eine Mitwirkung der Bauchpresse und intraabdominelle Drucksteigerung als unterstützende Ursache der Mictions- und Defäcationsspermatorrhoe (Fürbringer) gedacht werden. — Immerhin muss jedoch diesen rein mechanischen Momenten gegenüber meines Erachtens die Möglichkeit im Auge behalten werden, dass auch eine unter secretorischem Nerveneinfluss zu Stande kommende krankhafte Steigerung der Secretion zu den Erscheinungen der Spermatorrhoe Anlass geben kann, indem das in vermehrter Menge abgeschiedene und 'die Samenblasen zu strotzender Ausdehnung erfüllende Secret entweder durch einfaches „Überfliessen" und erleichterte mechanische Auspressung, oder durch reflectorische Contractionsanregung der austreibenden Muskelkräfte in die Harnröhre übergeführt wird. Dass eine krankhafte Innervationsstörung in der einen oder anderen Weise vielfach im Spiele ist, wird auch durch das Vorkommen von Spermatorrhoe bei schweren Rückenmarkerkrankungen (Tabes), nach Rückenmarkverletzungen, sowie bei schweren functionellen Neurosen und Psychosen u. s. w. in hohem Grade wahrscheinlich. Ich möchte dabei auf den, wie ich glaube, nicht unwichtigen Umstand aufmerksam machen, dass die Nerven, die die Peristaltik der Samenleiter anregen, und diejenigen, die den eigentlichen Ejaculationsact (durch Innervation des M. bulbocavernosus u. s. w.) bewirken, in ganz verschiedener Höhe des Rückenmarks entspringen. Während nämlich die motorischen Fasern der Samenleiter dem vierten und fünften Lumbalnerven entstammen und im Grenzstrang des Sympathicus verlaufen, sind die bei der Ejaculation betheiligten Motoren in den aus dem dritten und vierten Sacralnerven stammenden Nervi perinei enthalten. Während also für das Zustandekommen krankhafter Pollutionen die letzteren unbedingt mit erregt werden und in Thätigkeit treten müssen, ist dies dagegen für die eigentliche Spermatorrhoe keineswegs nothwendig; hierzu genügt vielmehr eine verstärkte Peristaltik der Samengänge und Samenblasen, wodurch der Samen bis in die Harnröhre gelangt, aus der er dann durch die oben geschilderten Momente bei der Miction oder Defäcation mechanisch entleert wird.

Am leichtesten kommen, wie es scheint, unter derartigen Umständen Samenabgänge bei der die Defäcation begleitenden Urinentleerung am Schlusse der letzteren zu Stande, namentlich wenn es sich um erschwerte

Defäcation, um stärkere Wirkung der Bauchpresse bei Koprostase etc. handelt. Bei häufiger Wiederkehr wird jedoch die Samenbeimischung auch ohne behinderte und erschwerte Stuhlentleerung, und schliesslich selbst am Schlusse einfacher Urinexcretion beobachtet. Die Beschaffenheit der Samenabgänge entspricht anfangs meist normalem Sperma mit reichlichen bewegungsfähigen Spermatozoen und den sonstigen Bestandtheilen der gewöhnlichen Spermamischung — in der Folge aber werden auch erhebliche qualitative Unterschiede bemerkbar, indem, wie es scheint, das eigentliche Hodensecret mehr und mehr abnimmt, wodurch das Secret seine dickschleimige, trübe Beschaffenheit mit einer mehr klaren, dünnflüssigen vertauscht, bis es schliesslich sogar zu völligem Verschwinden der Spermatozoen und sonstiger Elemente des Hodensecrets kommen kann, während dagegen Prostatakörner, Colloidzellen und Prostatakrystalle (die gewöhnlich sogenannten Spermakrystalle) in dem Gemisch prävaliren. — Davon abgesehen kommen aber auch von vornherein Fälle vor, in denen anscheinend der Inhalt der Samenblasen ausschliesslich, ohne Beimischung von Prostatasecret, herausbefördert wird: Fälle, die sich durch den Befund bewegungloser (ihrer vitalen Eigenschaften beraubter) Spermatozoen — auf Grund des Fehlens der belebenden Prostatabeimischung(?) (Finger, Fürbringer) — mikroskopisch charakterisiren. Endlich ist bei vorhandenen Entzündungen der Samenwege (besonders der Samenblasen) und Harnröhre auch Eiter- und Blutgehalt des Secretes (Pyospermie, Hämatospermie) als verhältnissmässig seltener Befund beobachtet worden.

Für die Behandlung der Spermatorrhoe gilt im Wesentlichen das Gleiche, wie für die der paralytischen Impotenzformen. Die Bemühungen sind zunächst gegen das Grundleiden zu richten. Von einer Bekämpfung des Symptoms durch die verschiedensten örtlichen und allgemeinen Verfahren ist um so weniger zu erwarten, als wir die der Spermatorrhoe zu Grunde liegenden Bedingungen nicht einmal genau übersehen. Die bei krankhaften Pollutionen beliebten pharmaceutischen Specifica dürfen hier eher als contraindicirt gelten. Wäre die Annahme einer Insufficienz oder Parese der Ductus ejaculatorii haltbar, so wäre von localen Anregungen der Nerventhätigkeit durch kühle Sitzbäder und Douchen, Elektrisiren, subcutane Strychnininjectionen, Ergotin noch das Meiste zu hoffen: doch ist nicht zu verkennen, dass auch diese Mittel recht häufig im Stiche lassen, während andererseits durch zweckmässige Lebensweise in Verbindung mit einer kräftigenden Allgemeinbehandlung allein ohne locale Proceduren glücklicherweise nicht selten die Spermatorrhoe zum Verschwinden gebracht wird.

Unter „Prostatorrhoe" ist lediglich der krankhafte Prostataausfluss zu verstehen, der entweder als Symptom der weichen, vorwiegend glandulären, mit fettiger Metamorphose der Drüsenelemente einhergehenden Hypertrophie — oder der als Katarrh der Ausführungsgänge beginnenden, nicht eitrigen Entzündung der Prostata beobachtet wird (Fürbringer). Die erstere Form ist sehr selten, der Ausfluss zeigt dabei im Wesentlichen die Beschaffenheit des

normalen Prostatasecrets — während er bei der zweiten, auch nicht häufigen
Form eine mehr trübe, dickflüssige, dem Secret bei Urethritis posterior gleichende
Beschaffenheit annimmt (mikroskopisch durch den Befund zahlreicher geschich-
teter Amyloide und Cylinderepithelien neben den normalen Secretbestandtheilen,
BÖTTCHER'schen Spermakrystallen u. s. w. gekennzeichnet). Das Secret ist aus-
drückbar oder erscheint als Urethralfaden im Harn, wie bei chronischer
Gonorrhoe, aber auch nach Ablauf der letzteren. Ein Zusammenhang des stets
sehr hartnäckigen Symptoms mit dem Nervensystem ist nicht nachgewiesen,
wesshalb wir auf ein weiteres Eingehen an dieser Stelle verzichten.

Als „Urethrorrhoe" (Urethrorrhoea ex libidine) wird von FÜRBRINGER
die früher irrthümlich als Prostatasecretion gedeutete Abscheidung der LITTRÉ'-
schen und COWPER'schen Drüsen bezeichnet, die als zähe eiweissähnliche Flüssigkeit besonders bei Erectionen in spärlichen Tropfen aus der Urethra tritt. Eine
pathologische Bedeutung kommt dieser Secretion nicht zu.

b) Genitale Hypekkrisien und Anekkrisien.

Hierher würden zunächst die Fälle abnorm verminderter Samenbildung (Oligospermie) zu rechnen sein, von denen wir aber nichts Näheres
wissen; sodann einzelne, von gestörtem Nerveneinfluss abhängige Formen
von sogenanntem „Aspermatismus", unter welcher Gesammtbezeichnung
bekanntlich die Zustände männlicher Sterilität auf Grund fehlender Samenentleerung bei der Copulation, trotz normaler (oder
wenigstens anscheinend normaler) Samenbildung, zusammengefasst werden.
Man ist bei dieser Bezeichnung, wie bei so vielen anderen auf diesem Gebiete, von einer in die Augen springenden handgreiflichen Erscheinung,
von der ausbleibenden Ejaculation am Ende des Coitus, ausgegangen und
hat nur eben dieser Thatsache einen noch dazu sehr unglücklich gewählten
Ausdruck gegeben, unbekümmert darum, ob angeborene Bildungsfehler,
ob erworbene Krankheitzustände, mechanische Hindernisse, nervöse oder
psychische Hemmungen u. s. w. das Zustandekommen der Ejaculation im
Einzelfalle erschwerten oder unmöglich machten. Natürlich musste sich
in der Folge das Bedürfniss herausstellen, diesen so verschieden wirkenden
und auch in ihrer pathologischen Bedeutung höchst ungleichwerthigen
Momenten entsprechend eine grosse Anzahl von Arten oder Formen des
Aspermatismus zu unterscheiden, von denen aber nur die als Neuropathien
im engeren Sinne aufzufassenden an dieser Stelle Berücksichtigung finden.
Da, wie wir gesehen haben, die Ejaculation durch Muskelkräfte
beherrscht wird, die zunächst die Fortleitung des Samens in den Samen-
wegen bis zur Samenblase und Harnröhre, sodann die Ausspritzung aus
der letzteren bewirken, so ist es klar, dass der hierzu erforderliche coor-
dinatorische Mechanismus an sehr verschiedener Stelle Störungen unter-
worfen sein kann, die das Zustandekommen der Ejaculation hindern. Wird
auf reflectorischem Wege vom spinalen Ejaculationscentrum aus die Peristaltik der Samengänge und Samenblasen nicht in genügender Weise angeregt, so wird überhaupt der Samen nicht in die Urethra befördert.
Ist er aber hierher gelangt und wird die zu seinem Herausschleudern

erforderliche Contraction des M. bulbocavernosus etc. nicht in genügender Stärke hervorgerufen, so kann die Ejaculation am Ende des Coitus nicht stattfinden. Da, wie angenommen wird, die Dehnung der Harnröhre es ist, die als mechanischer Reiz wirkend die Muskelcontraction auslöst, so können natürlich auch structurelle Veränderungen der Harnröhre selbst, Tripperstricturen u. dgl., die ohnehin schon die Permeabilität vermindern, überdies auf die zur Ejaculation erforderliche Muskelaction hinderlich wirken. Ferner kann entweder die Erregbarkeit im Ejaculationcentrum selbst herabgesetzt sein, oder es kann dessen Erregung durch Störung in den centripetalen Zuleitungbahnen erschwert, oder durch Störung in den centrifugalen Reflexbahnen unwirksam gemacht werden. Von der reizbaren Schwäche des Ejaculationcentrums, wie sie sich in Verbindung mit entsprechenden anderweitigen genitalen Innervationstörungen bei Neurasthenikern findet, ist bereits an früherer Stelle (pag. 26) die Rede gewesen. Gewöhnlich kommt es hier schon früher oder wenigstens gleichzeitig zu mehr oder minder schweren Störungen der Erection und somit zu den Erscheinungen neurasthenischer Impotenz, während dagegen von einem nervösen Aspermatismus, streng genommen, nur in den Fällen mit normaler Erection und normalem Orgasmus, aber ausbleibender terminaler Ejaculation die Rede sein dürfte. Es bleiben dann allerdings nur verhältnissmässig wenige zuverlässige Beobachtungen dieser Art übrig, wobei es sich theils um peripherische Leitungstörungen (Anästhesien der Glans und Harnröhre) — theils um centrale, von Rückenmark und Gehirn ausgehende Hemmungen gehandelt zu haben scheint. Dass auch das Gehirn hierbei eine Rolle spielen kann, wird von vornherein durch den Umstand wahrscheinlich, dass auf psychischem Wege eine Unterdrückung oder wenigstens eine Hinausschiebung des Ejaculationactes möglich ist, wie fast Jeder aus eigener Erfahrung bestätigen wird, und wofür ja auch in den Vorgängen des „Congressus interruptus" die schlagendsten Beispiele vorliegen. Auf cerebralen Ursprung scheinen die Fälle von sogenanntem „psychischen" Aspermatismus (L.CASPER, GUETERBOCK) hinzudeuten, wobei der Ejaculationdefect nur zeitweise und gewissen Frauen gegenüber besteht, es sich also um ein Analogon der „relativen" und „temporären" Impotenzformen (p. 27) handelt. Die Therapie dieser Zustände, soweit sie in der That nervösen Ursprungs und nicht von structurellen Veränderungen oder mechanischen Impedimenten abhängig sind, muss nach gleichen Grundsätzen wie die der paralytischen Impotenzformen eingeleitet werden. —

Von einer Besprechung der weit häufigeren, als „Azoospermie" bezeichneten mangelhaften Samenbeschaffenheit — Fehlen der Spermatozoen — die bekanntlich eine Hauptquelle männlicher Sterilität bildet, kann an dieser Stelle abgesehen werden, da über eine Beziehung dieses Leidens zum Nervensystem bisher wenig Thatsächliches bekannt ist. Immerhin verdient der Umstand Erwähnung, dass wie beim Aspermatismus so auch bei der Azoospermie eine mehr temporäre Form beobachtet wird (wobei übrigens die in Folge häufiger Samenverluste stattfindende Verdünnung des Secretes, die „Hydrospermie" eine

Rolle zu spielen scheint) und dass auch bei Morphinisten in vereinzelten Fällen (M. Rosenthal) Azoospermie angetroffen wurde. — Schliesslich sei in diesem Zusammenhange noch auf eine, unzweifelhaft unter anomalem trophischem Nerveneinfluss zu Stande kommende Veränderung am männlichen Genitalapparat hingewiesen, nämlich auf die sog. neurotische Hodenatrophie", wie sie sich Thierversuchen zufolge nach experimenteller Durchschneidung des N. spermaticus (Obolensky) entwickelt, und auch bei Menschen unter entsprechenden Umständen, nach Spermaticus-Durchschneidung (Nélaton), nach Rückenmarkverletzung und traumatischer Paraplegie (Curling, Klebs u. A.) wiederholt beobachtet wurde.

B. Neurosen des weiblichen Genitalapparats.

Literatur. Ausser den Lehrbüchern der Nervenkrankheiten und den Hand- und Lehrbüchern der Frauenkrankheiten (Beigel, Scanzoni, Schroeder-Hofmeier, Fritsch, Martin, Winckel und Andere) vgl. von älteren Werken Amann über den Einfluss der weiblichen Geschlechtskrankheiten auf das Nervensystem, Erlangen 1868; L. Mayer, die Beziehungen der krankhaften Zustände und Vorgänge in den Sexualorganen des Weibes zu Geistesstörungen, Berlin 1870; von Guttceit, dreissig Jahre Praxis, erster Theil, Wien 1873; Hegar, Zusammenhang der Geschlechtskrankheiten mit nervösen Leiden, Stuttgart 1885; aus neuester Zeit besonders den von v. Krafft-Ebing bearbeiteten Abschnitt „Neuropathia sexualis feminarum" in Zuelzer-Oberlaender's klinischem Handbuch der Harn- und Sexualorgane, 4. Abtheilung (Leipzig 1894) p. 79, woselbst auch die specielle Literatur angeführt ist; und die zahlreichen Monographien über weibliche Sterilität, bes. H. Kisch, die Sterilität des Weibes (Wien und Leipzig) 1. Aufl. 1886; 2. Aufl. 1895) mit sehr vollständiger Specialliteratur dieses Gegenstandes. Auch die unabsehbare Literatur der Hysterie liefert für einzelne hierhergehörige Fragen manchen schätzbaren Beitrag (vgl. u. A. die Publicationen von Charcot und seinen Schülern Gilles de la Tourette, Fabre, Richer, Pitres u.s.w., ferner von Loewenfeld, Breuer und S. Freud, Moebius).

1. Sensibilitätstörungen.

a) Hyperästhesien und Parästhesien (Dysästhesien, Neuralgien).

In diese Categorie gehört eine Reihe krankhafter Zustände, als deren häufigste und das grösste praktische Interesse darbietende Einzelformen der Pruritus der äusseren Genitalien, die Hyperästhesien der Vulva und Vagina (Vaginismus), die Hyperästhesien des Uterus (Hysteralgie, irritable uterus; neuralgia uterina) und der Ovarien besondere Erörterung erfordern.

Pruritus (vulvae).

Die als Pruritus bezeichnete, durch heftigen, scheinbar spontanen, meist anfallsweise auftretenden Juckreiz charakterisirte, eigenthümliche Form der Gemeingefühlstörung befällt bekanntlich mit Vorliebe die äusseren weiblichen Geschlechtstheile, vor Allem die Vulva, jedoch auch die Vagina, und kann sich hier zu einem überaus qualvollen, geradezu unerträglichen Leiden gestalten. Die Opfer des Pruritus kommen unter Frauen und Mädchen fast aller Altersstufen vor, scheinen jedoch im mittleren und höheren Lebensalter erheblich häufiger zu werden, was wohl mit den ätiologischen Momenten im Zusammenhange steht. Die Ursachen sind ziemlich zahlreich und verschiedenartig; vielfach liegen dem Anschein nach rein locale Reizmomente (acute und chronische Vulvitis, erstere auch bei Kindern durch Oxyuren, letztere namentlich bei Diabetes mellitus in Folge der Benetzung mit zuckerhaltigem Harn; Hautwarzen und Gefässektasien im Vestibulum nach Furtsch, papilläre Lymphgefässektasien u. s. w.) zu Grunde; in anderen Fällen dagegen mehr allgemeine und in ihrer Wirkungsweise nicht so leicht abzuschätzende Schädlichkeiten, chronische Verdauungstörungen, namentlich hartnäckige Obstipationen, Erkrankungen der Harnwege (Bright'sche Krankheit) und der inneren Geschlechtsorgane, Cervicalcatarrhe, Metritis, Dysmenorrhöe, Climacterium. Vielfach wird onanistische Reizung als Ursache des Pruritus angegeben, während in anderen (und nach meiner Erfahrung zahlreicheren) Fällen die Kranken erst durch den heftigen Juckreiz zur Vornahme masturbatorischer Akte verführt werden, wie das ja in ähnlicher Weise auch beim männlichen Geschlechte nicht selten der Fall ist.

Immerhin bleibt noch eine ganze Anzahl von Fällen, für die sich bestimmte ätiologische Momente nicht auffinden lassen, die aber hinsichtlich des Krankheitbildes von den vorerwähnten so wenig oder vielmehr gar nicht abweichen, dass es nicht den mindesten Sinn haben würde, sie als Fälle von vermeintlich „reines", functioneller Neurose den übrigen Formen des Pruritus gegenüberzustellen; vielmehr wird auch hier, wie beim Pruritus überhaupt, die Reizung der peripherischen Nervenenden in der Vulvar- und Vaginalschleimhaut offenbar durch an Ort und Stelle einwirkende, wenn auch zur Zeit noch unbekannte Irritamente vermittelt.

Die Heftigkeit und Ausdehnung des Leidens ist sehr verschieden. Während es in manchen Fällen auf die grossen Labien beschränkt bleibt, werden in vielen Fällen auch die kleinen Labien, Vestibulum, Harnröhrenmündung und Clitoris, in noch anderen selbst Damm- und Analgegend gleichzeitig ergriffen. In solchen Fällen, wo das Leiden in sehr häufigen, stürmischen, besonders nächtlichen Anfällen oder fast permanent und in grösserer Verbreitung auftritt, werden nicht nur durch das beständige Reiben und Kratzen örtliche Entzündungen, Hypertrophien, Furunkeleruptionen und die verschiedensten Formen des Ekzems, sondern auch Reflexerscheinungen in näheren und entfernteren Organen, besonders schmerzhafter Harndrang, Brechreiz und hysterische Partial- oder Allgemeinkrämpfe öfters hervorgerufen. In anderen Fällen führt der Pruritus in Folge der Schlaflosigkeit, der Aufregung, des beständigen, jeden geselligen Verkehr inhibirenden Kratzbedürfnisses zu einem körperlich und geistig elenden Zustande, nicht selten zu ausgesprochener melancholischer Verstimmung; oder, was fast noch bedenklicher, aber zum Glück erheblich seltener ist, das mit den Juckanfällen bisweilen verbundene eigenthümliche Wollustgefühl kann zu nymphomanischen Erregungen und zu Befriedigungversuchen sei es auf dem Wege der Masturbation oder durch den unbedenklich und rücksichtslos erstrebten Coitus Veranlassung geben. — Der Pruritus ist somit immer ein höchst lästiges, unter Umständen nicht gefahrloses, überdies durch grosse Hartnäckigkeit ausgezeichnetes Leiden, das durch seine unmittelbaren Symptome sowohl wie durch seine örtlichen und allgemeinen Folgeerscheinungen dem Arzte nicht selten schwer zu bewältigende Aufgaben darbietet.

Die Therapie hat zunächst die ätiologischen Verhältnisse zu berücksichtigen, krankhafte Veränderungen der Vulva, des Uterus, der Harnwege, der Verdauungorgane (Oxyuren) u. s. w. dem entsprechend zu behandeln. Gegen die zu Grunde liegenden Hauthypertrophien und Gefässektasien empfiehlt FRITSCH sorgfältiges Auspräpariren, Vernichtung der kleinen Substanzdefecte durch Naht und Nachbehandlung mit Jodoform oder Dermatol. Warzen kann man auch mit dem Paquelin ausbrennen. Bei der grossen Häufigkeit von Meliturie als Ursache des Pruritus ist der Harn in jedem einzelnen Falle auf Zucker (sowie auch, der Complication mit Nierenleiden etc. wegen, selbstverständlich noch in anderer Richtung) sorgsam zu prüfen. Gerade in solchen Fällen gelingt es vielfach, durch Curen, die den Zuckergehalt des Harns zum Verschwinden bringen, Diabetes-Diät, Brunnencuren in Carlsbad u. s. w. zugleich für den quälenden Pruritus Abhülfe zu schaffen.

Wo eine ätiologische Therapie nicht möglich ist oder nicht ausreicht, halte man sich ja nicht mit allerlei sedativen und narketischen inneren Mitteln auf, sondern schreite sofort zu einer symptomatischen Localbehandlung, die übrigens verschieden sein wird, je nachdem es sich um frischere, noch nicht mit erheblichen örtlichen Folgeerscheinungen verknüpfte, oder um veraltete Fälle mit hochgradigem Ekzem u. s. w. handelt. Bei letzteren ist die Behandlung wesentlich nach den für das chronische Ekzem geltenden Grundsätzen einzurichten. In frischeren Fällen erstrebe man dagegen vor Allem Milderung des quälenden Juckreizes, theils durch kühle oder laue Sitzbäder und Irrigationen, theils durch Cocain, das hier ein überaus segensreich wirkendes, geradezu unersetzliches locales Specificum darstellt. Am besten kommt das Cocain in Lösungen, die aber nicht zu schwach sein dürfen (mindestens 3—5%) und mit Pinsel, Wattebäuschen oder Schwamm wiederholt nach Bedarf applicirt werden, zur Verwendung. Viel weniger sicher ist die Anwendung in Salbenform (3—5% mit Vaselin und Lanolin) oder in Form von Vaginalkugeln und Suppositorien (0,03—0,05 enthaltend). Natürlich ist bei der Möglichkeit einer Resorption von der Vagina aus eine gewisse Masshaltung geboten. Wird, was namentlich bei Hysterischen vorkommt, das Cocain schlecht vertragen, so kann man den Spray mit Chloräthyl (in den BENGUÉ-POULSON'schen Röhrchen) local appliciren, was aber nur für kurze Zeit erleichtert. Weit unsicherer als Cocain wirken die viel empfohlenen Bepinselungen oder Waschungen mit Carbolsäure (2—10%), Borax und Sublimat; noch viel weniger ist von Chloroformlinimenten, Veratrin, Aconitin u. dgl. in örtlicher Anwendung zu erwarten. Eine günstige Einwirkung

scheinen dagegen, wie bei anderen Pruritus-Formen, Waschungen oder
Bepinselungen mit Ichthyol (in 5—10% Lösung) nicht selten zu üben.

Hyperästhesie der Vulva und Vagina. (Vaginismus.)

Als „Vaginismus" wurde von Marion Sims die krankhafte Ueberempfindlichkeit des Scheideneinganges und der Hymenalgegend bezeichnet, die bei Berührung und zumal bei Coitus-Versuchen zu heftigem
Schmerz und zur Auslösung von Reflexkrämpfen im Constrictor cunni sowie in der Musculatur des Beckenbodens (M. transversus perinei und levator ani), ja selbst bei weiterer Irradiation in Oberschenkel- und Rumpf-
musculatur, und schliesslich zu allgemeinen Convulsionen Veranlassung
giebt. Manche ziehen es vor, den Zustand als eine Form spastischer
Motilitätneurose, als Reflexkrampf aufzufassen; indessen ist dies unge-
rechtfertigt, da das Wesentliche und Primäre ja die Hyperästhesie
des Scheideneinganges und der Krampf lediglich consecutiver, secundärer
Natur ist.

In der Natur des Leidens liegt es, dass es in der Regel erst bei
Coitus-Versuchen zur Beobachtung kommt, oder dass wenigsten dem Arzte
dann erst Mittheilung davon gemacht wird, obgleich gewiss in zahlreichen
Fällen schon früher eine Hyperästhesie des Scheideneinganges und häufig
auch wohl der Vulva bestand, wie eine solche ja nicht selten zufällig bei
der aus anderen Gründen vorgenommenen Digital- oder Instrumentalunter-
suchung zur Kenntniss gebracht wird.

Seine praktische Bedeutung erlangt der Vaginismus jedoch vorzugsweise als ein Hinderniss der ehelichen Cohabitation, wodurch diese entweder von Anfang an völlig inhibirt oder doch nur in unvollkom-
mener Weise ermöglicht wird, und im weiteren Verlaufe somit als Sterilitätursache. Es ist daher von grosser Wichtigkeit, die Bedingungen klar
zu legen, unter denen dieser für beide Theile „schmerzliche" und für junge
Ehemänner insbesondere beklagenswerthe Zustand vorzugsweise beobachtet
wird. Der Meinung, dass eine ursprüngliche neuropathische Veranlagung
und dass insbesondere Hysterie dem Vaginismus zu Grunde liege, kann
ich nicht beistimmen oder halte sie doch für die überwiegende Mehrzahl
der Fälle für unbedingt ausgeschlossen. Es ergiebt sich dies übrigens
auch aus dem Verlaufe, da der Vaginismus in der Regel durchaus kein
dauerndes und unüberwindliches, sondern — wenigstens bei richtigem Verhalten — zumeist nur ein temporäres und heilbares Hinderniss der Copulation und Befruchtung abgiebt. Natürlich kann in vereinzelten Fällen
auch Vaginismus gleich anderen Hyperästhesien bei Hysterischen vorkommen; weit häufiger ist aber gerade bei diesen der entgegengesetzte
Zustand verminderter Sensibilität und namentlich auch einer Verminderung
des specifischen Wollustgefühls (Anaphrodisie) — vgl. den betreffenden
Abschnitt p. 75. In der weit überragenden Mehrzahl der Fälle dürfte der

ginismus entweder auf voraufgegangene entzündliche und anderweitige Localreizungen (Masturbation, Traumen) zurückzuführen sein, die eine erhöhte Empfindlichkeit in Vulva und Vagina hinterliessen — oder es bestehen structurelle Abnormitäten, die die Hyperästhesie bei Coitus-Versuchen zur Folge haben — oder endlich, und das dürfte wenigstens nach meiner Erfahrung bei Weitem am häufigsten der Fall sein, das Leiden ist durch ungeschickte Anstellung der ersten Coitus-Versuche hervorgerufen, und wird durch weitere in ähnlicher Weise unternommene Versuche successiv gesteigert. Was die in einzelnen Fällen nachweisbaren localen Abnormitäten betrifft, so kann es sich hierbei um ungewöhnliche Enge des Scheideneinganges, um hymenale Verdickung, besonders aber um eine in ungewöhnlicher Weise nach vorn gelagerte, mit dem Hymenal- und Urethraltheil der Symphyse aufliegende, daher minder bequem zugängliche Vulva als „erschwerendes Moment" handeln. Indessen, diese Dinge geben doch höchstens eine gewisse Prädisposition, und werden zu wirklichen Ursachen des Vaginismus erst dann, wenn ungeschickte und den vorliegenden Verhältnissen nicht Rechnung tragende Coitus-Versuche, oder auch wenn abnorme Verhältnisse von Seiten des Mannes, anomale Beschaffenheit des Penis, verminderte Potenz (mangelhafte Ausdauer der Erectionen u. s. w.) hinzukommen. Wie weit die Unerfahrenheit nicht bloss, sondern auch die Ungeschicklichkeit junger Ehegatten nicht selten geht, ist geradezu unglaublich; man braucht nur an die bei scheinbar erfolgreichen Deflorations-Versuchen notorisch einschlagenen „falschen Wege", an die Abirrungen nach der fossa navicularis und Urethralmündung einerseits, nach der Aftermündung andererseits — die thatsächlich vorgekommen und selbst längere Zeit unbemerkt geblieben sind — zu erinnern. Es bedarf gar nicht einmal einer so hervorragenden Beschränktheit, sondern nur eines mittleren Masses von Unwissenheit und Ungeschicklichkeit, um zumal unter den angedeuteten ungünstigen Umständen das Ziel zu verfehlen und Nebenverletzungen unerfreulicher Art, kleine Einrisse der Schleimhaut in der Gegend der Urethralmündung oder an den kleinen Labien u. dgl. zu produciren; womit dann der weiteren Entwickelung des Vaginismus die Wege gebahnt sind. Es entsteht nun ein fehlerhafter Cirkel, indem einerseits durch steten jeden in gleicher Weise geübten Annäherungversuch die Berührung der schmerzhaften, erodirten Stelle erneuert und deren Empfindlichkeit gesteigert — andererseits durch diese Empfindlichkeit selbst eine krankhafte Angst vor neuen Annäherungversuchen bei dem davon betroffenen Opfer hervorgerufen und so schon gleich im Beginne des Coitus zu der krampfhaften und auch auf willkürliche Muskeln (Adductoren u. s. w.) übergreifenden Reflexaction Anlass gegeben wird.

Die diese Reflexaction vermittelnden centripetalen Bahnen verlaufen grösstentheils in Aesten des Plexus hypogastricus inferior, speciell des die Hauptmasse seines unteren Abschnittes darstellenden Plexus utero-vaginalis,

deren spinale Fasern aus dem zweiten bis vierten, hauptsächlich aus dem dritten
und vierten Sacralnerven (Endäste des N. pudendo-haemorrhoidalis) herstammen.
Eben denselben Sacralnerven gehören auch die centrifugalen Bahnen für den
M. transversus perinei, sphincter und levator ani an, die in den Rami muscu-
lares des N. perinei und im N. clitoridis des N. pudendo-haemorrhoidalis verlaufen. Der Ort dieses pathologischen Reflexes ist also der Hauptsache nach
jedenfalls in der Höhe der obersten Sacralnerven zu suchen, während bei
weiterer Irradiation auch Gebiete des Plexus ischiadicus und selbst des Plexus
lumbalis (N. obturatorius), also bis zum zweiten und dritten Lumbalnerven
hinauf, an der Reflexaction theilnehmen.

Der Reflexkrampf beim eigentlichen Vaginismus geht gewöhnlich
ziemlich rasch wieder vorüber; da er sich aber bei jedem Annäherung-
versuche, ja in der Folge öfters schon beim blossen Gedanken daran
wiederholt, so ist er doch im Stande, jede Einführung des Gliedes in
die Scheide a limine unmöglich zu machen, sobald der Constrictor cunni
sammt der Musculatur des Beckenbodens sich an dem Krampfe betheiligt.
Es kommen aber, obgleich seltener, auch Fälle vor, wo der Constrictor
cunni frei und der Krampf auf den Levator ani beschränkt zu sein scheint,
wobei eine Einführung des Penis zwar möglich ist, die im Scheidengewölbe
befindliche Glans aber durch den eintretenden Krampf jenes den oberen
Scheidentheil einengenden Muskels eingeklemmt und festgehalten wird
(sog. Penis captivus). In derartigen Fällen scheinen öfters schmerzhafte
Geschwüre der Vaginalportion oder anderweitige schmerzhafte Localaffectionen zu Grunde zu liegen.

Die Prognose des Vaginismus erscheint, wie oben erwähnt wurde, für
die Mehrzahl der Fälle nicht ungünstig — falls nämlich das Übel von einem
der Sachlage völlig gewachsenen und überdies auch das volle Vertrauen
des Ehepaares besitzenden Arzte behandelt wurde; denn andernfalls kann
zwar nicht das Leben, wohl aber das „Glück der Ehe", ja die Fortdauer
der letzteren selbst unter Umständen erheblich bedroht werden. Die
Behandlung wird zunächst in manchen Fällen auf die local gegebenen
ursächlichen Momente einzugehen haben: allmälige Dilatation eines zu
engen Scheideneinganges durch Milchglasspecula von allmälig verstärktem
Caliber, die nach Cocainisirung des Scheideneinganges eingeführt und eine
halbe Stunde oder länger liegen gelassen werden, und deren Einführung
häufig von den Patientinnen selbst erlernt werden kann: Einschneidung
oder Abtragung eines allzu rigiden Hymen oder noch vorhandener schmerzhafter Hymenalreste, oder die von FÜRTST empfohlene unblutige Dehnung
bei imperforirtem Hymen in der Narkose mittelst zweier, die hintere
Commissur stark gegen den After anziehender Finger; nöthigenfalls die
digitale subcutane Zerreissung des Introitus (HEGAR). Andererseits werden
in manchen Fällen bereits eingetretene entzündliche Folgeerscheinungen zunächst beseitigt, schmerzhafte Fissuren und Erosionen durch Canterisation
zur Heilung gebracht werden müssen. Davon abgesehen wird die Behandlung das doppelte Ziel zu verfolgen haben, einmal die bestehende

Hyperästhesie des Scheideneinganges und die Disposition zum Eintreten von Reflexkrämpfen nach Möglichkeit zu verringern — sodann aber für eine in Zukunft minder nachtheilige und die früheren Klippen vermeidende Ausübung des Geschlechtaktes Sorge zu tragen. Das Letztere ist Sache der Belehrung — einer pädagogischen Einwirkung, deren sich der Arzt, so unwillkommen sie ihm auch sein mag, nicht entschlagen kann, weil er häufig der Einzige ist, der sie zu üben vermag, und bei der er mit Diskretion und Takt zu Werke gehen wird, falls ihm das Schicksal diese für seinen Beruf so unentbehrlichen Gaben in die Wiege gelegt hat. Der Coitus ist natürlich während der eigentlichen Behandlungszeit ganz zu verbieten — wenn auch mit geringem Vertrauen in die stricte Durchführung dieses Verbotes. Für die Herabsetzung der Hyperästhesie werden wir in ähnlicher Weise verfahren wie bei der Behandlung des Pruritus. Namentlich empfiehlt sich auch hier die entsprechend häufig wiederholte locale Anwendung von Cocain in gleicher oder selbst noch stärkerer ($3-5-10\,\%$) wässeriger Lösung, aufgepinselt oder mit Wattebäuschen applicirt, oder auch in zerstäubter Lösung, ($1-2\,\%$) mit einem Spray-Apparat auf die empfindlichen Stellen des Introitus dirigirt. Auch der Spray mit Aether oder besser mit Chloräthyl (vgl. pag. 67) kann in ähnlicher Weise benutzt werden. Vor Einbürgerung des Cocains pflegte man sich örtlicher Bepinselungen mit schwacher Höllensteinlösung ($1:50$) oder mit $2\,\%$ Carbolsäurelösung zu bedienen, deren Wirkung jedoch viel unzuverlässiger ist. Natürlich ist auch der constante Strom nicht unbenutzt geblieben. Lauwarme Sitzbäder, Umschläge und Ausspülungen sind als Unterstützungsmittel üblich. In schweren und besonders hartnäckigen Fällen hat man ehedem zu verschiedenen chirurgischen Eingriffen, wie der von BURNS und SIMPSON geübten subcutanen Durchschneidung des N. pudendus, der Incision des Levator ani (SIMS) u. dgl. seine Zuflucht genommen, die gegenwärtig kaum noch in Frage kommen und im Ganzen auch wenig rationell erscheinen; das SIMS'sche Verfahren der Levator-Einschneidung dürfte höchstens bei den krampfhaften Contractionen der oberen Scheidenabschnitte, die als unterschieden von eigentlichem Vaginismus zuvor erwähnt wurden, einen gewissen Erfolg üben. Wo Vaginismus als Theilerscheinung allgemeiner Hysterie auftritt, können natürlich diese und andere Verfahren unter Umständen ebenfalls wirksam sein; hier wird man aber auch ohne sie auf dem Wege rein suggestiver, psychotherapeutischer Beeinflussung unter Zuhülfenahme passend gewählter Adjuvantien der früher beschriebenen Art meistens zum Ziele gelangen.

Hyperästhesie des Uterus (Hysteralgie, irritable uterus; neuralgia uterina).

Als Hyperästhesie im Bereiche des Plexus uterovaginalis ist, gleich dem Vaginismus, auch der seltenere, zuerst von GOOCH (1830) als irritable uterus, von Späteren als Hysteralgie oder als Neuralgia uterina

beschriebene Zustand aufzufassen, wobei der Uterus nicht nur Sitz spontaner Schmerzen, sondern auch überaus empfindlich gegen jede Berührung
zu sein scheint, ohne dass sich organische stucturelle Veränderungen als
Ursache dieser — demnach als eine Neurose zu betrachtenden — Affection
nachweisen lassen.

Zwar ist gegen eine solche Auffassung von manchen Seiten Verwahrung
eingelegt, und es haben einzelne Autoren (ASHWELL, DEEWES, neuerdings
FRITSCH u. A.) stets gröbere, namentlich chronisch-entzündliche Veränderungen
des Uterus und seiner Umgebungen oder Lageveränderungen, kleine interstitielle
Myome u. dgl. als Ursachen betrachtet, während Andere (BRIQUET) den Schmerz
überhaupt nicht in den Uterus verlegt wissen wollten, sondern eine hysterische
Myodynie im M. pyramidalis oder im unteren Ende des Rectus annahmen. Indessen der ersteren Anschauung widersprochen auf der anderen Seite der
Meinungen sehr erfahrener Gynäkologen, wie SCANZONI, VEIT und Andere,
die die Existenz einer rein nervösen Affection dieser Art als Thatsache betrachten. Ob man dabei an eine bestimmte Form der „Neuralgia hypogastrica",
oder, wie COHEN meint, an eine primäre Ileolumbal-Neuralgie mit secundär
hinzutretender vasomatorischer Neurose des Uterus (Congestion, Hämorrhagie,
Secretionsanomalie) zu denken hat, mag dahingestellt bleiben. Wahrscheinlich
entwickelt sich die echte Hysteralgie meist auf constitutionell-neuropathischer,
namentlich hysterischer Basis.

Die Kranken klagen dabei hauptsächlich über anfallsweise auftretende
heftige Schmerzen in der Tiefe des Beckens, die durch Bewegungen und auf-
rechte Körperstellung in der Regel gesteigert werden, bei ruhiger Horizontallage dagegen nachlassen. Die Schmerzen können auch in der Inguinal- und
Lumbalgegend und bis zu den Schenkeln herab, meist nur einseitig, ausstrahlen
und werden besonders durch Berührung der Vaginalportion hervergerufen oder
enorm gesteigert; zuweilen finden sich hier geradezu „hysterogene" Zonen,
von denen aus schmerzhafte Local- und Allgemeinkrämpfe hervorgerufen, oder
auch bei längerem Druck sistirt werden können — ähnlich wie bei Ovaria.
Die Menstruation ist auf die Paroxysmen gewöhnlich ohne Einfluss, in anderen
Fällen ist das Leiden mit Dysmenorrhoe in Form geringfügiger membranöser
Abgänge (exfoliative Endometritis) verbunden. — Die Prognose ist wegen der
grossen Hartnäckigkeit überwiegend ungünstig, die Behandlung zumeist die der
Hysterie im Allgemeinen; palliativ haben sich, ausser ruhiger Lage, die innere
und örtliche Anwendung sedirender Mittel, Bromkalium, in einzelnen Fällen auch
tiefe Incisionen der Cervix, bei Dysmenorrhoea membranacea das Curettement
nützlich erwiesen (vgl. p. 83).

Hyperästhesie der Ovarien (Ovarie, Ovarialgie).

Gleich der vorigen ist auch die sogenannte Ovarial-Hyperästhesie
oder „Ovarie" eine noch ziemlich dunkle Affection, die insbesondere durch
die von der CHARCOT'schen Schule ihr vindiirten eigenartigen Beziehungen
zur Hysterie ein erhöhtes neuropathologisches Interesse erlangt hat.
Symptomatisch handelt es sich dabei um einen theils spontan, vorzugsweise aber auf Druck auftretenden Schmerz, der an umschriebenen Stellen
in der Darmbein- und seitlichen Beckengegend, fast immer einseitig und
zwar vorwiegend auf der linken Körperhälfte, nur ausnahmsweise bilateral
vorkommt. Die äusseren Integumente wie auch die Bauchmuskeln haben

damit nichts zu thun, die Haut kann sogar anästhetisch sein; der Schmerz entsteht vielmehr erst bei tiefem Eindrücken der Finger im Niveau des Beckeneinganges, woselbst auch nicht selten in den betreffenden Fällen das Ovarium als kleiner eiförmiger Körper palpirt und gegen die seitliche Beckenwand angedrückt werden kann. Diese Exploration hat in Fällen von ausgebildeter „Ovarie" ausser dem localisirten Schmerz auch die Erscheinungen einer hysterischen Aura, schmerzhafte Irradiation nach dem Epigastrium, Brechreiz, Globus, Herzpalpitationen etc., und weiterhin die Auslösung schwerer hysterischer („hystero-epileptischer") Convulsionen zur Folge, und man hat daher nach dem Vorgange englischer Aerzte (SKEY) diesen auf die Ovarien bezogenen fixen Abdominalschmerz den sogenannten Localformen der Hysterie zugerechnet — wofür auch der Umstand spricht, dass schwere hysterische Krampfformen durch einen fortgesetzten, genügend tiefen und starken manuellen oder instrumentellen Druck an der angegebenen Stelle nicht selten coupirt werden. — Ob es sich bei der „Ovarie" wirklich um eine reine Hyperästhesie der (dem sympathischen System zugehörigen) Ovarialnerven handelt, oder ob wenigstens in zahlreichen Fällen eine entzündliche Anschwellung oder Gefässturgescenz des betreffenden Eierstocks damit zusammenfällt, ist eine noch nicht entschiedene, von Gynäkologen und Neurologen in ziemlich verschiedenem Sinne beantwortete Frage.

Anhang: Coccygodynie.

Anhangsweise mag hier auch die, zwar nicht zu den Genitalneurosen im engeren Sinne gehörige, aber doch in naher Beziehung zu ihnen stehende, fast ausschliesslich dem weiblichen Geschlechte eigene und ziemlich häufige Affection besprochen werden, die durch einen in der Steissbeingegend localisirten oder von hier ausstrahlenden Schmerz gekennzeichnet ist, und für die nach ihrem ersten Beschreiber SIMPSON (1859) der Name „Coccygodynie" allgemein Eingang gefunden hat. Theilweise identisch damit sind auch die von MITCHELL (Philadelphia med. Times 1883, p. 659) beschriebenen „analen" und „präanalen Neuralgien". Die neuralgische und überhaupt rein nervöse Natur der „Coccygodynie" muss freilich wenigstens für einen grossen Theil der unter diesem Namen beschriebenen Fälle als zweifelhaft gelten. Offenbar ist der Ausgangspunkt der „Coccygodynie" viel weniger in Wurzeln und Endfäden des aus dem letzten Sacralnerven und den Nervi coccygei stammenden Plexus coccygeus, als vielmehr im Steissbein selbst und seinen nächsten Umgebungen, Periost, Ligamenten, den sich ansetzenden Muskeln (wie man vermuthet hat, vielleicht auch in der Glandula coccygea?) zu suchen. Die oft überaus heftigen Schmerzen treten nicht nur spontan auf, sondern werden ganz besonders durch Druck auf das Steissbein und durch dessen Bewegung und Verschiebung beim Gehen, Stehen, Niedersitzen, bei der Defäcation u. s. w. hervorgerufen oder erheblich gesteigert. Mit der obigen

Auffassung stimmt auch die Aetiologie insofern überein, als das Leiden fast
ausschliesslich bei Frauen und zwar zumeist als Folge von Geburten, die eine
Beschädigung des Steissbeins involviren, angetroffen wird; seltener nach
anderweitigen Traumen (Fall auf den Hinteren, z. B. durch Niedersetzen
auf dem Eise, Sturz vom Pferde u. s. w.), die zu Fracturen, Dislocationen,
Ankylosen des Steissbeins Anlass geben können; zuweilen auch bei Caries
oder Osteomalacie der Steisswirbel. Immerhin bleibt jedoch eine gewisse
Zahl von Fällen übrig, bei denen auch die scrupulöseste Untersuchung
keine directen localen Veränderungen ergiebt, die gewöhnlich dagegen
mit anderweitigen Hyperästhesien, neuralgischen Erscheinungen u. s. w.
einhergehen, und bei denen die Coccygodynie somit nur ein Glied in der Symp-
tomkette diffuser oder allgemeiner Neurosen (Neurasthenie, Hysterie) bildet.

Die Behandlung des sehr lästigen und quälenden, in den meisten
Fällen auch ziemlich hartnäckigen Leidens hat diesen verschiedenen Ent-
stehungbedingungen in ausgiebiger Weise Rechnung zu tragen, und ist
daher theilweise chirurgischer Natur. Schon SIMPSON empfahl behufs
radicaler Beseitigung die subcutane Durchtrennung aller mit dem Steissbein zusammenhängenden Muskeln und Sehnen, in anderen Fällen wenigstens Durchschneidung der Insertionen des Glutaeus magnus einer- oder
beiderseits, oder der Ansatzstellen des Sphincter und Levator ani; in den
schwersten Fällen die Exstirpation des Steissbeins — Operationen, die auch
seitdem vielfach mit Erfolg ausgeführt wurden. In zahlreichen Fällen
erweisen sie sich freilich nicht als nöthig; vielmehr ist auch durch
mildere palliative Verfahren (ruhige Horizontallage, Unterstützung der
schmerzenden Theile durch Gummikissen, örtliche Blutentziehungen, Abführmittel, Sitzbäder, warme und kalte Umschläge, örtliche Anwendung
narcotischer Mittel und Elektricität) dabei Besserung und selbst nachhaltige
Heilung erzielt worden. Unter den örtlichen Mitteln empfiehlt sich nach
meinen Erfahrungen ganz besonders das Cocain, in Form subcutaner Injectionen in der Nähe der Steissbeinspitze, auch von Bepinselungen (mit 2—5$^0{}_0$
Lösung), Einlegung von Wattebäuschchen, oder von Suppositorien. Allerdings ist hierbei wegen der vom Rectum aus zu erwartenden Resorption
eine genaue Berechnung der in Anwendung gebrachten Dosis erforderlich. Weniger zu empfehlen sind Suppositorien mit Opium, Belladonna,
Hyoscin, Chloralhydrat, und die in einzelnen Fällen allerdings unentbehrlichen subcutanen Injectionen von Morphium oder Extr. Opii. Die Elektricität erzielt sowohl in Form der Faradisation (SEELIGMÜLLER) wie
auch der Galvanisation — mit local und stabil aufgesetzter Anode — oft
sehr günstige Resultate; noch schnellere und eclatantere Wirkung sah ich
in einzelnen, schon veralteten Fällen hysterischer oder nach Traumen
zurückgebliebener Coccygodynie von der Application von Funkenströmen
der Influenzmaschine, die zudem den Vortheil darbieten, dass sie ohne
Entblössung der Kranken durch die Kleidung hindurch angewandt werden
können.

b) Hypästhesien und Anästhesien.

Hypästhesie und Anästhesie der äusseren Genitalien kommt auch beim Weibe unter gleichen Bedingungen wie beim Manne als Symptom von Erkrankungen der Sacralnerven, der Cauda equina und des Conus medullaris zur Beobachtung (vgl. o. pag. 50). Hierhergehörige Fälle, nicht-traumatischen Ursprungs, sind von M. ROSENTHAL (Wiener med. Presse 1888, 19) und von mir (Zeitschrift für klin. Med. Bd. XVIII, Heft 5 und 6) ausführlich mitgetheilt worden. Es handelte sich in meinem Falle um complete Anästhesie — in Verbindung mit sensiblen Reizerscheinungen, Druckempfindlichkeit und Spontanschmerz — also um eine „Anästhesia dolorosa" an den unteren Gesässpartien, in der Aftergegend, am Damm, an den äusseren Genitalien, in Verbindung mit Anästhesie, Areflexie und beeinträchtigter willkürlicher Innervation von Blase und Mastdarm, sowie mit particller Sensibilität- und Motilitätstörung an den unteren Extremi-täten; die Ursache war in einer vom letzten Lendennerven bis ungefähr zum vierten Sacralnervensegment herablaufenden Herderkrankung des Conus medullaris (und der Nervenstämme der Cauda equina) zu suchen.

Bei der typischen Form der, zumeist linksseitigen hysterischen Hemianästhesie nehmen, gleich anderen oberflächlichen Schleimhäuten, in der Regel auch die des Genitalcanals auf der befallenen Seite bis zur Mittellinie an der Anästhesie theil. Sicher gilt dies von der Vulvar-und angrenzenden Vaginalschleimhaut, während dagegen für die tieferen Theile das Vorhandensein von Anästhesie weniger sicher gestellt ist, am Ova-rium sogar Hyperästhesie („Ovarie") auf der hemianästhetischen Seite be-stehen kann. In den mehr atypischen Fällen von zerstreuter, fleckweiser, bilateraler Form der Sensibilitätstörung bei Hysterischen ist auch das Ver-halten der Sensibilität an den Genitalien regellos, unbestimmbar. Nicht selten lässt sich jedoch gerade bei Hysterischen die im Folgenden zu be-sprechende Herabsetzung oder gänzliche Aufhebung des specifischen Wol-lustgefühls, mit oder ohne gleichzeitige cutane Sensibilitätstörung, nach-weisen. —

Anaphrodisie. („Dyspareunie", KISCH).

Das specifische Wollustgefühl wird auch beim Weibe durch die in den äusseren Genitalorganen, namentlich an der Glans clitoridis vorkommen-den verschiedenen Formen der Terminalkörperchen, (MEISSNER'sche Tast-körperchen, KRAUSE'sche Endkolben und Genitalnervenkörperchen, VATER-PACINI'sche Körperchen) vorzugsweise vermittelt. Besonders scheinen hier-bei die an der Clitoris vorwiegend vertretenen KRAUSE'schen Gebilde eine Rolle zu spielen, indem sie bei der Friction mit dem männlichen Gliede die Erection der Clitoris und die Ejaculation eines aus den BARTHOLIN'schen Drüsen, den cervicalen Schleimdrüsen u. s. w. stammenden gemischten Secretes reflectorisch auslösen. Ausserdem gehören zu dieser Reflexaction auch die für das Zustandekommen der Befruchtung so wichtigen Ver-

änderungen des Uterus und der Vaginalportion, die zum Hineingelangen
des Sperma in den Uterus so wesentlich beitragen. In wie weit etwa
eine congenital mangelhafte und spärliche Entwickelung der Terminalkörperchen und der mit ihnen zusammenhängenden (markhaltigen und
marklosen) Nervenfasern zu schwacher oder fehlender Wollustempfindung
(„Anaphrodisie") Anlass geben kann, ist uns unbekannt; wohl aber
kennen wir diesen Zustand der mangelhaften Empfindung und sexuellen
Erregung beim Coitus als eine bei Frauen keineswegs seltene, und keineswegs bloss unter ausgesprochenen pathologischen Verhältnissen, sondern
auch bei sonst gesunden weiblichen Individuen häufig angetroffene Erscheinung. Kisch hat dafür neuerdings die Benennung „Dyspareunie"
(von δυς, παρα und ευνή) in Vorschlag gebracht, womit aber strengge-
nommen nicht bloss sexuale Unempfindlichkeit, sondern auch Unlustge-
fühl, Schmerz und daraus entspringender directer Widerwille beim Coitus
zum Ausdruck gebracht wird, also etwas, was sich im Einzelfalle schon
von der Anaphrodisie entfernt und mehr dem Gebiete der Hyperästhesie,
des Vaginismus (pag. 68) annähert.

Sexuale Anaphrodisie beim Weibe ist ein wichtiger und zumal für
die ehelichen Verhältnisse beachtenswerther Umstand; denn nicht nur, dass
die „nicht getheilte Freude" auch auf das Lustgefühl des Mannes störend
zurückwirkt, dass der Grund zu ehelicher Disharmonie oder mindestens
zu ehelicher Indifferenz öfter, als man wohl glaubt, in diesem Punkte zu
suchen ist — so wird auch die Anaphrodisie oder „Dyspareunie" häufig
zur Sterilitätursache, was leicht begreiflich ist, wenn wir uns an die wichtige Rolle erinnern, die ein mehr actives, eben aus der sexuellen Erregung
entspringendes Verhalten des Weibes für das Zustandekommen der Conception unzweifelhaft spielt. Wenn wir auch nicht soweit gehen, wie es
bekanntlich von einzelnen Autoren (Theopold) geschieht, eine Conception
bei völlig passivem Verhalten des Weibes und dadurch bedingten Wegfall der Begattungsreflexe etc. überhaupt für unmöglich zu erklären, so ist
doch ohne Weiteres einleuchtend, dass der Wegfall dieser die Weiter-
beförderung der Spermatozoen und ihr Eindringen in den Uterus begünstigenden Reflexe geeignet ist, das Stattfinden der Befruchtung wesentlich
zu erschweren, in vielen Fällen gänzlich zu verhindern. Der Arzt muss
daher bei Untersuchung zweifelhafter Sterilitätfälle unstreitig diesem Punkte
grössere Aufmerksamkeit widmen, als es bisher vielfach geschehen ist.
Selbstverständlich ist dabei das mangelhafte Vorhandensein der geschlechtlichen Libido (wovon in einem späteren Abschnitte die Rede sein wird)
von dem Fehlen des specifischen Wollustgefühls, das auch bei stark entwickelter Libido angetroffen werden kann, wohl zu unterscheiden.

Ferner ist im Auge zu behalten, dass, entsprechend den früher besprochenen „temporären" und „relativen" Impotenzformen der Männer, auch
bei Frauen in ähnlichem Sinne relative und temporäre Formen der Anaphrodisie vorkommen, insofern diese Frauen mit bestimmten Männern

(leider sind dies gewöhnlich ihre Ehemänner) keine Wollustempfindung haben, während sie dagegen mit Liebhabern oder auch bei einem Ehewechsel mit dem späteren ehelichen Nachfolger ganz normale und sogar excessive Empfindung an den Tag legen. Es sind dies keineswegs immer kranke Frauen, auch braucht keineswegs geradezu Abneigung gegen den ersten Mann und dgl. eine Rolle zu spielen, sondern es braucht sich dabei lediglich um Missverhältnisse und mangelhafte gegenseitige Anpassung der betreffenden Organe, um ungeschickte Technik bei Ausübung des Coitus, insbesondere um zu stürmische Annäherung und zu rasche Ejaculation von Seiten des Mannes ohne genügende Erweckung des Wollustgefühls der Frau durch vorbereitende Liebespraeliminarien u.s.w. zu handeln. Schon der alte Ovid lehrte mit Recht:

„Quum loca repereris, quae tangi femina gaudet,
Non obstat, tangas quominus illa, pudor" —

und van Swieten soll bekanntlich bei der anfangs kinderlosen Ehe der nachmals so kinderreichen Maria Theresia den classischen Rath ertheilt haben: „ego vero censeo, vulvam Sacratissimae Majestatis ante coitum diutius esse titillandam". —

Als ätiologische Momente kommen constitutionell-neuropathische Veranlagung, Hysterie (vgl. o.) in einzelnen Fällen in Betracht; doch bilden diese Fälle eine Categorie für sich, ebenso natürlich die (weiter unten an anderer Stelle zu besprechenden), wo eine Perversion des geschlechtlichen Triebes, besonders Hinneigung zu homosexueller Befriedigung (Tribadie) den Mangel des Wollustgefühls bei der Begattung verschuldet. Abgesehen davon hat man die Ursache der Anaphrodisie oder „Dyspareunie" in sehr verschiedenartigen genitalen Localerkrankungen finden wollen, in Hypertrophie der Nymphen, chronischen Vaginal- und Uterinalcatarrhen, chronischer Metritis u. s. w. — wobei aber aber doch nicht abzusehen ist, warum diese so unendlich häufigen Krankheitzustände nur in wenigen und verhältnissmässig seltenen Fällen zur Anaphrodisie führen. Das Gleiche gilt auch von dem angeschuldigten Einflusse nicht geheilter Dammrisse (Guttceit). Glaubhafter ist, dass eine Verkümmerung oder rudimentäre Entwickelung der Clitoris (Hammond) in einzelnen Fällen der Anaphrodisie zu Grunde liegen mag. In anderen Fällen, namentlich bei fetten, oft gleichzeitig anämischen Frauen scheint eine gewisse allgemeine Torpidität die Ursache zu bilden. — Die Therapie hat natürlich alle diese örtlichen und allgemeinen Momente entsprechend zu berücksichtigen, noch mehr aber dasjenige, was oben über die Gelegenheitursachen temporärer und relativer Anaphrodisie bemerkt wurde, und was freilich nur dem erprobten, ins engste Vertrauen gezogenen Arzte zur Kenntniss kommen wird; nach meinen eigenen Erfahrungen bekommt man dergleichen übrigens viel leichter von der Frau heraus als vom Ehemann, der gewöhnlich ein schlechter Beobachter ist und sich über die Wirkung seiner Umarmungen und die erotischen Gefühle seiner Partnerin oft selbst

nach mehrjährigem Umgang recht befremdenden Illusionen hingiebt —
wovon ich sogar bei Aerzten Beispiele erlebt habe. Natürlich muss man
sich auf der anderen Seite auch hüten, Alles zu glauben, und immer eingedenk sein, dass zumal Hysterische, um sich interessant zu machen, und
als Opfer ehelicher Pflicht zu erscheinen, das mangelnde Lustgefühl oder
directen Widerwillen beim Coitus dem Arzte gegenüber nicht selten fingiren.
In den sichergestellten Fällen versuche man, ähnlich wie beim Vaginismus, soweit es angeht, belehrend zu wirken; im Uebrigen verdient der
von Kisch gegebene diplomatische Rath einer zeitweiligen Trennung
der Eheleute durch längere Verschickung der Frau in einen Badeort u.s.w.
um so mehr Beachtung, als damit zugleich die gebotene, örtliche und allgemeine Behandlung in zahlreichen Fällen am passendsten zu verbinden
sein wird. Um die Anästhesie der Vagina zu bessern, werden von dem
genannten Autor Vaginaldouchen mit lauwarmem kohlensäurehaltigem Wasser
oder mit kohlensaurem Gas, von anderen Seiten auch Kohlensäuregas-
bäder (Loimann), heisse Douchen, Extr.-Cannabis und nucis vom. innerlich
(Hammond), sowie faradische Pinselungen und natürlich auch Thure
Brandt'sche Massage als wirksam empfohlen.

2. Motilitätstörungen.

a) Irritativ-spastische Zustände (Hyperkinesen und Parakinesen).

Von den so wichtigen Reflexkrämpfen der Scheiden- und der gesammten Beckenbodenmusculatur, die sich auf Grund örtlicher Hyperästhesien entwickeln, ist an früherer Stelle (unter Vaginismus, p. 70) die
Rede gewesen, woselbst auch der local auf den obern Scheidenabschnitt
beschränkte Krampf des Constrictor cunni (oder eines Theils des Levator
ani), der zum sog. Penis captivus Veranlassung giebt, bereits erwähnt wurde.
Die clonischen und tonischen Krampfzustände des Uterus,
die als Krampfwehen, Tetanus uteri u. s. w. eine grosse Rolle spielen,
bieten, ebensowie die sog. partellen Uterus-Krämpfe, die spastischen Stricturen in der Nachgeburtsperiode u. s. w. ein lediglich geburtshülfliches
Interesse; wir können uns also hier mit dem blossen Hinweis auf diese
meist mit anomalen Beckenverhältnissen, anomalen Fruchtlagen und Ein-
stellungen, oder sonstigen Abnormitäten des Geburtsverlaufes zusammenhängenden Zustände begnügen [1]. —
Dagegen muss noch kurz derjenigen Vorgänge gedacht werden, die
den abnormen Reizzuständen der genitospinalen Centren (Erec-
tion- und Ejaculationcentrum), also dem pag. 52 ff. geschilderten „Priapismus" und den „krankhaften Pollutionen" bei Männern entsprechen. Es
ist keine Frage, dass analoge Zustände auch beim weiblichen Geschlechte
vielfach vorkommen, die jedoch erst in neuester Zeit Gegenstand erhöhten

---

1) Neuerdings hat Oetken in Oeynhausen die Krampfwehen in 8 Fällen durch
Verbal-Suggestion zum Verschwinden gebracht (Deutsche Medicinalzeitung 1895, No.47).

Interesses und genaueren Studiums geworden sind. Es sind dies Zustände, die zum Theil mit onanistischen Reizungen, Genitalleiden, mit functionellen Neurosen (Neurasthenie, Hysterie), zum Theil aber auch mit schweren organischen Nervenerkrankungen (Tabes) zusammenhängen, und die unter dem Namen der sogenannten Clitoris-Crisen und vulvovaginalen Crisen, des Erethismus genitalis und Clitorismus beschrieben wurden.

Als Clitoriskrisen ("crises clitoridiennes") wurden von CHARCOT und BOUCHARD, PITRES und Anderen Zustände beschrieben, die im Verlaufe der Tabes oder selbst schon als Prodromalerscheinungen beobachtet wurden, und die sich durch einen anfallsweise auftretenden, anwachsenden und mit Clitoris-Erection und profusem vulvovaginalem Erguss einhergehenden Wollustreiz in der "erogenen Zone" (Clitoris und ihrer Umgebung) kundgeben. Sie beruhen offenbar, gleich den krankhaften Pollutionen der männlichen Tabes-Kranken, auf abnormen Erregungen oder auf excessiver Erregbarkeit der Erection- und Ejaculationcentren; diese beiden Centren dabei scharf zu trennen, erscheint kaum möglich, da, soweit die bisherigen dürftigen Beobachtungen reichen, mit dem vulvovaginalen Ergusse (der "Pollution") in der Regel eine Erection der Clitoris zusammen- oder jener voraufgeht.

Die "Pollutionen" sexual-neurasthenischer Weiber beruhen, wie schon an früherer Stelle (p. 31) erwähnt wurde, grösstentheils auf onanistischer Reizung der Clitorisregion, wodurch mit der Zeit eine gesteigerte Reizbarkeit und "reizbare Schwäche" der genitospinalen Centren herbeigeführt wird. Allerdings ist, wie KRAFFT-EBING mit Recht hervorhebt, die Clitoris nicht die einzige "erogene" Zone bei der Frau, sondern es kommen als solche auch Vagina und Cervix uteri, sowie ferner die Warzenhöfe der Mammae in Betracht, wovon aber erstere wahrscheinlich erst nach geschehener Defloration (oder nach masturbatorischen Acten?), letztere erst nach dem Stillen "erogen" werden (sie sind es wohl überhaupt verhältnissmässig selten, jedenfalls nicht in der Weise, wie STRINDBERG in seiner merkwürdigen Selbstbiographie, der "Beichte eines Thoren", unter den für die Verworfenheit seiner Frau beigebrachten documents humains davon Gebrauch macht [1]). Bei sinnlich abnorm erregbaren oder an excessive und perverse Sexualgenüsse gewöhnten Frauen kann ja schliesslich alles zur "erogenen" Zone werden ("tout est con dans une femme", wie eine nymphomanische Heldin für sich sehr zutreffend bemerkt); aber es handelt sich hierbei doch um exceptionelle und mehr oder weniger ins Gebiet der psychosexualen Anomalien einschlagende Verhältnisse, auf die in einem späteren Capitel noch zurückzukommen sein wird.

---

1) Die erwähnte Stelle findet sich in der deutschen Uebersetzung des STRINDBERG'schen Buches (Berlin 1893) auf p. 257 und liefert, im Verein mit vielen anderen Stellen dieser confessions, ein typisches Beispiel dafür, wie verderblich die in immer weitere Kreise dringende Krafft-Ebingerei auf schwache Laiengemüther und Wirrköpfe einwirkt.

Jedenfalls ist onanistische Reizung sowohl beim Zustandekommen des „Genital-Erethismus", wie auch des „Clitorismus" (worunter man einen dem Priapismus analogen Zustand häufiger, andauernder und von überaus peinlichen Empfindungen begleiteter Clitoris-Erection versteht) vorzugsweise betheiligt. Die Onanie ist, wenn auch bei der weiblichen Jugend nicht ganz so häufig wie bei der männlichen, doch unendlich häufiger als sich Eltern, Lehrer und Laien beiderlei Geschlechts in der Regel träumen lassen und zumal durch weibliche Erziehungsanstalten (Pensionen, Schulen u. s. w.) in überraschender Weise verbreitet. Es wird aber wenig davon gesprochen und auch dem Arzte kommt, wenn er nicht selbst genau nach diesen Dingen forscht, wenig davon zu Ohren; es giebt sogar ältere Aerzte, die an die Möglichkeit derartiger Vorkommnisse bei der weiblichen Jugend nicht gern glauben und sich dagegen, wie überhaupt gegen manche Nachtseiten des Sexuallebens, nach Kräften verschliessen. Auch die Literatur weiss davon wenig; selbst in der sehr verdienstvollen Schrift von H. Cohn [1]), die die Verbreitung der Onanie in den Schulen und die Abhülfe dagegen behandelt, ist der Onanie bei Mädchen nur ganz beiläufig Erwähnung gethan, und anscheinend ohne rechte eigene Kenntniss dieses Gebietes. Dennoch ist dies ein Gegenstand von grosser Wichtigkeit und Tragweite; denn abgesehen von den übeln örtlichen Folgeerscheinungen, den Entzündungen, den oft sehr heftigen Catarrhen und anderweitigen Functionstörungen der äusseren Geschlechtstheile u. s. w. wird, was schlimmer ist, auch die seelische Entwickelung während der Pubertät in abliegende und gefährliche Bahnen gerissen, der Schmelz echter Jungfräulichkeit abgestreift, und für die stürmischen Anforderungen des späteren Sexuallebens eine wenig verheissungsvolle Unterlage bereitet. Derartige demi- (oder noch weniger als demi-) vierges sind es dann, die in der Folge die Wirklichkeit weit unter ihrer Erwartung finden, über „der Brautnacht süsse Freuden" höchst despektirlich aburtheilen, sich mit einem „ce n'est que ça" geringschätzig abwenden, der Ehe überhaupt keinen Geschmack abgewinnen, und sich dafür je nach Temperament und Umständen bald durch fortdauernde onanistische Befriedigung, bald durch perverse ausserehliche heterosexuelle oder auch homosexuelle Beziehungen (die Tribadie ist ja im physischen Sinne wesentlich nichts als eine hochgesteigerte mutuelle Masturbation) zu entschädigen suchen.

Freilich gehört die Verhütung und Bekämpfung der weiblichen Onanie — womit zugleich die kräftigste Prophylaxe des genitalen Erethismus und vielfacher sexualer Perversionen gegeben wäre — weit mehr in die Sphäre moralischer und pädagogischer, als speciell ärztlicher Einwirkungen. Der Arzt wird wenigstens auch, soweit er damit zu thun bekommt, sich

---

1) H. Cohn, was kann die Schule gegen die Masturbation der Schulkinder thun? Berlin 1894.

wesentlich nur auf den pädagogischen Standpunkt zu stellen und etwa versuchte Medicationen und sonstige Eingriffe auch vorwiegend aus diesem Gesichtspunkte zu beurtheilen haben. Die Onanie ist ja als solche keine „Krankheit", wenigstens keine physische, sondern höchstens eine Krankheitsursache, und specifisch darauf wirkende Heilverfahren giebt es nicht; was man in dieser Art auch vorgeschlagen hat (man denke nur an die famose BAKER BROWN'sche Clitoridektomie) hat sich immer noch als Illusion erwiesen. Weit eher noch wäre von einer pädagogisch geschulten Suggestivbehandlung in geeigneten Fällen etwas zu erwarten. Wichtiger aber ist jedenfalls eine nach anerkannten hygienischen Gesichtspunkten geregelte Erziehung und Lebensweise, namentlich frühzeitige Abhärtung der jungen Mädchen durch körperliche Uebungen jeder Art, Sportbetrieb, Gewöhnung an anstrengende und pflichtmässig zu erfüllende Thätigkeit — und so vieles Andere, das im Grunde als banale Wahrheit gilt und als Leitmotiv jeder vernünftigen Pädagogik allgemein anerkannt, aber in der Hetzjagd des modernen Lebens und zumal in dem Strudel grossstädtischer Verhältnisse fast niemals befolgt wird.

b) Hypokinesen und Akinesen.

Ueber die Zustände herabgesetzter Motilität im Bereiche des weiblichen Genitalapparates und ihre functionellen Folgen ist wenig bekannt. Mangelhafte motorische Innervation des Uterus scheint als Ursache von Wehenschwäche eine Rolle zu spielen, während dagegen dasjenige, was in der Geburtshilfe als „Paralyse" des Uterus bezeichnet wird, wohl mehr als Erschöpfungzustand nach überangestrengter Wehenthätigkeit, bei pathologischen Geburtshindernissen, oder als Folge erschöpfender Allgemeinleiden aufzufassen sein dürfte. —

Die herabgesetzte Erregbarkeit der genitospinalen Centren beim Weibe wurde bereits bei der „Anaphrodisie" (p. 75) unter Anästhesia sexualis, besprochen, mit der sie ja vielfach, wenn auch nicht nothwendigerweise verbunden erscheint. In solchen Fällen fehlt das Wollustgefühl bei der Begattung und fehlen auch die damit zusammenhängenden Erscheinungen des Orgasmus, die Clitoris-Erection und die sonstigen vom Erection- und Ejaculationcentrum ausgehenden genitalen Reflexe. Es ist aber auch sehr wohl möglich, dass diese Reflexe bei intensiver Sensibilität dennoch fehlen — ebenso wie andererseits bei herabgesetzter oder fehlender Sensibilität die Reflexe dennoch vorhanden, ja gesteigert sein könnten. Ersteres würde sich dann ereignen, wenn die zu den Reflexcentren führenden Bahnen im Rückenmark abgeschnitten oder functionell beeinträchtigt, die zu den percipirenden Centren im Gehirn aufsteigenden Bahnen dagegen unverletzt wären. Die andere Alternative wäre gegeben, wenn umgekehrt die Reflexbahn intact, die zum percipirenden Gehirntheil leitende Centripetalbahn dagegen unterbrochen oder das percipirende Centrum selbst in seiner Function beeinträchtigt wäre. Beides kann im Verlaufe von Rückenmark- und Gehirnkrankheiten geschehen, und geschieht auch gewiss oft genug, wird aber über wichtigeren und mehr in den Vordergrund tretenden Symptomen dieser Erkrankungen leicht übersehen.

3. Secretionstörungen.

a) Genitale Hyperekkrisien und Parekkrisien.

Da die Drüsen des äusseren weiblichen Genitalapparats, die Bartholin'schen Drüsen, die kleineren vulvären und cervicalen Schleimdrüsen etc. gleich allen absondernden Drüsen unter dem Einflusse secretorischer Nerven stehen müssen und überdies, wie wir gesehen haben, durch Erregung der genitospinalen Centren im Orgasmus zu erhöhter Secretion angeregt werden, so ist es von vornherein wahrscheinlich, dass auch krankhafte Veränderungen mit dem Character der Hypersecretion oder anomaler Secretbeschaffenheit auf dem Wege der Innervationstörung gesetzt werden können. In der That sprechen dafür manche klinische Erscheinungen, die allerdings erst in neuester Zeit namentlich bei Hysterischen Gegenstand genauerer Beobachtung geworden sind. Bei diesen Kranken, die ja die mannigfaltigsten und interessantesten Formen der Secretionstörung darbieten (ich erinnere nur an die oft geradezu unerklärlichen quantitativen und qualitativen Anomalien der Harnsecretion) werden auch eigenthümliche vulvovaginale Absonderungsformen, wohl zu unterscheiden von den schon früher besprochenen, meist auf onanistischer Reizung beruhenden „Pollutionen" und dem Erguss bei den sogenannten „Clitoriscrisen", bisweilen beobachtet. Es handelt sich allerdings um ziemlich seltene Vorkommnisse, namentlich um copiösere, fluor-artige Absonderungen, die als Enderscheinung schwerer und prolongirter hysterischer Anfälle vorkommen — im Ganzen aber doch, nach der Meinung von LANDOUZY, nur bei Frauen, die auch sonst zu uterinalen und vaginalen Hypersecretionen geneigt zu sein scheinen. Andere Autoren (CAHEN, FABRE) nehmen dagegen eine besondere Form neurotischer und speciell hysterischer Leukorrhoe an; nach FABRE „giebt es Hysterische, die durch die Vulva weinen", gerade so wie andere Hysterische ihre Anfälle mit reichlichem Thränen- oder Harnerguss beschliessen. Jedenfalls ist bei genauer Localuntersuchung in manchen Fällen keine anderweitige Ursache der abnormen Absonderung zu constatiren.

Aehnlich verhält es sich auch bezüglich der bei Hysterischen beobachteten Menstruationsanomalien in Form von Metrorrhagie und Dysmenorrhoe. Eigentliche Metrorrhagien sind, abgesehen von ihrer Entstehung durch örtliche Erkrankungen, Endometritis, Myome u. s. w. sehr selten und characterisiren sich als hysterische wesentlich durch ihr Auftreten ausserhalb der Menstrualzeit, während die eigentlichen Menses im Gegentheil oft ungenügend sind, und in Begleitung heftiger, von keinerlei Localprocess abhängiger Schmerzanfälle. Wie es scheint, können auch schwerere hysterische Anfälle direct nach Art emmenagogischer Mittel die Menses hervorrufen. — Anfälle von sogenannter Dysmenorrhoea membranacea sollen angeblich auch zuweilen hysterischen Ursprungs sein; es werden dann wohl einzelne geringfügige Schleimhautfetzen ausgestossen, die aber zu der Heftigkeit des mit krampfhafter Contractur des Constrictor cunni einhergehenden und selbst bis zu allgemeinen Convulsionen gesteigerten Anfalls in keinem Verhältnisse stehen. Es scheint sich dabei um wirkliche „hysterogene Zonen" auf der Vaginalschleimhaut zu handeln. GILLES DE LA TOURETTE theilt einen derartigen Fall mit, in dem durch Fingerdruck an der betreffenden Stelle die Anfälle abgeschwächt und sogar zum Verschwinden gebracht wurden.

b) Genitale Hypekkrisien und Anekkrisien.

Ueber den Einfluss von Innervationstörungen auf die Verminderung oder das Verschwinden genitaler Drüsensecretionen ist nichts Sicheres bekannt. Fast ebenso dürftig sind unsere Kenntnisse über das Zustandekommen von Amenorrhoe unter nervösen Einwirkungen. Dass solche Einwirkungen stattfinden, ist ja von vornherein mehr als wahrscheinlich, und wird durch eine Reihe von physiologischen sowohl wie von pathologischen Thatsachen genügend bestätigt; ich will nur an das so häufig beobachtete verfrühte Eintreten oder Wegbleiben der Menstruation unter dem Einflusse starker Gemüthaffecte, sowie bei beginnenden Psychosen und Hysterie, und an die häufig erfolgreich geübte suggestive Beeinflussung der Menstruation, sei es im Sinne der Beförderung oder der Hinausschiebung und Sistirung, erinnern. Wahrscheinlich wird der zu Suppressio mensium führende Einfluss psychischer und überhaupt vom centralen Nervensystem ausgehender Momente hauptsächlich durch die vasomotorischen Nerven des Uterus vermittelt; doch ist eine Mitbetheiligung secretorischer Nerven schon mit Rücksicht auf die Veränderungen, die die Uterinaldrüsen und die gesammte Uterusschleimhaut auch beim normalen Menstruationsvorgang erfahren, keineswegs auszuschliessen.

Hierher lassen sich auch gewisse Störungen, namentlich das plötzliche Aussetzen, der Milchsecretion rechnen, die ja gleichfalls unter dem Einflusse der Psyche steht und, wie gewöhnlich angenommen wird, auch von den sensiblen Genitalnerven aus reflectorisch angeregt wird. Indessen ist weder das Letztere noch das Vorhandensein besonderer Secretionsnerven der Brustdrüsen bisher sicher erwiesen, die Milchabsonderung vielmehr wahrscheinlich auf vasomotorische Nerventhätigkeit der Hauptsache nach zurückzuführen. Hiernach ist wohl auch die Einwirkung von toxischen Substanzen, die die Milchabsonderung experimentell vermindern (Atropin) oder vermehren (Strychnin etc.), sowie die vielleicht der paralytischen Speichelsecretion entsprechende Erscheinung des „Milchflusses" (Galaktorrhoe oder Polygalaktie) zu beurtheilen.

III. Die krankhaften Anomalien des Geschlechtsinns.

Neuropsychische sexuale Abnormitäten und Perversionen.
Degenerative Sexualneurosen und Neuropsychosen
(sexuale Logoneurosen).

Literatur. Ueber den Geschlechtstrieb, in psychologischer und sociologischer Hinsicht, vgl. die interessante Monographie von Hegar, Der Geschlechtstrieb. Eine social-medicinische Studie, Stuttgart 1800 (hauptsächlich auch eingehende Widerlegung der von Aug. Bebel in seinem bekannten Buche „die Frau und der Socialismus" verbreiteten Ansichten und Lehren). — Zur Psychologie und Psychopathologie des Geschlechtlebens sind von grundlegender Wichtigkeit die Werke von H. Ploss, Das Weib in der Natur- und Völkerkunde (in vierter, von M. Bartels bearbeiteter und herausgegebener Auflage soeben erscheinend, Leipzig 1895). — E. Westermarck, Geschichte der menschlichen Ehe, aus dem Englischen von Leopold Katscher und Romulus Grazer, Jena 1893. — Lombroso und Ferrero, Das Weib als Verbrecherin und Prostituirte, anthropologische Studie, gegründet auf eine Darstellung der Biologie und Psychologie des normalen Weibes, deutsch von H. Kurella, Hamburg 1894. — Havelock Ellis, Mann und Weib, anthropologische und psychologische Untersuchungen der secundären Geschlechtsunterschiede, deutsch von Kurella, Leipzig 1894. — Vgl. auch Max Dessoir, Zur Psychologie der Vita sexualis, allg. Zeitschr. für Psychiatrie und psychisch-gerichtliche Medicin 1894, Bd. 50, Heft 9 p. 941.

Aus den hierhergehörigen Gebieten der criminellen Anthropologie vgl. besonders Lombroso, L'uomo delinquente, 1876, 2. Aufl. 1878; ins Deutsche übersetzt von O. Fraenkel, Der Verbrecher, Hamburg 1888, und „Neue Fortschritte in den Verbrecherstudien", deutsch von Hans Merian, Leipzig 1894. — Krauss, Psychologie des Verbrechens, 1884. — Mantegazza, Anthropologische Studie, 1886. — Havelock Ellis, the criminal man, 1889; Verbrecher und Verbrechen, deutsch von Kurella, 1894. — Ferner L'anthropologie criminelle et ses récents progrès, Paris 1890; les applications de l'anthropologie criminelle, ibid.; nouvelles recherches de psychiatric et d'anthropologie criminelle, Paris 1891; archives d'anthropologie criminelle, 1892; archivio di psichiatria, scienza penale ed antropologia criminale, Band 1—15; biblioteca antropologico-giuridica, Band 1—12.

Wichtige Hauptquellwerke für das Studium der sexualen Anomalien und Perversionen (grösstentheils der französischen Literatur angehörig) sind u. a.: Parent-Duchatelet, La prostitution dans la ville de Paris, 1857. — Tardieu, Étude médico-légale sur les attentats aux mœurs, Paris 1887; 5. éd. 1866; 7. éd. 1878; deutsch von Theile, 1868. — Jeannel, Die Prostitution in den grossen Städten, deutsch von T. W. Müller, Erlangen 1890. — Moreau, Des aberrations du sens générique, Paris 1880. — Tarnovski, die krankhaften Erscheinungen des Geschlechtsinns, deutsch, Berlin 1886. — v. Krafft-Ebing, Psychopathia sexualis mit besonderer Berücksichtigung der conträren Sexualempfindung, Stuttgart 1886; 9. Auflage 1895 — und „Neue Forschungen auf dem Gebiete der Psychopathia sexualis", Stuttgart 1890. — A. Coffignon, La corruption à Paris (ohne Jahreszahl). — Delcourt, Le vice à Paris, 1889. — Léo Taxil, La corruption fin de siècle, neue Aufl. Paris 1894. — Ferner Fiaux, La police de mœurs; Laurent, les bisexués, u. s. w. — Vgl. ausserdem die Lehrbücher der Geisteskrankheiten (Arndt, Schüle, Krafft-Ebing, Kraepelin, Sommer u. s. w.) und der gerichtlichen Medicin (Casper-Liman, Hofmann u. s. w.); ferner in Beziehung auf einzelne sexuelle Perversitäten aus der reichhaltigen Journal-Literatur u. A. Toulmouche, Annales d'hygiène 1868. VI. p. 100. — Giraldès und Horteloup, ibid. 1876. p. 419. — Lasègue, Union médicale, Mai 1877. — v. Krafft-Ebing, Archiv für Psychiatrie, Band VII (1877). — Zippe, Wiener med. Wochenschrift. 1879. No. 23. — Charcot und Magnan, Archives de neurologie. 1882. No. 12. — Lombroso, Archivio di psichiatr. 1883; Goltdammer's Archiv. Band. 30. — Garnier, Bulletin médical. 1887. — Torggler, Wiener klin. Wochenschrift. 1889. No. 28. — Frank Lydston, Philad. med. aud surg. reports, 7. Sept. 1889. — Kiernan, Medical Standard. November 1889. — Loimann, Therapeutische Monatshefte, April 1890. — Cantarano, La Psichiatria. V, 2 und 3; VIII, 3 und 4. — Antonini, Archivio di psichiatr. XII, 1 und 2. — Kaan, Internat. klin. Rundschau. 1891. — Urquhart, Journal of mental science, Januar 1891. — Mac Donald, Archives d'anthropologie criminelle 1892. — Féré, Revue de médecine. Juli 1893. p. 600. — v. Krafft-Ebing, Jahrbücher für Psychiatrie, XII. 1893. — Sighele, Arch. di psichiatr. XII, 533. — Sioli, Allg. Zeitschr. f. Psychiatrie. 1894. Heft 5. — Masoin, Bull. de la Soc. de méd. ment. de Belgique, 1894. — Naecke, ibid. — Hospital, Ann. médico-psychologiques. 1894, LII, 1. — v. Krafft-Ebing, allg. Zeitschrift f. Psych. L, p. 761. — Furro-Dellino, Archivio di psichiatria. XV. — Poggi, ibid. — Forel, Deutsche med. Wochenschrift. 1894. No. 52. — Für conträre (inverse) Sexualempfindung, deren Literatur ausserordeutlich angewachsen ist, vgl. ausser den oben citirten Werken von Tardieu, Moreau, Tarnovski, v. Krafft-Ebing, Coffignon, Delcourt, Taxil u. A. noch folgende, in chronologischer Ordnung aufgeführte Publicationen: Casper, Klinische Miscellen zur ger. Medicin. 1863; prakt. Handbuch der ger. Medicin. 4. Aufl. 1864. (7. Aufl., Casper-Liman. 1881). — Westphal, Archiv f. Psych. II. p. 73. (1869). — Schmincke, ibid. III. p. 225. — Scholz, Vierteljahrschrift f. ger. Med. II. p. 321. (1873). — Gock, Archiv f. Psych. V. p. 564. — Servaes, ibid. VI. p. 484. — Westphal, ibid. VI. p. 620. — Sterz, Jahrb. f. Psychiatrie. III. p. 211. — Tamassia, Riv. sperim. di freniatria e di med. legale. Heft 6, 1878. — Lacassague, Arch. di psychiatria ed antropologia criminale. 1. p. 438. (1880). — Coutagne, Lyon médical. 1880. No. 35, 36. — Lombroso, Arch. di psichiatr. 1881. — Blumer, Amer. journal of insanity, Juli 1882. — Hollaender, Allg. Wiener med. Z. 1882. No. 37ff. — Kelp, Allg. Zeitschr. für Psychiatrie. Bd. 37. — v. Krafft-Ebing, ibid. Band 38. — Kirn, ibid. Band 39. — Anjel, Archiv f. Psychiatrie. XV. Heft 2. — Krueg, Brain, October 1884. — Savage, Journal of mental science, Oct. 1884. — Blumenstock, Artikel „conträre Sexualempfindung" iu Real-Encyclopädie d. ges. Heilk. 2. Aufl. Bd. VI. (1885). — Chevalier, De l'inversion de l'instinct sexuel. Paris 1885; 2. Aufl. 1893. — Magnan, Ann. méd. psychol. 1885. p. 485. — Hofmann, Artikel „Päderastie" in Real-Encyclopädie d. ges. Heilk. 2. Aufl. Bd. XV. (1888). — Hammond, Sexuelle Impotenz beim männlichen und weiblichen Geschlecht, deutsch von Salinger, Berlin 1889. — Ladame, Revue de l'hypnotisme, 1. September 1889. — Peyer, Münchener med. Wochenschrift. 1890, No. 23. — Moll, Die conträre Sexualempfindung, Berlin 1891. (3. Aufl. 1895). — Birnbacher, Friedreich's Blätter f. ger. Medicin. Bd. XLII. 1. — Lewin, Neurolog. Centralbl. 1891. No. 18. p. 546. — v. Schrenck-Notzing, Die Suggestionstherapie bei krankhaften Erscheinungen des Geschlechtssinns, mit besonderer Berücksichtigung der conträren Sexualempfindung, Stuttgart 1892. — Féré, Revue neurologique. 1893. No. 23; Flandre médicale, 1. Juli 1894. — v. Krafft-Ebing, Jahrb. f. Psychiatrie. Bd. XIII, 1894. — v. Krafft-Ebing, Der Conträrsexuale vor dem Strafrichter, Leipzig und Wien 1894. — v. Erkelens, Strafgesetz und widernatürliche Unzucht, Berlin 1895. — v. Schrenck-Notzing, Ein Beitrag zur Aetiologie der conträren Sexualempfindung, Wien 1895. — Raffalowitsch, Die Entwickelung der Homosexualität, aus dem Französischen, Berlin 1895.

Von nicht-ärztlicher Literatur der conträren Sexualempfindung sind die zahlreichen, zum Theil unter dem Pseudonym „Numa-Numantius" erschienenen Schriften des absonderlichen Begründers der „Urning"-Literatur, des hannöverschen Juristen Ulrichs (Vindex, Inclusa, Vindicta, Formatrix, Ara spei, Gladiusfurens, Memnon u.s.w.) — aus dem Jahren 1864—1869 — hervorzuheben.

Für die Erscheinungen der neuerdings sogenannten Algolagnie, des Sadismus u. s. w., wie auch für die verschiedensten sonstigen sexuellen Perversionen bieten die Werke des Marquis de Sade eine fast unerschöpfliche Fundgrube, vor Allem Justine und Juliette („Histoire de Justine" in 4, die Fortsetzung „Histoire de Juliette" in 6 Bänden; in der mir vorliegenden Auflage in Holland 1797); auch Aline et Valcour. Paris 1795; La philosophie dans le boudoir (in dem mir vorliegenden Exemplar fälschlich als „Ouvrage posthume". London 1805 bezeichnet; Sade starb erst 1814 in Charenton; vergl. auch seine Biographie von Jules Janin. 1835). — Von den auf dem Gebiete erotischer Perversionen recht ergiebigen neueren französischen Romanschriftstellern mögen nur Zola (Nana, Bête humaine u. s. w.), Dubut de Laforest (L'homme de joie u. s. w.), Huysmans (Là bas), Ad. Belot (Mademoiselle Giraud, ma femme;

la femme de feu; la bouche de Madame X. u. s. w.,. Catulle Mendès (Méphistophéla,
Zòhar u. s. w.), Rachilde, (La marquise de Sade; Monsieur Vénus u. s. w.), Mé-
tenier, La nymphomanet, Maurice de Souillac Zé boim, Larocque Les volup-
tueuses u. s. w. erwähnt werden.

Speciell über Flagellantismus, auch nach der erotischen Seite hin, existirt
ferner eine umfangreiche, zum grössten Theile allerdings nichtärztliche Literatur, die mit des alten Meiboim unzählige Male wieder aufgelegter „Epistola de
flagrorum usu in re venerea et lumborum renumque officio" (zuerst Leyden 1639) beginnt; dann Th. Bartholini, De usu flagrorum in re medica et venerea, Frankfurt
1679. — K. F. Paullini, Flagellum salutis oder Heilung durch Schläge in allerhand
schweren Krankheiten (Frankfurt 1698; ebenfalls häufig wieder aufgelegt). — J. Boi-
leau, Historia flagellantium, de recto et perverso flagrorum usu apud christianos, Paris
1700. — J. B. Thiers, Critique de l'histoire des flagellans et justification de l'usage
des disciplines volontaires, Paris 1703. — Lanjuinais, La bastonnade et la flagellation pénale, cousidérées chez les peuples anciens et chez les modernes (2. éd.) Paris
1725. — (Doppet), Traité du fouet et de ses effets sur le physique de l'amour, Genf
1788 (das in meinem Besitz befindliche Exemplar dieser werthvollen Schrift des zu Aix
1800 verstorbenen Arztes François Amédée Doppet ist ein Wiederabdruck von
1885, in dem noch eine Anzahl französischer und englischer „ouvrages curieux sur
la flagellation" angezeigt sind). — Förstemann, die christlichen Geisslergesellschaften, Halle 1828. — (Giovanni Frusta) Der Flagellantismus und die Jesuiten-
beichte, Stuttgart 1834; Neudruck von Scheible. — Cooper, Flagellation and the
flagellants, London 1837. — Reinhard, Leuchen im Zuchthause, Karlsruhe 1840 (ten-
denziöses Werk in der Form des Ich-Romans; neuerdings von Scheible wiedergedruckt).
— Corvin, Historische Denkmale des christlichen Fanatismus, zweiter Theil: „Der
Geissler", Leipzig 1847 (unkritische Compilation). — Experiences of flagellation, a
series of remarkable instances of whipping inflicted on both sexes, with curious anec-
dotes of ladies foud of administering birch discipline, compiled by an amateur flagel-
lant, London 1885. — Buckle's, Tracts Library illustrative of social progress (von
dem verstorbenen H. Th. Buckle, dem Verfasser der berühmten „History of civilisa-
tion in England" herrührende Compilation der wichtigsten auf Flagellation bezüglichen
Schriften, in 7 Bänden). — La discipline à l'école et dans le boudoir, collection de
lettres tirées de Town talk (aus dem Englischen) London 1891. — Ein von der Firma
Fr. Klüber (Uebelen's Nachf.) in München neuerdings in den Handel gebrachter
Zettelcatalog zur erotischen Literatur enthält über Flagellantismus allein nicht weniger
als 123 Nummern. was von der Reichhaltigkeit der Production auf diesem Gebiete einen
ungefähren Begriff giebt. Das Meiste ist natürlich sehr schwer zu haben. — Andere,
der Geschichte, Culturgeschichte und belletristischen Literatur angehörige Schriften
werden im Texte gelegentlich citirt werden.

Das Verdienst, die bunte Mannigfaltigkeit des hierhergehörigen
Materials gewissen leitenden Gesichtspunkten untergeordnet und dadurch
erst einer einheitlichen klinischen (und forensischen) Bearbeitung zugänglich gemacht zu haben, — dieses Verdienst gebührt unstreitig KRAFFT-
EBING. Seine Gruppirung einer Reihe von sexualen Abnormitäten im
Rahmen einer „Psychopathia sexualis" ist allerdings vielfachen Wider-
sprüchen, zum grossen Theil wohl auf Grund von Missverständnissen, begegnet. An die Spitze des allgemeinen pathologischen Theils seines Werkes
hat KRAFFT-EBING den Satz gestellt, dass die beim Culturmenschen so
überaus häufige Abnormität der geschlechtlichen Functionen „zum Theil
ihre Erklärung findet in dem vielfachen Missbrauch der Generationsorgane.
zum Theil in dem Umstand, dass solche Functionsanomalien
häufig Zeichen einer meist erblichen krankhaften Veranlagung
des Centralnervensystems ("functionelle Degenerationszeichen")
sind". Es findet sich in diesem gewiss unbestreitbaren Satze nichts von
der KRAFFT-EBING untergeschobenen Behauptung, dass alle mit sexualen
Perversitäten behafteten Individuen als geisteskrank zu betrachten seien:

nichts von einer vermeintlichen Rückkehr zu den glücklich überwundenen Monomanien. Die im Folgenden zu schildernden sexualen Abnormitäten und Perversionen sind an sich keineswegs mit Nothwendigkeit Zeichen von „Geistesstörung"; thatsächlich kommen sie vielfach bei jenen Krankheitzuständen vor, die wir übereingekommen sind, als „Geisteskrankheiten" (ohne dass die moderne Psychiatrie an dem diesem Ausdruck inhärirenden inneren Widerspruch Anstoss genommen hätte) der psychiatrischen Begutachtung und Behandlung zu überweisen. Aber ebenso oft finden wir einzelne hierhergehörige Erscheinungen bei Verletzungen und organischen Herderkrankungen des Gehirns, bei allgemeinen functionellen Neurosen, bei den Folgezuständen chronischer Intoxicationen (Alkohol, Morphium) oder erschöpfender constitutioneller Krankheiten, ausschweifender Lebensweise, örtlicher Erkrankungen des Genitalapparates. Die Frage ist nur, ob es sich in Fällen der letzteren Kategorien nicht doch zumeist um von vornherein nervös krankhaft beanlagte Individuen handelt. Lassen wir aber auch dies dahingestellt sein, so ist jedenfalls mit aller Bestimmtheit daran festzuhalten, dass wir es bei den hierhergehörigen sexuellen Anomalien und Perversionen, soweit sie krankhafter Natur sind (denn nicht alle „Anomalien" sind krankhaft) entschieden mit ecrebralen Functionstörungen, eerebralen Krankheitsymptomen zu thun haben. Ob wir diese als psychopathologisch bezeichnen wollen oder nicht, das erscheint vom forensischen Standpunkte vielleicht als sehr belangreich, vom klinischen aber durchaus nicht so wichtig; bei einem Theile der hierhergehörigen Anomalien, namentlich bei denjenigen, die zu den schwersten sexuellen Delicten Veranlassung geben (Lustmorde u. dergl.), ist der degenerativ-psychopathische Untergrund ganz unzweifelhaft — hier hat man vielfach auch atavistische Theorien herangezogen, mit denen für genügsame und sehlagwortgläubige Naturen ja so leicht Alles erklärt ist. Andere und gerade sehr häufige Anomalien dagegen, wie namentlich die inverse oder sog. conträre Sexualempfindung, können anscheinend ebensowohl bei psychisch kranken wie bei psychisch gesunden, meist jedoch degenerativ oder zum mindesten „nervös" (neurasthenisch) veranlagten Individuen vorkommen. Das Gleiche gilt von verschiedenen häufigeren Formen heterosexueller Perversionen. Der allzu einengende Ausdruck „Psychopathia sexualis" mag also immerhin geopfert und durch eine unbestimmtere Fassung, wie die in der Ueberschrift dieses Abschnittes gewählte, ersetzt werden. — Was die Eintheilung betrifft, so kann ich mich der gangbaren Unterscheidung von sexualen Hyperästhesien, Anästhesien und Parästhesien nicht anschliessen, da wir es ja auf diesem Gebiete im Allgemeinen weniger mit Anomalien in der Empfindungsphäre, als mit solchen des Trieblebens, der „psychofugalen" Impulse, der von corticalen und subcorticalen Gehirncentren auf die genitospinalen Centren herabgeleiteten Erregungen und Hemmungen, und mit Störungen ihrer mannigfaltigen intercentralen Associationen zu thun haben. Der be-

quemeren Uebersicht wegen und auch aus anderweitigen praktischen Rücksichten empfiehlt es sich, die quantitativen und qualitativen Anomalien des Geschlechtstriebes, unter letzteren wieder die heterosexuellen Abnormitäten und Perversionen, nebst den algolagnistischen Zuständen, und die homosexuellen Abnormitäten (sog.
conträre Sexualempfindung) bei Männern und Frauen in besonderen Abschnitten der Reihe nach zu betrachten.

Vielleicht würde es zweckmässig sein, diesen Darstellungen der psychosexualen Pathologie eine kurze physiologische Erörterung des Geschlechtstriebes voraufzuschicken — zumal unsere Lehrbücher der „Physiologie des
Menschen" sich über diesen so wichtigen Gegenstand in der Regel vollständig ausschweigen, oder, wie über andere ins psychologische Gebiet einschlagende Probleme, mit einigen trivialen Verlegenheitsphrasen darüber hin-
weggleiten. Allein der Raum gestattet eine solche Abschweifung an dieser
Stelle nicht, und ich muss diejenigen, die sich für die biologische Seite des
Geschlechtslebens interessiren, auf die oben verzeichneten literarischen Hauptwerke, namentlich auf das treffliche HEGAR'sche Buch verweisen. Hier sei
nur darauf hingewiesen, dass dasjenige, was wir unter „Geschlechtstrieb"
verstehen, sich im Grunde aus zwei durch die Natur der genitalen Functionen gegebenen psychischen Componenten zusammensetzt, dem Begattungs-
triebe und dem Fortpflanzungstriebe, von dem aber Letzterer beim Culturmenschen wenigstens und in seiner triebartigen Aeusserung mehr und
mehr zurücktritt, sodass für die psychosexuale Betrachtung die Begriffe Geschlechtstrieb und Begattungstrieb, zumal beim Manne, sich nahezu decken —
während beim Weibe allerdings in dem immanenten Wirken des Fortpflanzungs-
triebes ein (freilich durch unsere Uebercivilisation auch schon vielfach zurück-
gedrängter und ausser Betrieb gesetzter) eigenartiger Factor des normalen und
pathologischen Seelenlebens gegeben zu sein scheint. Ueber das, was man als
„normale" Stärke des Geschlechtstriebes ansehen könnte, sowie über den Ver-
gleich der relativen Stärke dieses Triebes beim männlichen und weiblichen
Geschlechte gehen die Ansichten derer, die sich mit diesen Fragen eingehender
beschäftigt haben, weit auseinander; und in der That ist es ja überaus schwierig,
sich über diese Dinge auch nur eine haltbare Meinung, geschweige denn ein
„Urtheil" zu bilden. Im Allgemeinen gelangen, wie man aus einem grossen
Theile der „schönen" Literatur und auch aus populären Werken, z. B. BEBEL's
„die Frau und der Socialismus" ersehen kann, Laien leicht zu einer gewissen
Ueberschätzung des Geschlechtstriebes in seiner individuellen und socialen Bedeutung, während für die wissenschaftliche Forschung vielleicht eher das
Entgegengesetzte gilt; mir scheint namentlich in dem wissenschaftlich so
gehaltreichen HEGAR'schen Werke diese Bedeutung des Geschlechtstriebes für
den Einzelnen und die Gesammtheit doch etwas unterschätzt und das Verdict
über diese Dinge etwas zu kaltblütig vom Standpunkte der Studirstube
aus, ohne genügende Berücksichtigung der menschlichen Leidenschaften und
Thorheiten, gefällt zu sein. — Wenn ferner LOMBROSO und FERRERO sich
entschieden in dem Sinne äussern, dass das Weib, entsprechend der ihm
überhaupt eigenen geringeren Sensibilität, auch eine geringere
sexuelle Sensibilität besitze als der Mann, so ist diese Behauptung,
wie ich schon an anderem Orte („die Zukunft", 2. Dezember 1893, No. 62) zu
zeigen versuchte, in doppelter Beziehung nicht genügend begründet. Die „geringere Sensibilität" des Weibes überhaupt ist keineswegs festgestellt, und ein
nüchterner, vorurtheilsfreier Critiker wie HAVELOCK ELLIS kommt darüber auf

Grund des vorliegenden Thatsachen-Materials zu ganz anderen, theilweise ent-
gegengesetzten Ergebnissen wie LOMBROSO-FERRERO. Aber auch die Annahme
einer geringeren sexualen Sensibilität des Weibes steht auf ziemlich schwachen
Füssen, trotz der von LOMBROSO-FERRERO herangezogenen, bunt zusammenge-
würfelten Gewährsmänner, DANTE, DUMAS, LAWSON TAIT, MANTEGAZZA, und
des Anthropologen SERGI, der sich mit der prägnanten Wendung äussert:
„das normale Weib liebt es vom Manne gefeiert und umworben zu werden,
giebt aber seinen sexuellen Wünschen nur nach wie ein Opferthier". In
diesen Worten ist, wenn man ihnen überhaupt einen Sinn beilegen will,
wohl nur von der den Frauen durch Sitte und Convention aufgenöthigten
Zurückhaltung, nicht aber von geringerer sexueller Empfindlichkeit die Rede.
Sie würden sonst schlecht stimmen zu der Aeusserung desselben SERGI, wonach „das normale Weib sich oft darüber beklagt, dass beim Manne die
Liebesgluth der ersten Tage nicht andauert" — wofern ihm doch an den Beweisen dieser „Liebesgluth" so wenig gelegen sein soll. Indessen die scheinbar widersprechenden Thatsachen haben nach LOMBROSO-FERRERO ihren Grund
nicht in der Erotik der Frauen, sondern in ihrem Verlangen nach Befriedigung
des Mutterinstinctes und in ihrem Schutzbedürfniss. Sie citiren die Aeusserung
eines „hervorragenden Geburtshelfers" (GIORDANO): „der Mann liebt das Weib
um der Vulva willen, das Weib liebt im Manne den Gatten und den Vater".
Diesen einseitig überspannten und haltlosen Behauptungen gegenüber ist es
von Interesse, die Ansicht eines erfahrenen Gynäkologen, wie KISCH, zu
vernehmen, der in seinem mehrfach citirten Werke „die Sterilität des Weibes"
(2. Auflage, pag. 205, 206) allen Anschauungen dieser Art entschieden ent-
gegentritt,[1]) und sogar ein Zurückstehen des Begattungstriebes hinter dem Fort-
pflanzungstrieb beim Weibe keineswegs anerkennen will; er sagt darüber, nach
meiner Meinung mit Recht: „der Geschlechtstrieb ist eine so machtvolle, in gewissen Lebensperioden den ganzen Organismus des Weibes so überwältigend
beherrschende elementare Gewalt, dass ihre Entfesselung der Reflexion über
Fortpflanzung keinen Raum lässt, und dass im Gegentheile die Begattung
begehrt wird, auch wenn vor der Fortpflanzung Furcht herrscht
oder von Fortpflanzung keine Rede mehr sein kann". Den besten
Beweis für die Richtigkeit dieses Ausspruches liefert ja die immer zunehmende
Häufigkeit der zumeist gerade von der Frau geforderten „anticonceptionellen"
Mittel und Methoden. Die Frau auf der Naturstufe begehrt die Begattung und
die Fortpflanzung, wohl ohne bewusste Trennung beider, vielleicht mit gleicher
Stärke; die „Dame", die das Product und der höchste Stolz unserer Uebercivilisation ist, will nichts von der „Fortpflanzung" wissen, entzieht sich der Mutter-
schaft oder verabscheut sie geradezu (man vergleiche z. B. die Schilderungen
eines so feinen Frauenkenners, wie GUY DE MAUPASSANT, in „Notre cœur"),
um dafür die Freuden der Liebe oder wenigstens der schwächlichen Liebessurro-
gate, Coquetterie und „Flirt", möglichst lange und ungestört zu geniessen. Es
sind dies übrigens Erscheinungen, wie sie noch immer in Zeiten einer ab-
gelebten Cultur und des nationalen Niederganges (man denke an die römische

---

1) Wenn man eine männliche Stimme für parteiisch halten sollte, mag man auch
eine Frau darüber hören, LAURA MARHOLM, an unzähligen Stellen ihres geistreich geschriebenen Werkes „das Buch der Frauen". Ich citire nur (p. 44): „Eins aber
ist es, wozu das Weib geschaffen ist, wenn es normal geschaffen ist, und das ist zur
Liebe. — Je höher des Weibes Leib und Geist und Seele entwickelt ist, desto weniger
kann es des Mannes entrathen, der ihr grosses Glück oder ihr grosses Unglück ist,
aber in allen Fällen der einzige Sinn ihres Lebens. Denn des Weibes Inhalt
ist der Mann" u. s. w.

décadence, an den von TACITUS auch in diesem Punkte betonten Gegensatz von Römer- und Germanenthum) aufzufallen pflegten. — Manche gerade in unseren Culturcentren üppig wuchernde Erscheinungen sexualer Verirrung (ich erinnere nur an die immer zunehmende Häufigkeit homosexueller Beziehungen auch unter Frauen) werden aus diesem Gesichtspunkte leichter begreiflich.

a. Quantitative Anomalien des Geschlechtstriebes.

1. Abnorme Steigerung des Geschlechtstriebs (Hypererosie, Hyperlagnie). Libido nimia, Satyriasis, Nymphomanie.

Die in krankhafter Form auftretende Steigerung des Geschlechtstriebs — wofür man, analogen Bezeichnungen auf dem sensiblen und motorischen Gebiete entsprechend, die Ausdrücke „Hypererosie" oder „Hyperlagnie" bilden könnte — ist stets als eine central (cerebral) bedingte Innervationstörung zu betrachten. Will man (was mir nicht ganz correct erscheint), dabei von einer „sexualen Hyperästhesie" reden, so geschieht es jedenfalls in einem wesentlich anderen Sinne, wie bei der erhöhten Erregung der spinalen Centren in Folge krankhafter peripherischer Reizzustände, und bei der gesteigerten Reizbarkeit der spinalen Centren selbst, die wir (in Verbindung mit rasch eintretender Erschöpfung) als Grundlage der sexuellen Neurasthenie ansehen mussten, sowie bei den entsprechenden Formen genitaler Localneurosen, von denen im vorhergehenden Abschnitte die Rede gewesen ist. Bei den nunmehr zu besprechenden Störungen braucht weder die peripherische Reizung noch die spinogenitale Reizbarkeit irgendwie anomal zu sein; es sind vielmehr die vom psychischen Organe zum spinalen Erectionscentrum hingelangenden (centrifugalen) Erregungen abnorm stark oder abnorm häufig, oder es sind die Hemmungen vermindert, die innerhalb des psychischen Centralorgans selbst durch Erweckung ableitender und direct entgegenwirkender Vorstellungen das Zustandekommen sexueller Erregungimpulse erschweren und hindern. Anatomisch verständlicher werden uns diese centrifugalen Erregungen und Hemmungen durch den Nachweis von peripheriewärts verlaufenden Bahnen in Pons und Pedunculus, deren Reizung bei Thieren Erection zur Folge hat (ECKHARD); diese Bahnen stammen wahrscheinlich aus Gebieten der Grosshirnrinde, die, wie wir wissen, auf Gefässweite und Blutfüllung in den verschiedensten Körperprovinzen hemmend oder fördernd einzuwirken vermögen. Es wird dadurch erklärlich, wie ein erotischer Bewusstseinsinhalt durch centrifugale Erregungübertragung auf Erectioncentrum und Nervi erigentes Orgasmus und Erection zur Folge hat, während umgekehrt durch Ableitung der Vorstellungen von der sexualen Sphäre oder durch Herbeiziehung anterotisch wirkender Vorstellungen bis zu einem gewissen Grade sogar willkürlich das Zustandekommen des Orgasmus verhindert und unterdrückt wird.

Bei den als excessive Libido, als Satyriasis beim männlichen, als Nymphomanie beim weiblichen Geschlechte bezeichneten Hypererosien überwiegen also im Vorstellunginhalt die sexual reizenden erotischen Vorstellungen; sie werden durch abnorm zahlreiche, selbst durch anscheinend ganz ferne und gleichgültige Ideenassociationen bereits nachdrücklich hervorgerufen, und es kommen entgegengesetzt wirkende Vorstellungen, mögen sie in Scham, Furcht vor den Folgen, in rechtlichen, sittlichen, ästhetischen Bedenken oder worin immer bestehen, gar nicht oder nicht in genügender Weise zur Geltung.

Natürlich müssen von den unzweifelhaft krankhaften Zuständen der Libido nimia, der Satyriasis und Nymphomanie allmähliche Uebergangsstufen auf das normale oder noch der normalen Breite naheliegende Gebiet hinüberführen. Dabei wird die pathologische Grenzlinie je nach Alter, Temperament, Lebensverhältnissen, nach der gesammten Einzelpersönlichkeit grossen, individuellen Schwankungen unterliegen. Dazu kommt, dass auch bei dem nämlichen Individuum der Zustand sehr wechselnd sein kann. Die krankhafte Steigerung des Geschlechtstriebes kann bald mehr chronisch, continuirlich, bald periodisch, intermittirend, aber sogar in Form paroxysmatischer Anfälle (u. A. als Aequivalent epileptischer Anfallsformen) auftreten. LOMBROSO in seinem berühmten Hauptwerke (L'uomo delinquente) hat schon vor Jahren sogar die Ansicht geäussert, dass alle frühreifen und eigenthümlichen Satyriasiker verlarvte Epileptiker seien; eine Annahme, die Manches für sich hat und auch durch neuere, von ihrem Autor hinzugefügte Beobachtungen (Neue Fortschritte in den Verbrecherstudien, Leipzig 1894, p. 264) unterstützt wird. Jedenfalls sind gerade diese paroxysmalen Formen klinisch und forensisch von besonderer Tragweite, da sie zuweilen mit völlig blindem, brunstartigem Drange bis zu zerstörender Wuth (Drang zu Verstümmelungen, Mord u. s. w.), mit abgeschwächtem oder ganz fehlendem Bewusstsein, mit Amnesie einhergehen. Sie bilden so den Uebergang zu den „Sittlichkeitsverbrechern" und stehen mit gewissen, später zu erörternden schweren Formen der activen Algolagnie, des „Sadismus" in naher Berührung. Dem verminderten oder aufgehobenen Bewusstsein bei diesen Satyriasisanfällen entspricht auch die völlige Wahllosigkeit in Bezug auf die benutzten Objecte und der gänzliche Mangel sowohl des Ermüdungs- wie des Befriedigungsgefühls, die dem gewöhnlichen Coitus folgen. Es ist ein sexualer Zustand vergleichbar der Akorie bei thierischem Heisshunger. Die völlige Repulsion jedes moralischen Gefühls und überhaupt jeder dem beherrschenden Triebe entgegenwirkenden Vorstellung kann so weit gehen, dass alle in den Weg kommenden weiblichen Individuen ohne die geringste Rücksicht auf Alter, Gebrechlichkeit, Blutsverwandtschaft, die eigene Mutter und Schwester in diesem „erotischen Delirium" blindlings attaquirt werden. Sind gar keine weiblichen Individuen zur Hand, so kann es unter Umständen auch zu päderastischen oder sodomitischen Handlungen kommen. Häufiger entladet sich die angesammelte Erregung in solchen Fällen durch ununterbrochenes Manustupriren, das bei älteren Individuen mit schon gesunkener Potenz auch wohl von vornherein die Stelle des Coitus einnimmt.

Paroxysmale Aeusserungen krankhaft gesteigerten Geschlechtstriebes werden, von den epileptischen Zuständen abgesehen, bei Männern auf der Höhe maniakalischer Erregung, bei periodischem Irresein, bei den Erregungszuständen im Verlaufe paralytischer Demenz — dann aber auch nach Kopftraumen und bei gewissen cerebralen Herdaffectionen (Tumoren, namentlich des Cerebellum oder des Pons) zuweilen beobachtet. — Beim angeborenen Schwachsinn wie auch bei den verschiedenen Arten functioneller Demenz sind derartige Paroxysmen, namentlich in ihrer gewaltsameren Bethätigungsweise, ausserordentlich selten. Bei Idioten und bei hereditär schwer belasteten Individuen kommen allerdings zuweilen schon in früher Jugend überraschend brutale Unzuchtdelicte, Attentate auf nahe Verwandte u. s. w. vor, die entschieden hierher gerechnet werden müssen (eine derartige Scene ist in ZOLA's „l'argent" geschildert). In der Mehrzahl der Fälle führt die krankhafte Steigerung des Geschlechtstriebes hier nur zu Onanie, gelegentlich auch zu schamlosen Acten mit Thieren, und zu Exhibitionen.

Die chronische, mehr continuirliche Form der Satyriasis kann auch bei einem Theile der genannten Gehirnkrankheiten vorkommen; ausserdem als cerebrales Erschöpfungssymptom bei gereifteren, meist schon älteren Männern, die durch eine Schule aller möglichen Ausschweifungen hindurchgegangen sind und deren Vorstellungskreis ganz und gar mit Bildern und Phantasien aus der sexualen Sphäre bevölkert ist. Hier findet sich daneben zuweilen jener als Priapismus beschriebene Zustand tonischer Erection und eines anhaltenden Orgasmus, während in nicht wenigen anderen Fällen die Potenz schon namhafte Einbusse erlitten hat, und daher nur noch durch symbolische oder perverse Acte algolagnistischer Natur (vgl. u.) Befriedigung stattfindet. Hierher gehörige Typen findet man zahlreich unter den Helden der de Sade'schen Romane, deren Verfasser anscheinend selbst zu dieser Categorie zählte. Der von Gattin und Kindern schliesslich ermordete Vater der Beatrice Cenci wäre, einzelnen allerdings bestrittenen zeitgenössischen Schilderungen zufolge, vielleicht als ein typischer Fall dieser Art zu betrachten. —

In ganz analoger Weise wie die Satyriasis der Männer erscheint die Nymphomanie als Symptom degenerativ-neuropathischer Veranlagung oder als Zeichen directer Hirnerkrankung und Psychose bei Weibern. Damit ist natürlich nicht ausgeschlossen, dass nicht auch bei vorhandener Disposition durch peripherische genitale oder sonstige Reizzustände das Uebel gelegentlich gesteigert oder paroxysmell hervorgerufen werden könnte. In der Regel dürften aber solche peripherische Gelegenheitanlässe ganz fehlen oder doch nur eine völlig untergeordnete Rolle spielen, wenn man nicht etwa das Verhältniss von Ursache und Wirkung umkehrt und z. B. excessive und perverse Coitus-Ausübung oder onanistische Reizungen, die ja an sich vielfach Ausdruck des ins Krankhafte gesteigerten Sexualtriebes sind, ihrerseits wiederum als causales Moment erotomanischer oder nymphomanischer Zustände hinstellt. Noch verkehrter ist es, Nichtbefriedigung des Geschlechtstriebes, erzwungenes Cölibat u. s. w. als Ursache von Nymphomanie zu bezeichnen.

Die Aeusserungen des krankhaft gesteigerten Sexualtriebes können in ihrer Wildheit und keine Schranken erkennenden Rücksichtslosigkeit ganz den oben bei Männern geschilderten entsprechen, wenn auch die Verhältnisse ja in der Regel den Opfern der Nymphomanie grösseren Zwang auferlegen, als denen der Satyriasis. Wo sie sich freien Lauf geben können, wie gerade in den höchsten und tiefsten Gesellschaftschichten, sehen wir alle Schranken oft genug übersprungen. Ihr bekanntester Typus, allerdings vielleicht mehr noch dichterischer Phantasie und tendenziöser Geschichtfälschung als der ächten geschichtlichen Wirklichkeit angehörig, ist jene Messalina, die vom Kaiserpalast ins Bordell schleicht, dort die ganze Nacht verweilt, als die letzte aller Insassinnen „von den Männern ermüdet, aber nicht gesättigt" am späten Morgen scheidet

„et lupanaris tulit ad pulvinar odorem".

Auch Mittelalter und Neuzeit haben solche Messalinen unter den Spitzen der Gesellschaft, selbst auf Thronen gesehen. [1]) Der psychologischen Betrachtung bieten sie unzweifelhaft ein anregendes und interessantes Object, so schwer im einzelnen Falle auch festzustellen sein mag, wieviel als Folge degenerativer Krankheitbelastung, wieviel als Folge ganz exceptioneller, in Lebensschicksalen und Umgebung begründeter Verhältnisse angesehen werden muss. Bei Verbrecherinnen und bei Prostituirten mit verbrecherischer Veranlagung ist, wie neuerdings besonders LOMBROSO in seinem Buche „la donna" entwickelt hat, ein abnorm gesteigerter Geschlechtstrieb nicht selten, der sich schon in frühester Jugend geltend macht, so dass in ziemlich zahlreichen Fällen die brünstigen Aeusserungen des Sexualtriebes in Form exhibitionistischer Entblössung, unzüchtiger Manipulationen mit Männern (Knaben) u. s. w. dem Auftreten der Menstruation um viele Jahre voraufgehen. Die Marquise de Brinvilliers, die berühmte Giftmischerin, hat nach ihren hinterlassenen Bekenntnissen zu 6 Jahren mutuelle Masturbation mit ihrem Bruder getrieben und sich mit 8 Jahren defloriren lassen. Andere haben letzteres schon mit 5 Jahren fertig gebracht und konnten sich, gleich der Quartilla im Satiricon des Petronius, „nicht erinnern jemals Jungfrau gewesen zu sein" („non memini,

---

1) Man denke an die landläufigen Erzählungen über Margarethe von Burgund, über Johanna die Erste von Neapel, sowie über jene Margarethe von Valois, die anerkanntermaassen mit ihren drei Brüdern im Incest lebte und, wie das „divorce satirique" zu melden weiss, „seit ihrem zwölften Jahre sich Keinem je versagte".

unquam virginem me fuisse"). — Uebrigens gehört gerade bei gewerb-
mässigen Prostituirten das Vorkommen eines abnorm starken Geschlechtstriebes eher zu den Ausnahmen; hier ist das Umgekehrte, wenigstens im
heterosexuellen Verkehr, weit häufiger, da für die Mehrzahl dieser Unglücklichen wenigstens nach längerer Ausübung ihres Handwerks der Geschlechtsverkehr mit Männern eine wahre Corvée ist. Sehr geistreich lässt
Fannie Gröger in der fein ersonnenen Novelle „Adhimukti"[1]) die letzte
der Bajaderen, die durch ihre Hingebung den König und das Land er-
retten muss, dieses Opfer nur unter der Bedingung bringen, dass ihr die
Fee Mitiga den Wunsch gewährt „den Rest ihres Lebens ganz allein zu
schlafen". —

Für Prognose und Therapie ist zwischen den leichteren und
schwereren Formen der Hypererosie zu unterscheiden. Bei den ersteren
handelt es sich, nach dem Ausdruck eines französischen Autors, oft mehr
um eine „Temperamentsfrage"; hier ist je nach Lage der Dinge dem sich
verfrüht oder ungestüm äussernden Geschlechtsdrange durch pädagogische
Vorbeugung- und Zuchtmittel, durch Abhärtung, körperliche und geistige
Ableitung, durch eine angemessene Regelung des Geschlechtsverkehrs in
der Ehe — in anderen Fällen wohl auch durch Auflösung einer aussichts-
losen und verfehlten Scheinehe, nach Möglichkeit zu begegnen. Die
schwereren Formen der eigentlichen „Satyriasis" und „Nymphomanie", die
durchaus dem Gebiete psychischer Krankheitzustände, besonders der perio-
dischen Manie, des epileptischen Irreseins, der Demenz u. s. w. angehören.
geben dem entsprechend eine ziemlich ungünstige Prognose. Sie können
mit einiger Aussicht auf Erfolg nur in Anstalten, die eine strenge Ueberwachung und Clausur der Kranken gestatten, überhaupt behandelt werden,
und es ist eine frühe Internirung derartiger Kranken um so mehr anzurathen,
als diese nach der Natur ihres Leidens besonders leicht durch Begehen von
Excessen und Sittlichkeitverbrechen mit dem Strafgesetz in Conflict kommen
können. Für die Anstaltbehandlung muss neben einem allseitig geregelten
hygienischen Verhalten der Gebrauch beruhigender hydrotherapeutischer
Proceduren und die vorsichtige Anwendung sedirender und hypnotischer Mittel — Opium, Hyoscyamus, Chloral — meist den Hauptfactor
bilden.

2. Abnorme Verminderung des Geschlechtstriebes (Hyperosie. Hypolagnie).

Das psychische Wesen dieser Störung ergiebt sich unmittelbar aus
dem Gegensatz zur vorigen. Ihr krankhafter Charakter ist allerdings, der
Natur der Sache gemäss, im Allgemeinen viel weniger deutlich hervor-
tretend. Man kann das, um was es sich hier handelt, als sexuale
Appetitlosigkeit bezeichnen. Eine Appetitlosigkeit erscheint uns aber.
vielleicht mit Unrecht, meist weniger anomal oder jedenfalls weniger auf-

---

1) Berlin, S. Fischer, 1895 (pag. 48).

fällig, als der nicht zu sättigende krankhafte Heisshunger. Wer keinen Appetit hat, speist eben nicht und sieht, wenn er sonst guten Charakters ist, gemüthsruhig zu, wie die Anderen speisen. Ernster würde die Sache erst werden, wenn er durch seine Appetitlosigkeit in Gefahr des Verhungerns geriethe, oder wenn die Sorge, die er sich deswegen macht, zu schweren hypochondrischen Erscheinungen Veranlassung gäbe. Nun, an ein sexuelles Verhungern, zumal bei nur herabgesetzter, nicht ganz fehlender Libido, ist glücklicherweise nicht zu denken; die Gefahren der sexuellen Abstinenz als solcher hat man wohl, wie wir schon früher sahen, im Allgemeinen überschätzt — am ungefährlichsten wird sie aber gewiss gerade in den Fällen sein, wo eben der mangelnden Libido wegen centrifugale Anregungen auf das genitospinale Centrum überhaupt nicht oder nicht in nennenswerthem Maasse geübt werden. Natürlich ist hier ganz und gar abzusehen von jenen Zuständen, wobei der völlige Mangel heterosexueller Libido durch homosexuelle Neigungen ersetzt wird, wobei es sich also um die — später zu erörternden — Erscheinungen der inversen oder sogenannten conträren Sexualempfindung handelt. Ebenso sind auch die Fälle auszuschliessen, bei denen die Verkümmerung des Geschlechtsinns als natürliche Folge angeborenen oder erworbenen Defectes der peripherischen Organe betrachtet werden kann (Hermaphroditen und Eunuchen). Die bei Castraten gemachten Erfahrungen lehren übrigens, dass die Libido wenigstens noch längere Zeit nach der Hodenexstirpation fortbestehen kann; und die pathologische Beobachtung ergiebt andererseits, dass die der Sterilität des Mannes zu Grunde liegenden Zustände der Azoospermie und des Aspermatismus das Vorhandensein einer öfters erheblichen Libido nicht vollständig ausschliessen. Entsprechende Erfahrungen sind auch bei Frauen, bei denen nach doppelseitiger Castration nicht nur das sexuelle Bedürfniss, sondern sogar das Ejaculationgefühl fortdauerten, mehrfach gemacht werden.

Wir müssen also annehmen, dass, wenn Libido gänzlich fehlt oder in krankhafter Weise herabgesetzt erscheint, die directe Ursache dieser Störung immer im Gehirn zu suchen ist, mag es sich nun dabei um eine originär defectiv veranlagte oder im Verlaufe anderweitiger Krankheitszustände pathologisch geschwächte Hirnfunction handeln. Angeborener selbst völliger Mangel der Libido wird bei erblich degenerativ Belasteten — erworbene Störung bei functionell und organisch bedingten Psychosen, sowie auch bei anderweitigen cerebralen Herderkrankungen, bei chronischen Toxonosen und Erschöpfungszuständen nicht selten beobachtet. Bei gewerbsmässig Prostituirten ist, wie schon bemerkt wurde, weit häufiger der Zustand abgeschwächter Sexualität (sexuale Hypästhesie, oder Hyperosie) als der entgegengesetzte Zustand eines ins Krankhafte gesteigerten Geschlechtstriebes anzutreffen; selbst anscheinend völlige sexuale Anästhesie kann vorhanden sein, freilich auch in der Ehe; die „filles de marbre" finden ihr eheliches Gegenstück in der

„femme de glace". Immer aber ist anzunehmen, dass es sich in solchen
Fällen entweder um neuropathisch veranlagte Naturen handelt, oder um
eine Art von psychosexualer Entwickelunghemmung — ein Zurückbleiben
auf der Kindlichkeitstufe des Sexualgefühls; um „sexualen Infantilismus".
Häufig genug mag es sich dabei freilich nicht um einen absoluten, sondern nur um einen relativen Defect handeln; es ist nur eben nicht der
rechte Siegfried gekommen, um die verzauberte Brunhild zu erlösen![1])
Fälle der letzteren Art entziehen sich natürlich der ärztlichen Competenz;
der Arzt kann eben nicht gegen jedes Lebensunglück Heilmittel parat
halten, und am wenigsten kann er mit Medicamentenkram oder faradischem
Pinsel dagegen zu Felde ziehen wollen, wie Autoren es thun, denen es
freilich begegnet, das Daniederliegen des geschlechtlichen Triebes mit
fehlendem Wollustgefühl, Anerosie mit Anaphrodisie zu confundiren. Auch
von localen gynäkologischen Eingriffen, zu denen die in solchen Fällen oft
vorhandene Sterilität ausgiebigen Anlass bietet, ist natürlich irgend ein
entsprechender Nutzen nicht zu erwarten.

b. Qualitative Anomalien des Geschlechtstriebes und der Geschlechtsempfindung. (Sexuelle Perversionen; Parerosien.)

1. Heterosexuelle Anomalien und Aberrationen.

Wir fassen hier das Meiste von dem zusammen, was sich auf die
heterosexuellen Anomalien und Perversionen der Geschlechtsempfindung und Geschlechtsbefriedigung bezieht — mit Ausschluss der sich in gewaltsamen und grausamen Acten („sadistisch",
„algolaguistisch") bethätigenden Antriebe, die übrigens in gleicher
Weise dem heterosexuellen wie dem homosexuellen Verkehr (der Sphäre
der „conträren" oder „inversen" Sexualempfindung) zukommen. Nicht
alles, was sich dem obigen Titel einordnen lässt, ist als Ausfluss krankhaften Störung im ärztlichen Sinne zu betrachten. Ein gewisser Spiel-
raum physiologischer Breite muss auf erotischem Gebiete den individuellen Gelüsten und Geschmackrichtungen unbedingt gewahrt bleiben,
selbst wo sie uns als geschmacklos, frivol, widerlich, meinetwegen auch
als verwerflich und „unmoralisch" entgegentreten. Geschmacklos und unmoralisch sind ja nicht identisch mit dem im ärztlichen Sinne Krankhaften! Und die blosse Abweichung oder „Abirrung" vom Einfachen,
Naturgemässen, Normalen kennzeichnet sich für uns vom Naturleben in

---

1) Man kann von Frauen oft genug hören, dass sie in der Umarmung ihrer
Männer nie etwas empfunden hätten. Das ist aber natürlich kein Beweis, dass sie
„naturae frigidae" sind, sondern dass der Mann nicht verstanden hat auf diesem Instrumente zu spielen, oder auch — dass sie dem Arzte gegenüber mit diesem Be-
kenntniss einfach posiren. (Vgl. p. 77).

jeder Beziehung so himmelweit entfernte und entfremdete Culturmenschen noch lange nicht als „pathologisch". Man müsste sonst in analoger Weise auf dem vielfach verwandten gastronomischen Gebiete die Feinschmeckerei, die Blasirtheit und die Paradoxie des Geschmacks für „krankhaft" erklären, die, statt sich mit dem „Einfachen" und „Natürlichen" zu begnügen, ihre Mockturtle-Suppe scharf mit Cayenne-Pfeffer gewürzt, ihr Wildpret très faisandé, ihre Rebbühner „aux truffes" und sogar ihre Hühner und Schnitzel mindestens stark papricirt will!

Auch auf dem erotischen Gebiete machen sich Gourmandise und abgestumpfte Blasirtheit, machen sich Verlangen nach neuen, fremdartigen und scharf pimentirten Reizen, nach einem novum atque inauditum, einem ἅπαξ λεγόμενον der Liebe und des Genusses bei einer gewissen Culturhöhe, die vermuthlich schon dem Verfall zuneigt, mehr und mehr geltend. Dass dieser Hang in unserer Zeit, die sich mit Bewusstsein, ja mit Stolz eine Zeit der décadence nennt, im Leben wie in der Literatur und Kunst besonders stark und oft unerfreulich hervortritt, kann ernste Beobachter und Kenner der schweren organischen Schäden unseres Gesellschaftkörpers nicht überraschen. Soll man diesen Hang ohne Weiteres krankhaft nennen? In seinen gewagtesten Ausschreitungen, seinen frechsten Extravaganzen gewiss; aber wo ist die Grenzlinie zu ziehen? Hören wir beispielsweise einen Vertreter allermodernster Literaturrichtung, den unzweifelhaft geist- und talentvollen HERMANN BAHR, der sich persönlich aus dem Deutschen ins Ultra-Pariserische oder Boulevardistische übersetzt zu haben vermeint, über seine Stellung zu dem mit Vorliebe erörterten erotischen Problem in folgender Art monologisiren („Russische Reise", S. 127):

„Drittens suche ich in der Geliebten bloss die donneuse de plaisir. Wenn ich schon noch einmal verlockt werden soll, muss der Betrug gelingen, als ob dieses besondere Instrument mir auch ganz unerhörte Begierden erwecken und erfüllen könnte. Eine phantastische, unnatürliche und macabre Wollust muss irgend etwas verrathen. Schwüle Hallucinationen von vices très faisandés muss sie in mir rühren. Fieber nach der sensation rare, nach der jouissance inédite ist mir die Liebe. Darum gerathe ich immer mehr ins Monströse". Und an etwas späterer Stelle (S. 132) malt der Verfasser seine Zukunftshoffnungen einer künftigen radicalen Wandlung und Vervollkommnung der Geschlechtsbeziehungen, die aber erst nach einem Hindurchwaten durch den ganzen Pfuhl raffinirter Ausschweifungen Verwirklichung finden könne, eifert gegen die „plumpe und gemeine Sünde", die „groben Sinne" u. s. w. und träumt von einer „ungeschlechtlichen Wollust", einem „Ersatz der gemeinen erotischen Organe durch die feineren Nerven", der vorher auch als „freie Sünde der einsamen Gehirne" definirt wurde, und als die dem zwanzigsten Jahrhundert vorbehaltene grosse Entdeckung „des dritten Geschlechtes zwischen Mann und Weib, welches die männlichen und weiblichen Instrumente nicht mehr nöthig hat, weil es in seinem Gehirn alle Potenzen der getrennten Geschlechter vereinigt, und lange gelernt hat, das Wirkliche durch den Traum zu ersetzen".

Die Sache würde also auf eine Art von vergeistigtem Onanismus hinauslaufen. Man sieht, hier spannen sich die luftigen Brücken, die von potenzirter und überverfeinerter Sinnlichkeit, von Unnatur und Antinatur zum Uebersinnlichen, Ueberuatürlichen, Transcendentalen hinüberführen; ins Traumreich erotischer Mystik und Metaphysik. Uebrigens kein ganz neues Gebiet, schon zur Zeit der Romantiker und des jungen Deutschlands von den Autoren der „Lucinde" und „Wally" und ihren Epigonen schüchtern betreten; freilich sind die auf Entdeckungsreisen ausziehenden modernen Nervenvirtuosen hier viel weiter vorgedrungen und denn auch glücklich zu so erstaunlichen Resultaten gekommen, wie sie uns u. A. MAX NORDAU in den zwei Bänden seiner „Entartung" an hervorragenden literarischen Vertretern vor Augen führt. Leider haben wir im Leben mit solchen Zeitströmungen und Moderichtungen und mit den daraus sich ergebenden socialen Producten alles Ernstes zu rechnen. Aerzte, wenigstens Nervenärzte und Psychiater thäten daher gut, sich um jenen Zeitspiegel, den uns die ausländische und einheimische Literatur vorzuhalten pflegt, etwas mehr zu bekümmern.

— — — —

Geschlechtlicher Picacismus.

Mit diesem an die eigenthümlichen Perversionen des Geschmacksinns („pica") erinnernden Ausdruck mögen jene Anomalien des heterosexuellen Verkehrs bezeichnet werden, die auf allerlei absonderliche Gelüste, auf eine von der natürlichen ganz und gar verschiedene oder mit theilweise raffinirten Vor- und Zubereitungen u. s. w. verbundene Ausübung des Geschlechtsactes hinauslaufen, wobei aber der pathologische Charakter noch nicht in so deutlich ausgesprochener Weise hervortritt. Der activeren und aggressiveren Rolle des Mannes im heterosexuellen Verkehr entsprechend sind diese anomalen Gelüste und Idiosynkrasien beim männlichen Geschlechte weit häufiger und stärker entwickelt, oder — wir erfahren wenigstens von ihnen viel mehr, so dass wir uns in diesem wie auch im folgenden Abschnitt mit masculinen Verirrungen und Perversionen hauptsächlich zu beschäftigen haben.

Allen derartigen Launen und Bizarrerien erotischer Monomanen, allen „singularités de l'amour" nachzuspüren und in ihre geheimsten Schlupfwinkel hineinzuleuchten, wäre vielleicht anthropologisch und sociologisch interessant, aber für die medicinische Wissenschaft ziemlich werthlos. Eine systematische Darstellung dieser Dinge gehört mehr in die „Elephantidos libelli", in die Lehrbücher eines Aretino und einer Aloisia Sigea, als in die Neuropathia und Psychopathia sexualis. Das moralisch und ästhetisch mehr oder weniger Anstössige kann vom pathologischen Standpunkte aus verhältnissmässig irrelevant sein. Zu allen Zeiten hat es offenbar nicht an

---

1) MAX NORDAU, Entartung, 2. Auflage. Berlin 1893.

Männern gefehlt, die den sicher sehr „verkehrten" Geschmack besassen, auch im heterosexuellen Verkehr die Ausgangspforte des Verdauungscanals (und nicht minder dessen Eingangspforte) vor den Organen des naturgemässen Geschlechtsgenusses zu bevorzugen. Schon bei Aristophanes (Frieden 849) findet sich eine unverblümte Anspielung darauf, wenn dem Bräutigam Trygaios gemeldet wird:

$$\tilde{\eta} \; \pi\alpha\tilde{\iota}\varsigma \; \lambda\acute{\epsilon}\lambda o\upsilon\tau\alpha\iota \; \varkappa\alpha\grave{\iota} \; \tau\grave{\alpha} \; \tau\tilde{\eta}\varsigma \; \pi\upsilon\gamma\tilde{\eta}\varsigma \; \varkappa\alpha\lambda\acute{\alpha}.$$

In der décadence des römischen Kaiserthums muss die Zahl der Liebhaber der „paedicatio" und „irrumatio" auch im heterosexuellen, selbst im ehelichen Verkehr erheblich zugenommen haben. Eine Menge von Epigrammen des Martial sprechen davon wie von etwas ganz Alltäglichem; ich erinnere nur an die beiden in ihrem Gegensatz so scharf pointirten Gedichte XI. 43 und 104, und an XI. 78, das ebenso obscön wie witzig die Verlegenheiten und Schwierigkeiten eines nur in päderastischen Antecedentien herangereiften Bräutigams schildert[1]) (eine ähnliche Anspielung auch in Priapeia, 2).

In späterer Zeit wurde es kaum besser; die Circuskünstlerin und nachmalige Kaiserin Theodora ist sogar mit ihren drei Orificien nicht zufrieden und beklagt sich (nach Procop) über die Kärglichkeit der Natur, die nicht auch die Brüste zu gleichem Gebrauche eingerichtet habe.[2]) Die Kirche verbot mit ihren schwersten Strafen das, was der Apostel Paulus im Römerbrief den „widernatürlichen Gebrauch" des Weibes nennt; wie es scheint, ohne sonderlichen Erfolg. Besonders in südlichen und orientalischen Ländern scheint die „paedicatio" nebst sonstigen schlimmen Gewohnheiten im heterosexuellen, auch im ehelichen Verkehr vielfach gehaust zu haben; die Ehemänner entschuldigten sich wohl mit der an den Geschlechtstheilen der Südländerinnen frühzeitig eintretenden, den Frictionsreiz vermindernden Erschlaffung. Doch kann dieser Umstand nicht als alleiniger Erklärungsgrund gelten; päderastische Neigungen und Unsitten kamen unzweifelhaft dazu, in neuester Zeit auch das Eindringen malthusianischer Bestrebungen, wobei dann allerdings der auf diesem Wege vollzogene Coitus den allersichersten Schutz gegen Conception darbot. Tardieu berichtet von analem Coitus auch bei Ehefrauen mehrfache Beispiele, die wegen der damit verbundenen Misshandlungen und Verletzungen forensisch anhängig wurden (vgl. in der 5. Auflage des Tardieu'schen Buches die Beobachtungen 1—4, p. 251—253). Mir selbst sind mehrere Fälle bekannt

---

1) „Paedicare somel cupido dabit illa marito,
Dum metuit teli vulnera prima novi.
Saepius hoc fieri nutrix materque vocabunt,
Et dicent: uxor, non puer, ista tibi est.
Heu quantos aestus, quantos patiere labores,
Si fuerit cunnus res peregrina tibi!" u. s. w.

2) „Sed et triplici aditu Venerem excipiens de natura querebatur, aegre ferens quod papillas ipsi laxius non aperuisset, ut et illae nimirum virum posset admittere".

geworden, in denen Scheidungsanträge von Frauen gestellt und wesentlich
darauf begründet wurden, dass der Ehemann (angestrebter Kinderlosigkeit
wegen) den Beischlaf im After bei ihnen versucht und factisch ausgeübt habe. Wahrscheinlich wäre die gerichtsärztliche Casuistik an derartigen Beispielen auch bei uns weit reicher, wenn nicht der erste Coitus-
versuch dieser Art den Frauen meistens so schmerzhaft und wider-
wärtig wäre, dass sie ihre Männer nöthigen, auf Wiederholungen ein
für allemal zu verzichten. Uebrigens muss zugegeben werden, dass auch
das Entgegengesetzte vorkommt, d. h. dass es Frauen giebt, die mit besonderer Neigung und Vorliebe für diese sodomistische Form des Coitus
ausgestattet sind; namentlich sollen sich in den Bordellen nicht selten
gesuchte Specialistinnen des analen Coitus finden, die vielleicht aus irgend
welcher localpathologischer Ursache den natürlichen vaginalen Verkehr
scheuen und perhorresciren.

Während also paedicatio, irrummatio, die auch vorkommende Ausübung
des Coitus zwischen den Brüsten, in den Achseln u. s. w. wesentlich als
Aeusserungen geschlechtlichen Raffinements zu beurtheilen sind und jedenfalls eine noch recht stattliche Virilität erheischen, sind dagegen andere
Abnormitäten des heterosexuellen Verkehrs insofern beachtenswerth, als
sie meist wohl eine verminderte und durch Kunstmittel anzu-
stachelnde Potenz zur Voraussetzung haben. Dahin dürften besonders
die weit verbreiteten Gelüste bei Männern zu rechnen sein, sich die Geschlechtstheile von Weibern bearbeiten, manustupriren („polluer") und saugen
(nach dem Kunstausdruck „gamahuchiren") zu lassen. Die Ausüberin
solcher Künste, die „fellatrix" der Römer, die „suceuse" und „gama-
hucheuse" des heutigen Seinebabel, spielte von je in der Praxis alternder
Wüstlinge eine vielbegehrte und vielbezahlte Rolle. Häufig müssen halb
unreife Mädchen diese kniende Leistung — „petites agenouillées" ist
die characteristische Bezeichnung solcher früh verdorbenen Geschöpfe —
verrichten; aber auch die gereiftere Liebeskünstlerin kann sich der gleichen
unbequemen Function nicht entziehen. Zola hat eine solche Scene im
„L'argent" deutlich genug geschildert. Andere Männer finden umgekehrt
im Suciren der weiblichen Genitalien („cunnilingus") vorzugsweise Befriedigung und Erregung. Diese Practiken der „pollution labiale" sind,
wie im alten Rom, so auch in modernen Grossstädten, trotz der damit verbundenen üblen Folgen überaus beliebt und verbreitet. [1] Von derartigen

---

1) „Rien n'arrête les jeunes gens, les hommes mûrs et les vieillards, qui en ont
pris l'habitude; quels que soient les ravages qui en sont la suite inévitable, malgré
la perte de la mémoire et l'affaiblissement des facultés intellectuelles qui en résultent
au bout de peu d'années, malgré la menace constante d'une terrible maladie de la
moelle épinière on d'une paralysie du cerveau, les individus qui ont contracté ce vice
s'y adonnent avec frénésie; c'est pour eux un besoin irrésistible, ils n'éprouvent
plus de plaisir dans l'acte copulatif ordinaire" (Taxil, la corruption fin de
siècle, 1894. p. 222).

Proceduren spinnen sich dann die Uebergänge zur activen und passiven Flagellation, bei der es sich ja auch in erster Reihe um angestrebte aphroditische Zwecke und Wirkungen handelt. In die nämliche Categorie gehören noch unzählige, zum Theil ganz unwahrscheinlich und phantastisch klingende Bizarrerien. Mir wurde ein Fall von einem in Paris lebenden Grafen berichtet, der seiner Frau oder Maitresse zur Zeit, wo diese die Menses hatte, eine Erdbeere oder sonstige Frucht in die Genitalien einführte und nach Verzehrung der Frucht sexuell aufgeregt und potent wurde, während er es unter anderen Umständen nicht war. Ein anderer Herr erreichte dasselbe Ziel nur, wenn seine Geliebte sich vor seinen Augen den Bauch blau anstreichen liess. Ein Dritter musste, um potent zu werden, während der Gegenstand seiner Begierde auf einem Teppich am Boden lag, mehrere ganz nackte Weiber mit brennenden Lichtern im Hintern um sich herumtanzen sehen. Die Zahl derartiger erotischer Curiosa liesse sich, zumal wenn man die in den „Maisons de tolérance" gesammelten Erfahrungen darüber ausnutzen wollte, noch unendlich vermehren.

Geschlechtlicher Symbolismus.

(Fetischismus, Exhibitionismus, Pygmalionismus, Nekromanie u. s. w.).

Dem pathologischen Gebiete ganz und gar angehörig ist jene sehr grosse und bunt zusammengewürfelte Gruppe heterosexueller Aberrationen, die das gemeinschaftlich hat, dass an Stelle des eigentlichen adäquaten Sexualreizes, als Aequivalente dafür, eigenthümliche, scheinbar paradoxe, aber doch bestimmten sexualen Ideen-Associationen entspringende oder wenigstens irgendwie damit zusammenhängende Reizvorstellungen treten. Hier ist einerseits gewöhnlich eine Abschwächung der Potenz vorhanden, die den eigentlichen Coitus gar nicht mehr aufkommen lässt, wohl aber oft noch masturbatorische Befriedigung gestattet; andererseits machen sich gewisse Störungen meist auf degenerativer Grundlage in der psychosexualen Empfindung- und Vorstellungsphäre bemerkbar, die zu — ebenfalls den pathologischen Zug deutlich an sich tragenden — pseudosexualen Erregungimpulsen Veranlassung geben. Die oft höchst eigenartigen und individuell mannigfaltig nuancirten Ideen-Associationen dieser Leute scheinen also mehr oder weniger als Endziel eine Art von mimicry des wirklichen Geschlechtsactes, eine sozusagen symbolische Form der Geschlechtsbefriedigung im Auge zu haben. Man könnte das Ganze demnach als geschlechtlichen oder erotischen Symbolismus bezeichnen.

Ein besonders hervortretender Zug ist nun bei vielen Erscheinungen dieser Gruppe dasjenige, was man mit KRAFFT-EBING als Fetischismus zu benennen pflegt. Der „Fetischist" setzt nämlich gewissermaassen den Theil fürs Ganze, und macht sich aus einem einzelnen Körpertheile seinen „Fetisch" zurecht, dem er in den betreffenden symbolischen Sexualacten eigenthümliche Cultushandlungen entgegenbringt; so z. B. bilden der weibliche Fuss, die weibliche Hand, das weibliche Haar sehr beliebte Fetische (auch die concentrirte Verehrung des weiblichen Geschlechtstheils beim Cunnilingus könnte man versucht sein hierherzurechnen). Häufig müssen sich die bevorzugten Körpertheile auch noch in einem die Huldigung des betreffenden Individuums besonders herausfordernden Zustande befinden; der Fuss muss beispielsweise mit weissen oder mit schwarzen Strümpfen, oder mit schmutzigen Schuhen bekleidet, oder überhaupt recht schmutzig, die Hand muss geschwärzt sein u. dgl. (vgl. die unten erwähnten Beispiele). In noch weiterer Verdünnung und Verflüchtigung der ursprünglich zu Grunde liegenden Ideenassociationen sind es dann gar nicht mehr die bedeckten oder unbedeckten Körpertheile selbst, von denen der abnorme Sexualreiz ausgeht, sondern dieser haftet vielmehr ausschliesslich an den von jenen Körpertheilen losgelösten Umhüllungen, überhaupt an Stücken der weiblichen Garderobe, an weisser Frauenwäsche, Spitzen, Taschentüchern, Schürzen, Peignoirs, Nachtmützen, Strümpfen, Schuhen. Diese Objecte werden also leidenschaftlich begehrt und auf jede Weise, selbst widerrechtlich angeeignet, woraus die bekannten Diebstahlsdelicte an weiblichen Taschentüchern, Schürzen und sonstigen Toilettestücken hervorgehen. Die Befriedigung erfolgt dabei an den entwendeten Wäschestücken oft masturbatorisch (vgl. die unten mitgetheilte Beobachtung). Mir ist ein solcher Taschentuchdieb bekannt; ferner ein Anderer, der die Manie hatte, seinen Tänzerinnen einen ihrer — ausgeschnittenen — Ballschuhe zu entwenden, und deshalb in mehrfache Collisionen gekommen war. In diese Categorie dürften auch die sogenannten „Frotteurs" zu rechnen sein, für deren geschlechtliche Befriedigung es genügt, sich im Gedränge der Strassen, der grossen Ladengeschäfte u. s. w. an Frauen zu reiben und sie in unanständiger Weise zu berühren, wobei die hinteren Körpertheile das mit Vorliebe gewählte Angriffsobject bilden. Diese Sorte hatte im vorigen Jahrhundert in Paris ihren typischen Vertreter, der die stadtbekannte Gewohnheit hatte, auf der Strasse vor ihm gehende Damen mit dem Stock hinterwärts zu beklopfen, und als er bei dieser Gelegenheit einmal an die Unrechte, nämlich an die Königin Marie Antoinette gekommen war, sich mit dem Witzwort aus der Affaire gezogen haben soll: „Madame, si Votre coeur est aussi dur que Votre cul, je suis perdu". — Eine andere, ebenfalls noch verhältnissmässig harmlose Spielart dieser erotischen Symbolisten sind die von Zeit zu Zeit auftauchenden „Zopfabschneider" (zumal die Zöpfe ja nicht nothwendig echt zu sein brauchen). Diese Individuen erinnern immerhin schon entfernt an die unheimlicheren Species der „Mädchenstecher" und „Mädchenschneider", und bilden somit den Uebergang zum activen, wie vielleicht der Schuhverehrer zum passiven Algolagnisten (zum KRAFFT-EBING'schen Sadismus und Masochismus).

Eine besonders widerwärtige und schmutzige Abart symbolischer Geschlechtsbefriedigung ist diejenige, die sich mit gewissen Excreten des weiblichen Körpers (Menses, Harn, Faeces) zu thun macht, und sogar die Excretionsvorgänge selbst direct in ihr Bereich zieht (Koprocrosie oder Kopromanie). Hierher kann man schon einen der oben erwähnten Fälle (Genuss von Menstrualflüssigkeit) rechnen. Der Genuss von Harn und Excrementen weiblicher Personen soll wiederholt vorgekommen sein (wie übrigens auch der lesbischen Liebe ergebene Frauen ihren beiderseitigen Harn vermischen und trinken). Schon von Caligula heisst es: „et quidem stercus uxoris degustavit". In Paris soll es Männer geben, die unter dem Namen der „épongeurs" bekannt sind; diese umlauern die für das weibliche Geschlecht reservirten Bedürfnissanstalten, wie sie sich z. B. hinter einzelnen Boulevardtheatern befinden, um, sobald eine Frau dort urinirt hat, sich einzuschleichen, einen kleinen Schwamm mit der auf dem Boden befindlichen Flüssigkeit zu tränken und begierig an die Lippen zu führen. Eine noch erstaunlichere Leistung auf diesem Gebiete bildet das nach TAXIL und DELCOURT in manchen Pariser Bordellen als Specialität gehegte „tabouret de verre", dessen Boden von Glas und so hoch angebracht ist, dass ein Mann sich darunter hinstrecken und mit eigenen Augen davon überzeugen kann, wie die daraufsitzende Dirne ihre Nothdurft verrichtet. (Aehnliche Dinge finden sich übrigens schon in de Sade's Justine, Band I. p. 304 u. s. w.). Die Träger dieser merkwürdigen Passion lassen sich also gerade durch dasjenige sexuell erregen und befriedigen, was der alte Ovid als ein — allerdings zweifelhaftes — remedium amoris betrachtet wissen wollte:

„Quid qui clam latuit reddente obscoena puella,
Et vidit, quae mos ipse videre vetat?" —

Verschmäht man es nicht, diesen Dingen, so widerlich sie sind, psychologisch auf den Grund zu gehen, so bieten sich der Erklärung verschiedene Möglichkeiten dar. Die am nächsten liegende scheint wohl die zu sein, dass, so weit der Geruch weiblicher Excrete dabei eine Rolle spielt, dadurch, sei es direct reflectorisch oder auf dem Umwege übers Gehirn vermöge der angeregten Ideen-Association, geschlechtliche Impulse bei den betreffenden Männern ausgelöst werden. Auch das Auge könnte natürlich, im „tabouret de verre", ähnliche Wirkungen vermitteln. Doch scheint diese Erklärung nicht für alle derartigen Fälle auszureichen, sondern es scheint sich wenigstens bisweilen mehr um eine Art von verdecktem und symbolischem Masochismus zu handeln, wobei die Selbstdemüthigung unter die „Herrin" erstrebt und in der angedeuteten Form zum Ausdruck gebracht wird (vgl. den späteren Abschnitt über Sadismus und Masochismus). —

Eine dieser vorigen einigermaassen nahe stehende Gruppe bilden die sogenannten Exhibitionisten, deren sexuale Befriedigung darin besteht, vor weiblichen Personen ihre Geschlechtstheile und andere für die Oeffentlichkeit eben so wenig geeignete Körpertheile zu entblössen, oder wohl auch gewisse damit zusammenhängende Acte, wie Masturbation, Urinexcretion u. s. w. zugleich zu verrichten. Der besondere Trieb, die hinteren Körpertheile („la partie risible", wie Rousseau — selbst ein Exhibitionist dieser Art — sich in seinen confessions ausdrückt) vor Frauen zu entblössen, hängt offenbar zusammen mit dem Hange zu passiver Flagellation, wovon in einem späteren Abschnitte die Rede sein wird. Im Uebrigen ist gerade die exhibitionistische Form symbolischer Geschlechtsbefriedigung nicht nur als Ausdruck verminderter Potenz, sondern überdies als Zeichen vorgeschrittener psychischer Herabgekommenheit, bei seniler Demenz, Paralyse, epileptischem Irrsein u. s. w. zu beobachten. Die psychopathische Natur geht auch schon aus der Unwiderstehlichkeit des Dranges hervor, für den die Betreffenden selbst keinen weiteren Entschuldigungsgrund wissen, als dass sie „nicht anders können" (BROUARDEL). Gleiches gilt auch für weibliche Exhibitionisten; der Trieb, sich vor Männern zu entblössen, kommt, von weiblichen Geisteskranken abgesehen, bei nymphomanen Mädchen und Frauen, oft schon in früher Jugend als ein erstes Zeichen beginnender oder bevorstehender Nymphomanie vor. — Mit dem Vorerwähnten ist aber der Kreis von Möglichem und Wirklichem auf diesem Gebiete noch bei Weitem nicht geschlossen. Die erotische Phantasie hat ihre Flammen noch an vielerlei Stellen und auf vielerlei Weise anzuzünden gewusst. Wir haben u. a. noch die „Voyeurs", denen es Befriedigung verschafft, Augenzeugen der sexualen Genüsse Anderer zu sein, und die zu dem Zwecke nicht immer nur Prostituirte, sondern auch ihre Frauen oder Maitressen in Anspruch nehmen, diese nöthigen, sich vor ihren Augen mit anderen Männern[1]) oder sogar mit Thieren abzugeben, sie zu dem Zwecke ins Bordell führen u. s. w. — ferner die Männer, denen es genügt, einer Frau schmutzige Worte ins Ohr zu rufen (eine Art von „verbalem" Exhibitionismus) oder umgekehrt solche Worte aus dem Munde der Frau zu vernehmen — die Männer, die eine bekleidete Frau, der sie gegenübersitzen, in Gedanken geniessen (sogenannte ideelle oder besser illusionäre Cohabitation); eine Art erotischer Autosuggestion, wobei schliesslich die gegenwärtige Frau auch durch eine abwesende, bloss vorgestellte ersetzt werden kann; die Befriedigung erfolgt dabei meist onanistisch. Die psychologischen Uebergänge liegen hier auf der Hand, von jener Form normaler und legitimer Geschlechtsbefriedigung, wobei in den Armen des Ehegatten eigentlich ein anderer, abwesender umarmt wird (man denke an die bekannte Nacht in Goethe's Wahlverwandtschaften) — bis zum Gedanken — Don Juan, der in der Vorstellung alle fremden Weiber geniesst und diesen be-

---

[1]) Es wird dies u. A. von dem venetianischen Condottiere GATTAMELATA berichtet, dessen von DONATELLO geschaffene Reiterstatue vor dem Santo in Padua den Gegenstand allgemeiner Bewunderung bildet.

quemen Genuss mit gar keinem reelleren vertauschen möchte.[1]) Von
dieser illusionären Cohabitation ist dann nur noch ein Schritt zu den
Männern, die sich an weiblichen Statuen oder in deren Anblick masturbatorisch befriedigen; wobei auch wieder die wirkliche Statue durch
die Nachahmung einer solchen aus Fleisch und Bein, nach Art der Her-
mione im Wintermärchen, vertreten werden kann, die sich zu Gunsten
ihres Bewunderers als moderne Galathee allmälig belebt: eine, wie es
scheint, in gewissen Pariser Häusern beliebte und einträgliche Praktik,
für die man neuerdings den Ausdruck „Pygmalionismus" aufs Tapet
gebracht hat (vgl. die Beispiele pag. 107). An die Neigung zur Statuen-
schändung lässt sich die zur Schändung todter weiblicher Körper (Nekromanie oder Nekrocrosie) anschliessen, wobei auch wiederum die Wirklichkeit durch eine fingirte Nachahmung ersetzt werden kann, so dass
das Schauerliche sich hier, wie auf diesem Gebiete so oft mit dem Gro-
tesken vereinigt (vgl. p. 108). Noch unheimlicher, wie aus jener ver-
klungenen Welt herüber, in der man die „messe sacrilège" auf den
nackten Lenden einer Frau celebrirte (nach Michelet's „la sorcière"), berühren die angeblich aus authentischen Documenten geschöpften Darstellungen der „Satansmesse", der „sodomie divine", wie sie Jaques
Scuffrance in „le couvent de Gomorrhe" und Huysmans in seinem Romane Là-bas mit abschreckender Ausführlichkeit schildern. Hier besteht
— oder erwächst, bei den Theilnehmern der geschilderten Versammlungen
— offenbar Dämonomanie und hallucinatorisches Irresein, ähnlich wie
bei den noch zu erwähnenden sadistischen Ungeheuerlichkeiten eines
Gilles de Rais. (Nachäffungen der „messe sacrilège" finden sich u. A.
auch bei de Sade, im 2. Band der Justine und im 4. der Juliette).

Nach dieser Uebersicht mögen noch einige (den früher citirten Werken
von Delcourt, Taxil, Coffignon entnommene) Beispiele kurz folgen:

Fetischismus.

1. (Sitzung der Société de médecine légale vom 13. Juni 1887). Garnier
berichtet folgenden Fall: Ein 43jähriger Mann wird auf frischer That ergriffen,

---

1) Man lese die Selbstschilderung Grécourt's („le manuel solitaire"), in der es heisst:
„Il n'est objet dans l'amoureux empire
Que mon esprit à mes vœux complaisant
N'ait la vertu de me rendre présent
— et pour comble de bien
Ce que la cour, la province et la ville
Ont de beautés, prevenans mes soupirs,
En un moment se présente à ma vue. —
Je suis heureux sans qu'il m'en coute rien,
J'ai le plaisir sans ressentir la peine,
Et quand je veux je courtise une Reine"
(poésies diverses de Monsieur Grécourt, nouvelle édition, Lausanne et Genf 1755.
p. 164, 165).

wie er sich, noch dazu ganz offen, eines mit einem weissen Morgenrocke bedeckten Gestells bemächtigt, und wird, da seine Zurechnungsfähigkeit zweifelhaft erscheint, GARNIER zur Untersuchung zugeführt. Ein Onkel und Bruder von ihm waren geisteskrank, Mutter und Schwester sind melancholisch; er selbst bietet körperliche und geistige Degenerationszeichen, sein Schädel ist im Sagittaldurchmesser verengt, im Querdurchmesser erweitert. Aus seiner Anamnese ergiebt sich, dass er schon im 16. Jahre eine zum Trocknen aufgehängte weisse Schürze stahl, sich damit in ein nahes Gehölz flüchtete und sie dort mit seinem Samen benetzte. Seitdem hat er unzählige ähnliche Schürzendiebstähle bei Wäscherinnen verübt; zuweilen vergräbt er die Wäschestücke, um sie gelegentlich wieder auszugraben und sich von Neuem an ihnen zu befriedigen. Er verfolgt Frauen, die eine weisse Schürze tragen. Seine Eltern lassen ihn Seemann werden, um ihn der Versuchung zu entziehen; er verschafft sich einen 24stündigen Urlaub und benutzt ihn um eine Schürze zu stehlen, wird verhaftet und vom Kriegsgericht zu 8 Tagen Gefängniss verurtheilt. Später erfolgt wegen beständiger Wiederholung der gleichen Delicte seine Einsperrung in Sainte-Anne. — Bemerkenswerth ist, dass der krankhafte Stehltrieb fast nur dann bei ihm zur Herrschaft gelangt, wenn er etwas getrunken hat, während er bis dahin den Hang zu bekämpfen im Stande ist, und dass ausschliesslich weisse Schürzen, keine anderen Objecte, den nöthigen Orgasmus hervorrufen. Bei Entwendung des Morgenrocks hat er sich, wie er angiebt, geirrt und sich deshalb auch widerstandslos festnehmen lassen.

2. Ein ältlicher Herr durchstreift Abends die Champs-Elysées und knüpft mit einer Dirne Bekanntschaft an, die aber schwarze Strümpfe haben muss; sie muss dann vor ihm hergehen, bei jeder Bank stehen bleiben, den Fuss darauf stellen, die Röcke aufheben, als wenn sie ihr Strumpfband befestigen wollte, und die bestrumpfte Wade sehen lassen. Wenn er sich an dem Anblick gesättigt hat, giebt er ihr 20 Francs und entlässt sie.[1]

3. Ein Herr geht nur an Tagen aus, wo Regen- und Schmutzwetter ist: er knüpft eine weibliche Bekanntschaft an, führt die Auserwählte zu einem Schuhmacher und lässt sie ein neues Paar Stiefel (Schnürstiefel) anziehen. Nun setzt sich das Paar in Bewegung, wobei sie im Rinnstein gehen und die neuen Stiefel möglichst stark einschmutzen muss. Ist das erreicht, so führt er sie auf ein Zimmer und entledigt sie der Stiefel, indem er mit seinen Zähnen die Schnürbänder löst, um sich die Lippen recht kothig zu machen. Finis.

4. Seitenstück dazu: ein Schüler (collégien) schenkt einem barfüssigen Strassenmädchen 20 Francs — bloss um ihren schmutzigen Fuss in der Nähe bewundern zu dürfen.

5. Ein Herr begiebt sich mit dem Mädchen auf ein Zimmer; dort muss sie sich die Hände mit Kohle oder Russ schwarz färben, sich so einem Spiegel gegenüberstellen; er unterhält sich mit ihr und betrachtet dabei fortwährend ihre geschwärzten Hände im Spiegel, ohne nach etwas Weiterem zu begehren.

6. Ein Anderer ist noch genügsamer: er begiebt sich einmal in jedem Monat zu dem nämlichen Mädchen und schneidet ihr mit einer Scheere die Stirnlöckchen, sodass das Haar vorn ganz gleich ist.

---

1) In einem gewissen Gegensatz zu dieser an die schwarze Farbe geknüpften genitalen Erregung steht ein mir kürzlich von collegialer Seite mitgetheilter Fall, wie ein Mann seiner jungen Frau gegenüber die Potenz verlor, weil diese, am dritten Tage nach der Hochzeit, eines Todesfalles wegen schwarze Trauerkleidung bis auf Strümpfe, Hemd u. s. w. herunter angelegt hatte. Später, nach Ablegung der Trauer, kehrte die Potenz wieder!

In allen diesen Fällen 2—6 wird also auf jede eigentlich geschlechtliche — oder auch nur, wie in Fall 1, masturbatorische —
Action verzichtet, die vielmehr durch Aequivalenthandlungen von
mehr oder weniger paradoxer Beschaffenheit ersetzt wird.

Andere Formen des erotischen Symbolismus. Illusionäre Cohabitation. Exhibitionismus.

7. Ein verheiratheter Mann führt seine Frau in ein Haus „mit weiblicher
Clientel", liefert sie dort ab und wartet im Nebenzimmer, bis sie — wieder
frei ist.

8. Aehnlich, aber noch markirter: Ein Herr spricht ein Mädchen auf der
Strasse an und engagirt sie dazu, einen anderen Mann anzulocken und sich
mit diesem in das erste beste Absteigequartier zu begeben. Während die Beiden oben verweilen, patrouillirt er ruhig die Strasse auf und ab, und erwartet
ihre Zurückkunft, um sich dann vergnügt zu entfernen.

9. Die Frau eines Kaufmanns verlässt das eheliche Domicil und weigert
sich der Aufforderung zur Rückkehr Folge zu geben. Beide Gatten werden
zur Vernehmung citirt. Die Frau macht dabei u. A. die Angabe, dass ihr
Gatte nicht nur den ehelichen Verkehr nicht ausgeübt habe, sondern dass er
auch von ihr verlangt habe, sie solle sich mit einem — Neufundländer, den
er zu diesem Zwecke jeden Abend in die Wohnung heraufkommen liess, be-
gatten. Der Mann leugnet den Thatbestand gar nicht, sondern macht nur zur
Entschuldigung geltend, es sei ja noch ein so junger Hund, erst 8 Monate alt,
gewesen!

10. Ein dem Anschein nach sehr respectabler älterer Herr knüpft im
Palais-royal-Garten, den er regelmässig besucht, mit einem für seine Zwecke
geeignet scheinenden weiblichen Wesen Bekanntschaft an, lässt sich auf derselben Bank, jedoch immer in geziemender Entfernung von ihr nieder und bringt
im Laufe der Unterhaltung die Frau, die in ihm einen Kunden wittert, dahin,
sich in ihren Reden immer freier und unzweideutiger zu ergehen. Ist das erreicht, so zittert und „gluckst" er vor Entzücken, händigt seiner Partnerin
fünf Franken zum Lohn ein und empfiehlt sich.

11. Ein anderer Herr verlegt den Schauplatz seiner Thaten auf den Bou-
levard zwischen Madeleine und Oper; er engagirt eine der dortigen Strassen-
läuferinnen, sie muss vor ihm hergehen, möglichst provocirende Bewegungen
machen, um von Herren angesprochen zu werden und — recht viel Anträge
zu bekommen, nach deren Zahl sie von ihm honorirt wird.

12. Eine komische Specialität hat sich ein anderer Herr ausgesucht: er
erscheint in jeder Woche dreimal bei dem nämlichen Frauenzimmer, zieht sich
ganz nackt aus und stellt dann mit unerschütterlichem Ernst die Frage: „Hahn
oder Pfau?" — Je nachdem die Antwort ausfällt, zieht er aus seiner Kleidung
den entsprechenden mitgebrachten Federschmuck hervor, umgürtet sich damit
an dem zu sitzendem Gebrauche bestimmten Theile seines Ichs, und stolzirt in
dieser Tracht eine gute halbe Stunde auf und nieder. Dann zieht er sich
ruhig wieder an, zahlt und verschwindet.

Pygmalionismus.

13. (TAXIL; aus den Memoiren eines ehemaligen Chefs der Pariser Sicher-
heitspolizei CANLER). Ein 70jähriger Greis, Graf B., spielt in einem mit den
entsprechenden Einrichtungen versehenen Lupanar die Rolle des Pygmalion.
Die „Statue" befindet sich auf einem runden, mit grünem Tuch bedeckten dreh-

baren Sockel; der Graf, mit einer grünen Schürze angethan, steht als Bildhauer mit Schlägel und Meissel entzückt vor seinem „Werke", lässt es sich eine Zeit lang drehen, hält es dann an, bedeckt die Statue von Kopf zu Fuss mit Küssen, wirft sich vor ihr nieder, murmelt unverständliche Beschwörungen, wobei er die Hände über seinem Haupte zusammenschlägt; nach diesen Anrufungen legt er seine Hand auf die Hüfte der „Statue", die sich alsbald unmerklich zu beleben anfängt, die Augen aufschlägt, Arme und Beine bewegt — worauf der Greis seine Schürze, Schlägel und Meissel ablegt und „wie ein Schatten" augenblicklich verschwindet (Preis einer solchen Sitzung 100 Francs). — Wenige Tage darauf wohnte der betreffende Beamte, der die eben geschilderte Scene als Augenzeuge beobachtet hatte, in demselben Hause einer noch complicirteren Vorstellung gleicher Art bei, wobei drei Göttinnen, Juno, Minerva und Venus auf Piedestalen vor ihrem Paris, einem ganz decrepiden Greise, herumgedreht wurden; der neumodische Preisrichter deponirte schliesslich vor seiner Venus statt des Apfels 100 Francs, vor den beiden anderen Göttinnen dagegen nur je 60, und ausserdem 200 auf den „Tisch des Hauses", worauf er befriedigt davonzog.

Nekromanie.

14. (TAXIL; nach BRIERRE DE BOISMONT, gazette médicale.) In einer Provinzialstadt stirbt ein junges Mädchen von 16 Jahren aus einer der ersten Familien. Man hört in der Nacht nach dem Todesfalle in dem Zimmer der Todten ein verdächtiges Geräusch; die Mutter stürzt herein, sieht einen Mann im Hemde von dem Bette der Tochter davonlaufen, ruft um Hülfe. Der Fremde wird festgenommen; er scheint fast gefühllos für Alles was sich um ihn begiebt, antwortet nur verworren auf die an ihn gerichteten Fragen. Anfangs hatte man an einen Diebstahl gedacht, aber der Zustand, in dem man den Mann fand, musste die Aufmerksamkeit nach anderer Seite lenken und man entdeckte bald, dass die Verstorbene deflorirt und zu wiederholten Malen masturbatorisch befleckt worden war. Die weitere Untersuchung ergab, dass der Verbrecher, der in glänzenden Verhältnissen lebte und eine sehr gute Erziehung genossen hatte, die Todtenwächterin durch eine bedeutende Summe bestochen und sich so Zutritt verschafft, dass er auch der gleichen Neigung schon früher bei einer grossen Anzahl junger verstorbener Frauen gefröhnt hatte. Er wurde zu lebenslänglicher Einschliessung verurtheilt.

In anderen Fällen, wie in einem von BÉDOR (1857) der Academie de méd. mitgetheilten und in den von TARDIEU ausführlich beschriebenen Falle des Sergeanten Bertrand — der in einigen Jahren über hundert Leichen auf den Kirchhöfen ausgegraben und geschändet hatte — musste eine Geistesstörung als unzweifelhaft vorliegend erachtet und der Thäter daher einem Irrenasyl überwiesen werden. —

Beispiele fictiver, illusionärer Nekromanie finden sich in den citirten Werken von TAXIL und DELCOURT.

Algolagnie.

„Sadismus" und „Masochismus" (Lagnänomanie und Machlänomanie. Active und passive Algolagnie).

Wir kommen zu einem der ernstesten und traurigsten Capitel in der Lehre von den sexualen Neuropathien; zu einem Capitel, das hier und da mit Blut geschrieben zu sein scheint — wie gewisse andere

mit Koth. Auf dem nur allzu umfangreichen Gebiete geschlechtlicher
Verirrungen stossen wir bis zum Ueberdruss auf Dinge, die je nach
ihrer Beschaffenheit und nach dem subjectiven Maassstab des Urtheilenden
als belachenswerth, närrisch, widerlich bis zum Ekelhaften, abstossend,
unbegreiflich, oder auch nur als paradox, absonderlich und excentrisch
erscheinen mögen: Dinge, die aber doch das menschliche Gefühl nicht in
dem Maasse beleidigen und empören, wie es bei dem Gegenstande der
nachfolgenden Betrachtungen vielfach der Fall ist. Denn hier handelt es
sich um jene eigenthümlichen Formen geschlechtlich-wollüstiger Befriedigung, die mit der Verübung gewaltsamer, grausamer, oft bis zur
Bestialität grausamer Handlungen, oder — denn auch diese Seite
ist stark vertreten — mit der Erduldung der entsprechenden Misshandlungen und Verletzungen einhergehen; die das sexuale Lustgefühl, die
sexuale Erregung geradezu aus der Verübung oder Erduldung solcher, bis
zum schwersten Verbrechen sich steigernden Acte der Grausamkeit schöpfen.
Alle physiologischen und psychologischen Maassstäbe scheinen dieser be-
fremdlichen Grundthatsache gegenüber zunächst zu versagen. Und doch
wird auch hier das Bemühen vielleicht nicht ganz aussichtslos sein, eine
Art von Continuität mit gewissen biologischen Erscheinungen des Sexuallebens herzustellen und von den „normalen" Verhältnissen aus eine Brücke
in das Gebiet dieser schwierigsten sexualpathologischen Probleme hinüber
zu schlagen.

Dass Wollust und Grausamkeit in der Wurzel eng mit einander verwandt sind, konnte wohl aufmerksamen Betrachtern der Menschennatur
zu keiner Zeit verborgen bleiben. Selbst den Entzückungen schwärme-
rischer und leidenschaftlicher Liebe ist ein gewisser grausamer Zug nicht
selten beigemischt, wenn auch nur in leisester und gewissermaassen ver-
schämter Andeutung. Bei Naturen von ausgesprochener erotischer Grund-
stimmung, zumal bei Frauen (wo der Hang zur Grausamkeit ja auch im
Allgemeinen grösser ist als bei Männern), tritt die Neigung zum Beissen,
Kratzen, Schlagen u. s. w. oft deutlich hervor. Bezeichnet schildert die
„geheimnissvolle Wuth" BAUDELAIRE:

> „Quelquefois pour apaiser
> Ta rage mystérieuse,
> Tu prodigues, sérieuse,
> La morsure et le baiser".

Auch eine moderne Dichterin-Malerin vergleicht „seine Küsse" mit
„Tigerbissen", und in prachtvoll ausgeführtem Bilde besingt einer unserer
genialsten heutigen Dichter, DETLEV V. LILIENCRON die im Liebeskampf
sich gewaltsam vollziehende körperlich-seelische Entladung:

> „Wollen zwei Panther sich rasend zerreissen,
> Feuer und Flammen entlodern der Haft,
> Ringen und Raufen und Balgen und Beissen,
> Sinkende Wimpern, entstürzende Kraft". —

Indessen keineswegs bloss die Vorgänge des Sexuallebens beim höheren Culturmenschen, sondern fast ebenso die bei Naturvölkern gesammelten Beobachtungen gewähren nach dieser Seite überraschende Einblicke und erhellen die tiefen Abgründe, die unter der Decke scheinbar normaler sexueller Organisationen, des Einzelnen wie der Gesellschaft, verborgen liegen. Der wissenschaftlichen Forschung der Neuzeit war es vorbehalten, auch in dieses so schwer zugängliche und so wenig verlockende Gebiet tiefer einzudringen, und nicht bloss eine überwältigende Fülle von Material für die sexuelle Physiologie und Pathologie zu Tage zu fördern, sondern insbesondere den neuropsychopathischen Charakter vieler hierhergehörigen Erscheinungen und ihren intimen Zusammenhang mit mannigfachen krankhaften Perversionen des Sexuallebens ausser Zweifel zu setzen.

Aus der veränderten Stellung, welche die Wissenschaft diesen Problemen gegenüber einnahm, entsprang auch die Nothwendigkeit einer begriffgemässen, nicht bloss äusserlich an den Thatsachen des sexualen Delicts, des Lustmordes u. dgl. haftenden Terminologie. Der geniale Bahnbrecher auf diesem Gebiete, Krafft-Ebing hat, nach dem Vorbilde der Franzosen übrigens, die Bezeichnung „Sadismus" eingeführt, und versteht darunter eine Form sexueller Perversion, „welche darin besteht, dass Acte der Grausamkeit, am Körper des Weibes vom Manne verübt, nicht sowohl als präparatorische Acte des Coitus bei gesunkener Libido und Potenz, sondern sich selbst als Zweck vorkommen, als Befriedigung einer perversen Vita sexualis". — Den Gegensatz dazu sieht Krafft-Ebing im Masochismus, welcher Name (wie der des Sadismus vom Marquis de Sade) von dem (kürzlich, am 9. März 1895 verstorbenen) Schriftsteller Leopold von Sacher-Masoch entlehnt ist. Es gehören dahin Fälle, „wo der Mann auf Grund von sexuellen Empfindungen und Drängen sich von dem Weibe misshandeln lässt und in der Rolle des Besiegten statt des Siegers sich gefällt" — Situationen, wie sie allerdings der genannte Autor auf Grund einer ihm eigenthümlichen Auffassung des Geschlechtsverhältnisses mit Vorliebe schildert.

Gegen die von Krafft-Ebing eingeführten Ausdrücke und die gegebenen Begriffsbestimmungen lässt sich Manches einwenden; die Bestimmungen erscheinen etwas eng, und die Ausdrücke selbst nicht ganz glücklich gewählt. Nach obiger Definition könnte eigentlich Sadismus nur vom Manne begangen, Masochismus nur vom Manne erduldet werden, da eben im Sadismus eine krankhafte Steigerung des normalen Geschlechterverhältnisses (der „Eroberung" des Weibes durch den Mann) — im Masochismus aber eine krankhafte Umkehr dieses Verhältnisses gegeben sein soll. Jedoch hat Krafft-Ebing die Consequenzen dieser Voraussetzung nicht ziehen wollen, da er auch von Sadismus und Masochismus des Weibes spricht und Beispiele von Beidem anführt. Auch würde eine so enge

Begrenzung des „Sadismus" sich keinesfalls auf den berüchtigten Verfasser der Justine et Juliette, der philosophie dans le boudoir u. s. w. zurückführen lassen, der vielmehr vorurtheilslos genug war, das Recht der Frauen zur activen Libertinage im weitesten Umfange anzuerkennen und in seiner Titelheldin Juliette den Typus einer „Sadistin" in des Wortes verwegenster Bedeutung hinzustellen, der sich dann eine ganze Plejade von Weibern mit gleichen Trieben und Handlungen anschliesst. Auch werden bei SADE ebenso gern Männer von Männern gemartert, wie Weiber von Männern, Männer von Weibern und Weiber von Weibern; er verführt in dieser Beziehung wirklich mit einer rührenden Unparteilichkeit und mit völliger „Gleichberechtigung der Geschlechter", wie das beliebte moderne Schlagwort lautet. Kann man also schon gegen die Bezeichnung „Sadismus" in obigem Sinne Bedenken erheben, so noch mehr gegen das Wort „Masochismus". Allerdings hat SACHER-MASOCH in seinen späteren Romanen und kleineren Erzählungen recht oft Männer zu „Helden" (sit venia verbo), die ein leidenschaftliches Bedürfniss empfinden, von schönen Frauen, wo möglich in polnischer Pelzjacke (Kazabaika) gepeitscht zu werden — und Heldinnen, die es gern übernehmen, ihre Liebhaber in dieser sultaninnenhaften Weise nach Wunsch zu traktiren. Trotzdem hat die Bezeichnung „Masochismus" für mein Gefühl etwas Missliches. Ich sehe davon ab, dass SACHER-MASOCH, ein hochbegabter Autor, in manchen seiner Erstlingswerke, wie in dem „Vermächtniss Kain's" Vortreffliches geschaffen hat und allerdings weit mehr hoffen liess, als er, wohl zufolge ungünstiger äusserer Umstände, in der Folge geleistet hat, und dass, dank der banausenhaften literarischen Unwissenheit unserer „gebildeten" Kreise ganz gewiss jene Werke der Mehrzahl ärztlicher und nichtärztlicher Leser so unbekannt sind, dass sie bei „Masochismus" vermuthlich eher an irgend etwas Assyrisches oder Semitisches, jedenfalls Orientalisches zu denken geneigt sind. Aber ganz offenbar entspringt die auffällige Vorliebe SACHER-MASOCH's für Helden und Heldinnen der bezeichneten Sorte einer eigenartigen, zumal im slavischen Volksboden wurzelnden Auffassung des Geschlechterverhältnisses; einer Auffassung, die — nicht ohne tiefe Berechtigung — in der Liebe wesentlich einen Kampf der Geschlechter und in diesem Kampfe das Weib als den stärkeren, siegreichen Theil sieht[1]) — wie das ja unzweifelhaft gerade bei einzelnen slavischen Nationalitäten in Folge der reichen Begabung und stärkeren Willenskraft ihrer Frauen in gewissem Grade der Fall ist. Es erwächst daraus allerdings bei diesen SACHER-MASOCH'schen Frauen eine Umkehrung der natürlichen Stellung, ein Ueberlegenheitgefühl, das sie treibt, sich den beherrschten und unterwürfigen Männern auch in der nun

---

1) Bekanntlich auch der Standpunkt STRINDBERG's, der allerdings die Männer zu kräftiger, wenn auch in der Regel erfolgloser Abwehr gegen die „Weiberherrschaft" auffordert.

einmal volks- und landesüblichen Weise als Herrinnen zu erkennen zu
geben. Untereinander sind sie dabei, den Männern gegenüber, streng
solidarisch. — Ich will dies hier nicht weiter verfolgen, glaube aber damit
angedeutet zu haben, dass diese SACHER-MASOCH'schen Typen nichts krankhaft Erotisches, nichts Sexualpathologisches an sich haben, sondern in realen
(wenigstens nach der Anschauung ihres Autors thatsächlich so beschaffenen)
culturellen und ethnologischen Verhältnissen wurzeln.

Neuerdings hat v. SCHRENCK-NOTZING für die in Rede stehenden
Formen krankhafter sexueller Verirrung eine andere Bezeichnung in Vorschlag gebracht, nämlich **Algolagnie** (von ἄλγος und λαγνός) für die Verbindung von Grausamkeit und Wollust als besondere Klasse sexueller
Perversion im Allgemeinen. Active Algolagnie wäre gleich „Sadismus", und passive Algolagnie gleich „Masochismus" zu setzen. Ich
halte diese Ausdrücke für annehmbar, glaube aber, dass man sie in ety-
mologisch noch richtigerer und auch dem Sinne nach noch mehr zu-
treffender Weise durch die Bezeichnungen „**Lagnänomanie**" für Sadismus
und „**Machlänomanie**" für Masochismus ersetzen würde. [1]

Mit der einfachen Unterscheidung von „activ" und „passiv" ist die
Sache allerdings noch nicht erschöpft. Das nämliche Individuum kann
sich, wie noch gezeigt werden wird, abwechselnd activ und passiv verhalten, und aus Beidem geschlechtliche Erregung und Befriedigung schöpfen.
Es giebt aber auch Mittelformen, wobei das Individuum zum Behufe geschlechtlicher Erregung weder selbst gewaltsame Handlungen vornimmt
noch solche erduldet — wohl aber dergleichen von Anderen provocirt,
sie mit ansieht und durch den Anblick, oder unter Umständen schon
durch die blosse Vorstellung des Anblicks in die gewünschte Befriedigung versetzt wird, ganz ähnlich wie wir es schon bei den verschiedenen Arten des erotischen Symbolismus kennen gelernt haben (die
sog. „Voyeurs"; vgl. pag. 104); also eine Art von ideeller oder illusionärer
Lagnänomanie und Machlänomanie. Es ist ferner auch auf die Begehung
grausamer Acte gegen Thiere aufmerksam zu machen, die sich mit
Bestialität in der Form von Thierliebe verbindet und wodurch ebenfalls
bei gewissen Individuen die geschlechtliche Reizung potenzirt wird. Ueberhaupt ergeben sich schon aus dem bisherigen, gewiss noch bei Weitem
nicht abgeschlossenen Beobachtungsmaterial die verschiedensten Ab- und
Unterarten und monomanistischen Specialitäten.

---

[1] Lagnänomanie von λαγνός, αἰνός (= saevus) und μανία; Machlänomanie von μάχλος, αἰνός und μανία. Die Ausdrücke λαγνός und μάχλος (= salax)
sind ungefähr synonym, werden aber jener fast ausschliesslich vom männlichen, dieser fast ausschliesslich vom weiblichen Geschlechte gebraucht,
so dass in den von mir vorgeschlagenen Zusammensetzungen damit dem activen und
virilen Character des „Sadismus", dem passiven und femininen des „Masochismus"
Rechnung getragen würde.

Versuchen wir es, den psychologischen Wurzeln der Lagnänomanie und Machlänomanie tiefer nachzugraben, so stossen wir dabei auf die geheimnissvollen seelischen Verknüpfungen, in denen das **Wollustgefühl** mit der **Zufügung** oder auch mit der **Erduldung von körperlichem Schmerz** steht. Es ist ganz allgemein ausgedrückt als Thatsache hinzunehmen, dass wenigstens bei einer nicht geringen Zahl von Menschen — oder doch bei diesen in besonders ausgesprochener Weise — der Anderen zugefügte oder von Anderen erduldete Schmerz im Stande ist, Wollustgefühle hervorzurufen und die schon vorhandenen bis aufs Aeusserste zu steigern. Häufig scheint bei den nämlichen Individuen sowohl die Zufügung wie die Erduldung von Schmerz in gleichem Sinne zu wirken; Lagnänomanie und Machlänomanie (active und passive Algolagnie) sind dennoch in ihrer Eigenschaft als seelische Componenten des Wollustgefühls durchaus nicht so scharf von einander zu trennen, noch weniger etwa als unvereinbare Gegensätze zu betrachten.

In den DE SADE'schen Werken, die für alle nur denkbaren Formen geschlechtlicher Verirrungen eine wahrhaft unerschöpfliche Fundgrube darstellen, lassen sich auch für die Vereinigung beider Perversionen bei den nämlichen Individuen sehr prägnante Beispiele aufzeigen. Fast im ganzen ersten Bande der Juliette spielt die Titelheldin, die später in so hohem Grade „sadistisch" activ wird, die passive Opferrolle; sie macht hier gewissermaassen ihre Schulzeit durch; - aber auch sonst geben fast alle die Personen (Männer und Frauen), die sadistische Acte begehen, sich gelegentlich gern zu passiven Opfern her, um sich auch auf diese Weise geschlechtlich zu erregen. Nur darf der Spass natürlich ihnen gegenüber nicht zu weit gehen, nicht bis ans Leben — obgleich auch das vorkommt und sogar als comble der Aufregung ausdrücklich begehrt wird (z. B. von der Schwedin Amalie, im 5. Theil der Juliette, die Borchamps den Schwur abverlangt, sie eines Tages zu seinem Schlachtopfer zu machen). — Dennoch aber lassen sich im Allgemeinen die bei der **Lagnänomanie** und **Machlänomanie** seelisch wirksamen Motive wohl unterscheiden. Bei der ersteren bewirkt oder erhöht der Andern zugefügte körperliche Schmerz das Lustgefühl überhaupt, weil er das Gefühl eigener Superiorität zum vollendetsten Ausdrucke bringt; sich als Despoten, Schwächeren, also namentlich Weibern und Kindern gegenüber zu empfinden, ist dem barbarisch rohen oder dem krankhaft verrohten Sinn in Wahrheit eine „Wollust". Man braucht dabei gar nicht einmal auf SCHOPENHAUER zu schwören, der die „Bosheit, die sich an fremdem Weh freut", für eine Grundtriebfeder der menschlichen Natur erklärt, im Gegensatz und als Correlat zum „Mitleid, das das fremde Leid mitempfindet" — noch auf unseren neuesten Modephilosophen NIETZSCHE, den Prediger einer „Herrenmoral", die die Ueberwindung des Mitleidens ausdrücklich erheischt, behufs Aufzüchtung jener von ihm ersehnten neuen Aristokratie, der „prachtvoll nach Beute und Sieg lüstern schweifenden blonden Bestie", gegenüber der

Herde, dem Pöbel und seiner im Christenthum siegreich gewordenen „Sklavenmoral". Ganz analoge Anschauungen finden wir längst bei DE SADE, als Ergebnisse der materialistischen Popularphilosophie seines Jahrhunderts, in den breitspurigen Raisonnements, die er seinen Schilderungen einzuflechten für gut findet, unendlich oft und fast ganz mit denselben immer wiederkehrenden Argumenten; es lässt sich Alles auf den NIETZSCHE'schen „Trieb zur Macht" und auf das von der Natur überall proclamirte Recht des Stärkeren zurückführen. — Wie somit aus der „Herrenmoral" als pathologische Verirrung die active, so kann aus der „Sklavenmoral" ebenso pathologisch die passive Algolagnie, die Machlänomanie hervorwachsen, indem der nach Erfüllung drängende Trieb zur Selbstdemüthigung, zur Askese, zum Märtyrerthum bei seiner Befriedigung zur Quelle höchsten Wollustgefühls wird; wie das ja aus den Acten unzähliger (männlicher und weiblicher) Büsser und Heiligen, sowie aus der Geschichte einzelner in religiöser Ekstase bis zur Selbstverstümmelung vorgeschrittener Secten unwiderleglich hervorgeht.

Eine fernere wichtige Quelle der Machlänomanie ist in dem Umstande zu suchen, dass gewisse Formen erlittener Misshandlung und Verletzung unmittelbar anfregend auf den sexualen Nervenapparat einwirken, Orgasmus und Erectionen hervorrufen können. Hinsichtlich der Flagellation (vgl. S. 121 ff.) ist es ja allgemein bekannt, dass durch sie bei Kindern verfrühte Erscheinungen genitaler Reizung hervorgebracht werden können, und dass sie von Impotenten hier und da mit angeblichem Erfolge als ultimum remedium angewandt wurde. Aber auch die mit einem gewissen Grade der Strangulation verbundenen Störungen der arteriellen Blutzufuhr zum Gehirn, wie sie beim Erhängen und ähnlichen Todesarten eintreten, disponiren anscheinend zur Hervorrufung von wollüstigen Gefühlen und von Erectionen und werden daher zuweilen von Wollüstlingen in der Absicht, sich ungewöhnliche sexuale Emotionen zu schaffen, künstlich imitirt, wobei natürlich Vorsichtsmaassregeln getroffen werden müssen, um die Sache nicht weiter als nöthig ist zu treiben. Ein auf Thatsachen fussendes litterarisches Beispiel ist der GUTZKOW'sche Procurator Dominicus Nück (im Zauberer von Rom), der sich aufhängen und zur rechten Zeit wieder abschneiden lässt; ein Seitenstück dazu bietet übrigens schon DE SADE's Roland (im 4. Band der Justine). Dass selbst die kurzdauernde einfache Suspension in einem Schwebeapparat im Stande ist, sexual erregend zu wirken, wurde bei der vor einigen Jahren aufgekommenen Anwendung der „Hängemethode" bei Rückenmarkskranken und Neurasthenikern, durch die gelegentlich beobachtete Wirkung als Aphrodisiacum, mehrfach bestätigt.

Endlich kommt, wie bei der activen, so auch bei der passiven Algolagnie die Abstumpfung und der Verlust des moralischen Gefühls in zahlreichen Fällen wesentlich in Betracht. Wie der ganz in Liebeswahnsinn aufgegangene Ritter des Mittelalters jeden Uebermuth seiner

Dame, so und noch viel geduldiger, stumpfsinniger, erträgt der moderne
Liebesschwächling vielfach die roheste Misshandlung durch eine ihm unentbehrlich gewordene Courtisane. Das gilt namentlich von alternden
Lüstlingen. Ein typisches Beispiel solcher Brutalisirung eines moralisch
geknechteten und entwürdigten Mannes durch eine Dirne hat uns ZOLA
in seinem Roman Nana geliefert.

Obgleich also Lagnänomanie und Machlänomanie unverkennbar, trotz
allmählicher Uebergänge zum Physiologischen, unzweifelhaft als krankhafte psychosexuale Erscheinungen aufzufassen sind, so sind doch natürlich bei Weitem nicht alle namentlich activen Algolagnisten als geisteskrank im engeren Sinne zu betrachten. Gewiss sind es die „schwereren"
und „schwersten" unter ihnen, die eigentlichen sexualen Verbrecher, Lustmörder u. s. w. wohl ausnahmslos, obgleich man auch von ihnen Mehrere
als geistesgesund hingerichtet hat (was ich übrigens nicht als ein Unglück,
noch weniger als einen „Justizmord" ansehen möchte). Der typische „Lustmörder" ist gewiss stets eine originär psychopathische, meist hereditär
belastete Persönlichkeit mit deutlich ausgesprochenen Degenerationzeichen,
besonders mit charakteristischen Stigmen in Schädel- und Gehirnbau, auf
die einzugehen hier nicht der Ort ist. Zum Theil handelt es sich um
Degenerirte und Epileptiker, die schon in frühester Jugend alle Anzeichen
geschlechtlicher Perversität darbieten, mit Hang zu Onanie, Päderastie,
Exhibitionismus, zu Lustmorden bei Menschen und Thieren, und anderen
Sittlichkeitsverbrechen. Ein sehr instructives Beispiel eines solchen erst
15jährigen Knaben erzählt MAC-DONALD (vgl. LOMBROSO, neue Fortschritte
in den Verbrecherstudien p. 266). Am meisten disponiren unzweifelhaft namentlich zu den schwereren lagnänomanischen Arten bei Männern und Frauen
die angeborene und erworbene Idiotie, die alkoholistischen,
hysterischen und epileptischen Psychosen, und gewisse Zustände
von functioneller, namentlich seniler Demenz. Ein klassisches Beispiel
letzterer Art bietet der vielverleumdete Tiberius, der nach einem langen,
sittlich fleckenlosen Leben erst in seinen unglücklichen letzten Lebens-
jahren zum Urheber jener von Sueton geschilderten Capri-Orgien wurde.
Ein noch entsetzlicheres, in mancher Beziehung einzig dastehendes Gemälde sadistischer Verbrechen und Unthaten, auf Grund einer in noch
jugendlichem Alter zur Entwicklung gekommenen Psychose, entrollt die
Geschichte des Gilles de Rais (1404—1440). Wir sind darüber durch
zeitgenössische Chroniken, durch die (noch nicht ganz vollständig ver-
öffentlichten) Prozessacten des geistlichen Gerichts von 1440 und durch
verschiedene neuere Bearbeitungen (u. A. des Abbé Bossard) ziemlich
genau unterrichtet, wenn auch die Einsicht in die feineren psychologischen
Zusammenhänge unsicher und mehr hypothetischer Art ist. Der Fall ver-
diente wohl — wozu hier leider nicht der Raum ist — wesentlich aus

ärztlichem Gesichtspunkte monographisch bearbeitet zu werden. Denn an einer Geistesstörung — und zwar an einer acquirirten, anscheinend ziemlich acut nach dem 26. Lebensjahr aufgetretenen Form psychischer Störung ist bei Gilles de Rais kaum zu zweifeln. Gilles verlässt in diesem Alter den Hof, die bisherige erfolggekrönte militärische Laufbahn, verstösst Weib und Kind, verschwindet auf einem einsamen Schlosse, treibt unsinnige Verschwendung, ergiebt sich mystischen Studien, Teufelsbeschwörungen und Aehnlichem, verfällt dann sexuellen Ausschweifungen, wird Päderast, Kinderräuber, Mörder, Sadist, Leichenschänder u. s. w. — zeigt dabei in seinen aufbewahrten Aeusserungen nicht selten Spuren von Grössenwahn, Stolz auf das Ungewöhnliche und Ausserordentliche seiner Verbrechen; „il n'est personne sur la planète qui ose ainsi faire" sagt er prahlerisch zu seinen Gefährten. — Für das hier speciell abgehandelte Thema ist der Fall noch durch die Combination schwerster sadistischer Acte mit offenbar acquirirter conträrer Sexualempfindung von besonderem Interesse.

Es erscheint nicht ganz ausgeschlossen, dass Gilles, der eine kostbare Bibliothek besass und seine Pergamente von eigens herzugerufenen Künstlern mit Initialen und Miniaturen verzieren liess, durch die Darstellung früherer ähnlicher Unthaten, z. B. seitens römischer Autoren, zu seinen Verbrechen angeregt oder doch in ihrer Richtung bestimmt wurde — sowie seine eigene Geschichte wieder auf die Phantasie eines DE SADE befruchtend einwirkte. Dieser widmet nicht nur dem „Marschall Retz" an verschiedenen Stellen von Justine et Juliette begeisterte Nachrufe, sondern giebt ihm auch würdige Genossen, u. A. in jenem Jérôme (Bd. 3 der Justine), der als Schlossherr in Sicilien durch seine Agentin Clementia überall Kinder aufgreifen oder ankaufen lässt, um sie ganz im Stile des Gilles de Rais zu Tode zu martern.

Wollte man zu dem Unmenschen Rais ein entsprechendes weibliches Scheusal als Seitenstück haben, so dürfte man vielleicht an jene um zwei Jahrhunderte spätere, berüchtigte „Blutgräfin" denken — an Elisabeth Báthory, die Gattin des berühmten Helden der Türkenkriege Franz Nadasdy, an deren Wittwensitz auf Schloss Cscythe im Wagthal sich die fürchterlichsten Legenden, namentlich von den zu Verjüngungszwecken gebrauchten Blutbädern, um derentwillen zahllose Opfer geschlachtet sein sollen, anknüpfen. Die neuere Forschung hat freilich damit aufgeräumt, wie aus einer kürzlich erschienenen, nach actenmässigen Quellen bearbeiteten Lebensbeschreibung der Gräfin[1]) ersichtlich ist; immerhin bleibt zwar soviel übrig, dass es sich um Acte fabelhafter Grausamkeit, denen nacheinander mindestens 37 Dienstmädchen zum Opfer fielen, auf hysterisch-degenerativer Grundlage (die Familie

---

1) „Die Blutgräfin" (Elisabeth Báthory), ein Sitten- und Charakterbild von R. A. von Elsberg. Breslau, Schottländer, 1893.

Báthory war offenbar erblich belastet) gehandelt hat, wobei jedoch anscheinend erotisch-sexuale Impulse weniger als gewisse mystisch-abergläubische Vorstellungen für den allmählich gesteigerten „Blutwahnsinn" das zunächst veranlassende Moment bildeten.

An modernen Nachahmungen, natürlich nur im Kleinen und in schwächlicherer Form fehlt es ja auch bis in die Gegenwart hinein durchaus nicht, wie die in regelmässiger Wiederkehr nicht allzu selten die Polizei und die Gerichte beschäftigenden, öfters mit wahrhaft bestialischen Acten der Verstümmelung, mit Anthropophagie, Nekromanie u. s. w. verbundenen Lustmorde an Kindern und Frauen beweisen. Unsere Zeit, bekanntlich die Zeit der Specialitäten, weiss sich auch auf diesem Gebiete eigenartige Specialisten zu züchten. Der Eine verschafft sich durch Erwürgen von Mädchen und Frauen einen wollüstigen Reiz; der Andere schlitzt der Geschändeten den Leib auf, um gewisse Eingeweide herauszureissen; noch Andere trinken das Blut ihrer Opfer [1]) oder verzehren kannibalisch Stücke der ausgeschnittenen Eingeweide (Brüste und Genitalien). Die nicht ganz so Gefährlichen begnügen sich damit, ihren Opfern — ausschliesslich jungen Mädchen — Schnitt- und Stichwunden an verschiedenen Körpertheilen, mit Vorliebe am Unterleib, beizubringen, um sich durch den Anblick des herabfliessenden Blutes geschlechtlich zu erregen (die vielcitirten Geschichten des „Mädchenschneiders" von Augsburg und des „Mädchenstechers" von Bozen). Einen verwandten Typus, einen Mann, der durch den Anblick von Frauen, namentlich von entblössten weiblichen Reizen zur Mordgier angestachelt wird, hat neuerdings kein Geringerer als ZOLA (in seiner bête humaine) poetisch verewigt. Kein Wunder also, dass auch der bisher unentdeckte Londoner „Jack the Ripper" bereits zum Titelhelden eines bühnenbeherrschenden Sensationsdramas geworden ist, über dessen schauerliche Aufführung PAUL LINDAU in seinen fesselnd geschriebenen „Bildern aus dem Nordwesten der Vereinigten Staaten" neuerdings berichtet. [2]) Gewiss finden auch die geistesverwandten amerikanischen Lustmörder Ben Ali in New-York, Piper und Pomeroy in Boston, e tutti quanti, mit der Zeit noch ihren Homer oder wenigstens ihren Dostojewski, falls sie nicht ein wüthiger Misogyn à la Strindberg als hoffnungsvolle Vorboten einer schöneren männlicheren Zukunft theatralisch verherrlicht.

Ein recht typisches und der modernsten „Actualität" nicht entbehrendes Bild von Lagnänomanie entrollt uns der folgende Fall, der sich vor

---

1) Der 28jährige Léger, der sich lange Zeit in einem Walde aufgehalten, dort ein fünfzehnjähriges Mädchen ins Dickicht geschleppt, erwürgt und ihr Blut getrunken hatte, erwidert auf die Anfrage des Untersuchungsrichters in Betreff des letzteren Umstandes einfach: „ich hatte Durst"! —

2) LINDAU sah das Stück in der eben entstehenden Stadt Fairhaven und verliess die Vorstellung, „nachdem der Unmensch seinen beiden ersten Opfern den Bauch aufgeschlitzt hatte" (Nord und Süd. Juli 1892. S. 77).

wenigen Jahren vor den Schranken des Pariser Zuchtpolizeigerichts (der
10. chambre correctionelle) abspielte und der zugleich einen nicht un-
interessanten Beitrag zur socialen Pathologie gewisser grossstädtischer Be-
völkerungsschichten darbietet. Ich entnehme die Einzelheiten der aus-
führlichen Wiedergabe der Gerichtsverhandlungen und des Erkenntnisses
im Pariser Gil Blas, vom 14. und 16. August 1891.

Die Anklage richtete sich gegen einen in Paris wohlbekannten Michel
Bloch, Diamantenmakler, vielfachen Millionär, Besitzer der Herrschaft La
Marche u. s. w., einen Mann von etwa 60 Jahren, glücklich verheirathet, Vater
einer 18jährigen und einer 16jährigen Tochter. Bloch hatte durch sein schäbiges
Verhalten bei der Be- oder Entlohnung seiner Opfer das gegen ihn eingeleitete
Verfahren selbst herbeigeführt. Eins seiner früheren Opfer, die 18jährige Claudine Buron, hatte sich in wiederholten Briefen an ihn gewandt, um eine Ent-
schädigung im gesammten Betrage von — 130 Francs zu erhalten! Statt
diese lächerlich bescheidene Forderung zu gewähren, hatte Bloch für gut gefunden, die Hülfe der Polizei gegen die „Erpresserin" anzurufen. Die Polizei
hatte sich das junge Mädchen kommen lassen, und die von ihr gemachten Ent-
hüllungen führten alsbald zur Erhebung der Anklage gegen Bloch, die sich
auf Verführung von Minderjährigen zur Unzucht und auf Vornahme gewalt-
thätiger Handlungen richtete. Mitangeklagt war eine Kupplerin, Frau Marchand, bei der die Zusammenkünfte Bloch's mit seinen Opfern gewöhnlich statt-
fanden. Aus dem Zeugenverhören und dem gerichtlichen Erkenntniss gewinnt
man u. A. folgendes Bild der ersten Zusammenkunft Bloch's mit der Claudine
Buron. Diese wurde in ein Zimmer bei der Marchand geführt und musste sich
mit zwei Altersgenossinnen, die sie dort vorfand (schon früheren Bekanntschaf-
ten Bloch's) vollständig entkleiden. Ganz nackt, ein Spitzentaschentuch in der
Hand, betraten alle drei ein blaues Zimmer, in dem ein älterer Herr sie er-
wartete. Dieser Herr, den Clientinnen des Hauses unter dem Namen „l'homme
qui pique" bekannt, war der Angeklagte Bloch. Er empfing seine Opfer, nach-
lässig auf einem Sopha hingestreckt, in einem Rosa-Atlas-Peignoir, das reich
mit weissen Spitzen garnirt war. Die Mädchen mussten sich ihm einzeln, stillschweigend und mit einem Lächeln auf den Lippen (dies war ausdrücklich verlangt) nähern; man reichte ihm Nadeln, Batisttaschentücher und eine Art Geissel.
Die Novize, Claudine Buron, musste vor ihm niederknieen; er stach ihr in die
Brüste, ins Gesäss, fast in alle Theile des Körpers im Ganzen gegen hundert
Nadeln. Dann faltete er ein Taschentuch dreieckig zusammen und befestigte
es mit etwa zwanzig Nadeln auf dem Busen des jungen Mädchens, sodass ein
Zipfel zwischen die Brüste, die beiden übrigen auf die Schultern zu liegen
kamen, und riss das so festgesteckte Tuch mit einem brutalen Griffe plötzlich
ab. Nun erst, wie es scheint, recht erhitzt fiel er über das junge Mädchen
her, peitschte sie, riss ihr Büschel von Haaren am Unterleib aus, presste ihr
die Brustwarzen u. s. w. und — befriedigte sich endlich an ihr vor den
Augen ihrer Genossinnen. Diese hatten während der Zeit ihm den Schweiss
von der Stirn abtrocknen und plastische Stellungen annehmen müssen. Alle
drei wurden nun entlassen und empfingen von Herrn Bloch ein Honorar von
40 Francs. — Derartige Sitzungen wiederholten sich noch mehrmals; sie waren
jedoch dem Erzmillionär und ritterlichen Schlossherrn offenbar zu theuer, und
so beschied er sein jüngstes Opfer, die durch bittere Noth zur Annahme seiner
Vorschläge gedrängte Claudine, allein in ein kleines Hotel garni, wo er dieselben Acte mit ihr vornahm, ihr glänzende Versprechungen machte, aber nicht

mehr als jedesmal 5 Francs auszahlte. Die Unglückliche, mit Stichen bedeckt, erkrankte, ohne Hülfsmittel, schrieb in ihrer Verzweiflung die Briefe an Bloch, die zur Erhebung der Anklage führten. — Bloch, der als ein Mann von abschreckendem, säuferartigem Aussehen, mit fliehender Stirn, gelber Perrücke, kleinen bläulichen Augen, rother Plattnase und Knebelbart geschildert wird, legte sich bei den Verhandlungen anfangs aufs Leugnen, lachte dann, als man ihn an die Einzelheiten der obigen Scene erinnerte, und nahm eine Miene der Verwunderung darüber an, dass man um solche Lumpereien so viel Aufhebens mache. Der Gerichtshof verurtheilte ihn zu einem halben Jahre Gefängniss und 200 Fcs. Geldbusse (ausserdem civilrechtlich zu einem Schadenersatz von 1000 Fcs. an Claudine Buron) — seine Helfershelferin, die Marchand, zu einem Jahre Gefängniss. Es wurde ihm bei der Strafabmessung als mildernder Umstand angerechnet, dass er von der Minderjährigkeit seines (letzten) Opfers nichts gewusst habe.

Es ist ersichtlich, dass der traurige Held dieser Geschichte die „sadistischen Acte" zwar hauptsächlich um ihrer selbst willen, als eine specifische Art der Wollusterregung, cultivirte — dass er aber bei Verübung dieser Acte auch secundär in der Weise erregt wurde, um sich mit der gemisshandelten Person auf gewöhnliche Art geschlechtlich zu befriedigen. Aehnlich dürfte es sich wohl in einer ziemlich grossen, vielleicht der überwiegenden Mehrzahl der Fälle verhalten, und ich möchte daher annehmen, dass keine so scharfe Grenze zu ziehen ist zwischen dem Sadisten, „welcher aus originärer Perversion der Vita sexualis den Coitus perhorrescirt oder, entartet und impotent geworden, in Acten der Grausamkeit ein Aequivalent für jenen sucht und findet" — und „dem entarteten, relativ impotenten Wüstling, der sich zum Coitus durch präparatorische Acte der Grausamkeit fähig macht" (v. KRAFFT-EBING). Ich kann wenigstens versichern, dass, wenn man die ganze zehnbändige Justine et Juliette des Marquis DE SADE von Anfang bis zu Ende durchliest — eine nicht leichte Lectüre, die ich Niemandem anempfehlen möchte! — dass man darin kaum ein einziges Beispiel von einem „Sadisten" im beschränkten Sinne der obigen Definition finden wird, während es von gemischten oder mehr der zweiten Categorie angehörigen Beispielen geradezu wimmelt. Die Einzelheiten der DE SADE'-schen Scenen sind allerdings so haarsträubender Natur, dass sie sich der Wiedergabe an dieser Stelle fast durchweg entziehen. Ich will mich auf die Erwähnung des Grafen Gernande (im 3. und 4. Bd. der Justine) beschränken, der seine junge Frau nur geniesst, nachdem er sie vorher an den verschiedensten Körperstellen — venäsecirt hat, und auf den ihm sehr ähnlichen Typus des Noirceul (in Bd. 2 der Juliette), der sich, mit den übrigen Zuschauern dieser Schauerscene, auf seine vergiftete, sich in Todeszuckungen windende Frau stürzt —! — Diese DE SADE'schen Helden (sit venia verbo) sind fast sämmtlich nicht nur äusserst „potent", sondern werden sogar als wahre Mustertypen von Satyriasis geschildert, die aber allerdings grossentheils „im Princip" misogyn sind, nur lasterhafte Frauen goutiren, und zumal ihren als Tugendspiegel verabscheuten eigenen Ehefrauen

gegenüber erst nach vorbereitenden Acten der Grausamkeit die erforderliche Potenz finden. ¹)

Ein Seitenstück zu den romanhaften Ausgeburten eines DE SADE bietet
uns jener geschichtliche Graf von Chateaubriant, der seiner treulosen
Gattin — einer ehemaligen Maitresse Franz des Ersten — durch seine
Diener die Adern an Armen und Beinen öffnen lässt, und sich, von dem
Anblick ihres Todeskampfes aufgeregt, an der Verblutenden oder schon
Entseelten geschlechtlich befriedigt. Die Erzählung ist nicht sicher be-
glaubigt, aber nach früher erwähnten Analogien psychologisch wohl denk-
bar. Dichtung und Wirklichkeit stehen auf diesem ganzen Gebiete (wie
ja auch die Geschichte der Monstrositäten eines Gilles de Rais zeigt) in
verhängnissvoller Berührung und Wechselwirkung; und wie der Verfasser
der Justine et Juliette gewiss manche seiner Gemälde nach der Natur
mehr oder weniger treu copirt haben mag, so liegen leider auch Anzeichen
genug vor, dass seine höllischen Phantasien auf verwandte Naturen als unwiderstehlich zur Nachschaffung des Erdichteten anreizender Impuls wirkten.
Man darf daher auch für unsere Zeit den vergiftenden Einfluss der über-
handnehmenden pornographischen Literatur und einer gewissen Presse,
die mit Vorliebe über jedes sensationelle Verbrechen, zumal über Unzuchtdelicte, Lustmorde u. dgl. berichtet, keineswegs unterschätzen. Das Gleiche
gilt auch für den Einfluss gewisser in der bildenden Kunst, namentlich
in Frankreich, doch auch spurenweise in anderen Ländern, selbst bei uns
hervortretenden Richtungen. Es giebt unzweifelhaft auch einen Sadismus
der Kunst, oder mindestens eine nicht geringe Zahl oft mit virtuoser
Technik ausgeführter, aber in bedenklicher Weise sadistisch wirkender
Schöpfungen in Malerei und Sculptur. Ich darf den Kenner neuerer
Kunstschöpfungen nur an theilweise so bedeutende Werke, wie z. B.
Rodin's Pforte der Danteschen Hölle, Frémiet's Gorilla, der ein Weib raubt
(vor mehreren Jahren in München), Galliard-Sansonetti's Brunhild, an einzelne
Gemälde von Rochegrosse (Andromache, Jacquerie, Eroberung Babylons), an
Albert Keller's gekreuzigte Märtyrerin („Mondschein") und ähnliche erinnern.
Dass ein krankhafter, sexualperverser Zug durch manche Strömungen unserer heutigen Literatur und Kunst geht — ein Zug, dessen Erkenntniss
auch Schöpfungen wie Richir's „Verderbtheit" (augenblicklich in Berlin aus-
gestellt) und Klinger's wunderbare Salome in Leipzig inspirirt zu haben
scheint — lässt sich ja, so viel Entschuldigungen man dafür auffinden
mag und soviel technisch Vortreffliches man an einzelnen hierhergehörigen Leistungen auch bewundern mag, doch weder verschweigen noch

---

1) Man wird diese kleine Abschweifung und die wiederholten Anführungen aus
einem mit Recht so verpönten Autor — dessen Werke aber in sexualpathologischer
Hinsicht überaus belehrender Natur sind — wohl verzeihen. Nur zu oft habe ich die
Beobachtung gemacht, dass man sich in der Literatur dieses Gegenstandes fortwährend
auf DE SADE und seine Werke bezieht, ohne die allergeringste wirkliche Kenntniss
davon zu verrathen.

beschönigen; nur die Hoffnung, dass es sich auch hier mehr um vorübergehende Modeströmungen handelt und dass vielleicht frischere Winde
in Kunst und Leben die Luft bald rein fegen werden, kann uns über
derartige trübe und beunruhigende Beobachtungen hinwegtrösten.

Erotischer Flagellantismus. Active und passive Flagellation.

Steigen wir von den Lustmorden, den algolagnistischen Verwundungen
und Verstümmelungen u. s. w. um einige Stufen herab, so stossen wir auf
die im Allgemeinen ebenfalls dem algolagnistischen Gebiete zugehörigen
Praktiken der Flagellationsmanie, des erotischen Flagellantismus. Es kann sich auch hier theils um vorbereitende, auf Erweckung
der Libido und Potenz abzielende Acte, theils um ein wirkliches Coitus-
Surrogat in der Form der Flagellation handeln. Zu beiden Zwecken
kann sowohl active wie passive Flagellation dienen, die, so verschieden
auch die zu Grunde liegenden Motive sein mögen und so verschieden der
Mechanismus ihrer Wirkungen im Einzelnen sich gestaltet, beide doch
bei dafür disponirten Individuen in der stimulirenden Einwirkung über-
einstimmen und sich daher nicht selten zusammenfinden oder durch Rollen-
tausch gegenseitig vertreten.

Die Motive bei der activen Flagellation von Seiten des Mannes
liegen jedenfalls in der durch die Action bezweckten sexualen Erregung;
doch ist diese psychologisch wohl mit der bei anderen algolagnistischen
Acten hervorgerufenen nicht ganz auf eine Stufe zu stellen. Denn während
es sich bei diesen, wie wir sahen, in Wahrheit um einen Connex von
Wollust und Grausamkeit handelt, insofern der Anderen zugefügte Schmerz
es ist, der das eigene Lustgefühl hervorruft und steigert — ist dieser
Factor zwar bei der Flagellation nicht ausgeschlossen, kommt aber doch
nur gewissermaassen beiläufig, und bei den leichteren Formen der Flagellation, wo es sich mehr um eine Art von erotischer Tändelei handelt,
kaum in nennenswerther Weise zur Geltung. Hier wirken vielmehr je
nach den besonderen Umständen offenbar noch ganz andere Momente sinnlicher Erregung mit: der Anblick entblösster weiblicher Reize, und zwar
— bei der gewöhnlichen Art der Flagellation — gerade derjenigen, für die
sexuale Gourmands ohnehin ein besonderes ästhetisches faible an den Tag
legen; die durch Ideen-Association vermittelte Vorstellung, eine geliebte oder
doch erotisch begehrte Person ganz als Kind behandeln zu dürfen, sie
völlig unterjocht und unterwürfig zu wissen, über sie despotisch schalten
zu können; endlich die Beobachtung der unmittelbaren Folgewirkungen
bei der Flagellirten, die Veränderungen der Hautfarbe, die auf- und ab-
zuckenden Bewegungen, die gewisse Begleiterscheinungen des Coitus vor-
täuschen oder anticipiren. Hierin liegt wohl das wesentliche Stimulans
für den flagellirenden Mann; es kommt aber dazu, dass auch bei der

Flagellirten die sexuale Erregung gefördert wird und die Flagellation bei
milder Ausübung von ihr kaum als Schmerz, sondern nur als wollüstiger
Reiz empfunden zu werden braucht. Man erinnere sich der bekannten
Stelle in dem Briefwechsel von Abälard und Heloise, wo von den Schlägen
die Rede ist, die Abälard als wohlbefugter Lehrer seiner erwachsenen
Schülerin, die zugleich seine Geliebte war, austheilte: „verbera quandoque
dabat amor, non ira magistralis, quaeque omnium gaudiorum dul-
cetudinem superarent." — Bei der von Seiten des Mannes erstrebten
und geflissentlich empfangenen passiven Flagellation können nun freilich
noch ganz andere Motive ins Spiel kommen — diejenigen, auf die früher
bei Besprechung der Machlänomanie (S. 114) hingewiesen wurde, und die mit
der Sexualität zunächst ganz ausser Beziehung erscheinen: Motive der De-
müthigung, der Selbsterniedrigung, der Askese, der freiwillig übernom-
menen Strafe und befreienden Busse. In diesem Sinne, also als mönchisch-
kirchliches Buss- und Zuchtmittel, spielte die Flagellation ja nicht bloss
in den Lebensgeschichten vieler Büsser und Heiligen, in der durch sie
geschaffenen Praxis der Mönchsorden, in dem Gebrauche bei geistlichen
Uebungen und als im Beichtstuhl verordnetes Absolutionsmittel lange
Zeit eine wichtige Rolle, sondern gelangte auch in den grossen Geisslergesellschaften des 13. und 14. Jahrhunderts, die einer Art von geistiger
Epidemie entsprangen, und in ihren schwächeren neuzeitlichen Ausläufern
zu einer eigenartigen weltgeschichtlichen Bedeutung. Aber auch bei diesen
durch den mystischen Fanatismus der Zeit erzeugten und getragenen Bestrebungen machten sich doch, wenn wir den Berichten trauen dürfen,
vielfach schon raffinirt sinnliche Ausschweifungen bemerkbar (z. B. bei
den heimlichen Geisslersecten, den Fraticellen, Begharden u. s. w. des
14. und 15. Jahrhunderts in Deutschland), die zu strengen Verboten
kirchlicher Oberen und zu schweren Verfolgungen führten. Man lese
darüber die Einzelheiten in Förstemann's classischem Werke über die
christlichen Geisslergesellschaften (Halle 1828).[1]) Der Uebergang von
religiöser zu erotischer Mystik liegt jedenfalls auf diesem Gebiete bedenk-
lich nahe, wie auch modernere Beispiele vielfach bestätigen. — Eine
andere Quelle passiver Flagellationssucht ist in dem Missbrauch der Flagellation zu pädagogischen Zwecken zu suchen, insofern die in der Kindheit und wohl auch über diese hinaus empfangene Flagellation
als Sexualreiz wirkte und daher mit erotischen Empfindungen
und Vorstellungen von früh auf in enge Ideen-Association trat.
Besonders gefährlich ist diese Art der Züchtigung daher bei Kindern von
neuropathischer Veranlagung und mit früh erwachtem Geschlechtstriebe,
dem doch die natürliche Art der Befriedigung noch fern, vielleicht sogar
unbekannt ist.

---

    1) Vgl. auch Schneegans, le grand pèlerinage des flagellants à Strasbourg
en 1349 (deutsch von Tischendorf 1840), und „Zeitschrift für Kirchengeschichte" 1877.

Das classische Beispiel dafür ist bekanntlich Jean Jacques Rousseau, der in seinen Confessions uns berichtet, wie die von Fräulein Lambercier an ihm vorgenommene Züchtigung den unwiderstehlichen Hang zur Folge hatte, von weiblichen Personen, die sein Interesse erweckten, auf gleiche Weise behandelt zu werden; dieser Hang begünstigte bei ihm exhibitionistische Neigungen, und war gewiss nicht ohne Zusammenhang mit späteren neuropathischen Zuständen, der juvenilen Erschöpfungsneurose, dem combinatorischen Verfolgungswahn seiner späteren Jahre (vgl. Moebius, Rousseau's Krankengeschichte, Leipzig 1889). Ich halte es für sehr wahrscheinlich, dass Rousseau's Selbstbekenntnisse auch in dieser Hinsicht propagandistisch gewirkt haben; wenigstens geht aus zahlreichen französischen und englischen Literaturproducten der zweiten Hälfte des vorigen Jahrhunderts hervor, dass bei der männlichen Jugend die Neigung, sich von Damen, wo möglich von solchen mit üppiger blendender Erscheinung und in grosser Toilette, flagelliren zu lassen, keineswegs zu den Seltenheiten gehörte. Also „Masochismus", lange vor Sacher Masoch! Man möchte darin vielleicht mehr eine harmlose „Verkindung" der Phantasie zu erblicken geneigt sein; in der Rolle, die die Dame bei dem Acte zu spielen hatte und anscheinend oft mit wirklichem Behagen spielte, ist im Allgemeinen mehr von der Mutter oder Gouvernante, als von der Geliebten. Doch konnte natürlich die sexuelle Erregung auf beiden Seiten dabei nicht ausbleiben; sie mag nicht selten auf der Seite der Flagellirenden ebenso stark, ja vielleicht noch stärker eingetreten sein [1]), und auch dies konnte ein für den Mann willkommenes Nebenproduct und späteres Motiv der passiven Flagellation bilden. — Endlich wurde letztere zuweilen direct für Frigidi und Impotente als vermeintliches letztes Hülfsmittel sogar nach ärztlicher Verordnung in Anspruch genommen, und soll sich in derartigen Fällen auch wirklich öfters bewährt haben, wobei ausser der physiologischen Reflexwirkung auf die genitalen Nervencentren wohl allerlei Suggestionen als unterstützende Factoren mitgewirkt haben mögen. Schon dem Alterthum war die Geisselung als Aphrodisiacum nicht fremd; das

---

1) Bekanntlich fehlt es nicht an Beispielen, dass Weiber sich auch durch Flagellation von ihresgleichen sexuell aufregten. Man denke nur an die Erzählungen Brantome's (Ed. Lalanne. t. XI. p. 284, 285) über Katharina von Medici, die es liebte, ihre schönsten Hofdamen eigenhändig mit Ruthen zu peitschen, und jene andere „grosse Dame", die ihre schon herangewachsene Tochter mehrmals täglich peitschte — lediglich aus lüsternen Motiven, wie Brantome ausdrücklich hinzufügt. Auch aus Klöstern und Pensionaten wird Aehnliches vielfach berichtet (vgl. das unter „Literatur" citirte Werk von Giovanni Frusta). Namentlich in englischen Schulen und Pensionen scheint die Ruthe auch heutzutage selbst sehr erwachsenen jungen Mädchen gegenüber eine nach unseren Anschauungen höchst befremdende, bedenklichem Missbrauch unterworfene Rolle zu spielen. Man vergleiche darüber einzelne der in der Literatur citirten Werke, sowie auch dasjenige was noch ganz neuerlich Otto Brandes („die Auspeitscherin", in „der Zeitgeist", Beiblatt zum Berliner Tageblatt vom 23. October 1893) aus London berichtet.

aus dem 16. Jahrhundert stammende berüchtigte Buch unter dem Namen der „Aloisia Sigaea" enthält davon mehrfache Beispiele, und vor 266 Jahren hat MEIBOM (in der zuerst 1639 erschienenen Epistola de flagrorum usu in re venerea etc.) dieses Thema ärztlich behandelt, das dann von BAR-THOLIN, PAULLINI und namentlich von dem (1753 in Chambéry geborenen und 1800 verstorbenen) französischen Arzte DOPPET weiter ausgeführt wurde. Ein bekanntes geschichtliches Beispiel ist jener Herzog Alfons von Ferrara (an dessen Hofe Tasso lebte), der seiner Gemahlin nur nach voraufgegangener Flagellation beizuwohnen vermochte. Umgekehrt soll auch bei Frauen, die in der ehelichen Umarmung kalt blieben, zuweilen erst eine dem Coitus voraufgeschickte Flagellation das Zustandekommen der Conception möglich gemacht haben, wie man dies von einer Zeitgenossin jenes Alfons, der Herzogin Leonore Gonzaga von Mantua, berichtet (sie soll auf den Rath eines arabischen Arztes von der Hand ihrer Mutter mit Ruthen gepeitscht worden sein [1]); Andere setzen die nämliche Geschichte irrthümlicherweise auf das Conto der schönen Nativa Pazzi). — Man sieht, die Motive für active und passive Flagellation sind mannigfach; der Gegenstand bietet nach verschiedenen Seiten hin pathologisches Interesse, erfreut sich auch einer überaus reichhaltigen Specialliteratur, doch ist ein näheres Eingehen darauf an dieser Stelle nicht möglich.

Schliesslich sei noch darauf aufmerksam gemacht, dass, wie bei anderen Formen der Algolagnie, auch hier der Fall vorkommt, dass die sexuale Erregung nicht durch active Ausübung oder passive Erduldung der Flagellation, sondern durch den blossen Anblick von Flagellationsscenen, oder sogar durch die blosse Vorstellung einer durch Andere an Anderen verübten Flagellation in genügender Stärke erzeugt wird. Ein Beispiel einer solchen imaginären oder illusionellen Form des erotischen Flagellantismus beobachtete ich u. A. bei einem 24jährigen, familiär stark belasteten Neurastheniker, dessen Vita sexualis daneben noch sonst abnorm verlaufende Erregungen aufwies. Da derartige Fälle immerhin seltener sein dürften, so lasse ich die bezüglichen Angaben des Patienten hier im Auszuge folgen.

(Krankenbericht). „Onanie seit drei Jahren, in den ersten Monaten fast täglich, später immer weniger, sodass ich mich bisweilen 1—2 Monate hielt. Folgen: Gedächtnissabnahme, Schwierigkeit, klare Gedanken zu fassen und präcis auszudrücken, Untauglichkeit zu längerer geistiger Arbeit, neuerdings auch leichter Schwindel und anhaltender, nicht gerade allzu heftiger Schmerz im Hinterkopf nach dem Halse zu." — „Werde durch zwei sich niemals mit einander vermischende Dinge sinnlich erregt, und zwar 1) durch Ansehen eines Weibes auf natürlichem Wege, wobei jedoch als nicht

1) „Tandem ex Arabis responso caesa ··· virgis Leonora parentis suae manu. Ad hanc diem, nullam ex Venere ceperat voluptatem. Hoc vero temporis momento — vehementissime mota est, lacessiti iterum verberibus lumbi, clunes et femora ad Venerem incensi" u. s. w. (Aloisia Sigaea de arcanis amoris et Veneris u. s. w.; Ausgabe Lyon 1752 p. 155).

ganz natürlich zu bemerken ist, dass Schwangere einen besonderen Reiz auf mich üben; 2) durch Ansehen, Erinnerung oder Vorstellung dessen, dass ein Weib ein Kind züchtigt oder auch nur tadelt."

„Beides bewirkt Erection; im Traume sehr starke und bis zur reichlichen Ejaculation, in waehem Zustande sehr schwache, wobei auch manchmal kaum nennenswerther Samenerguss erfolgt, und zwar bei der abnormen Empfindung mehr und weit öfter als bei der normalen; No. 1 erweckt in mir das recht mässige Verlangen nach einem Coitus. Der Versuch desselben gelang jedoch nur dreimal, was genügende Erection betrifft; von einem irgendwie nennenswerthen Lustgefühl oder Erguss war nie die Rede. No. 2 erhitzt mich und treibt mich schliesslich zur Onanie. Jedenfalls ist zu constatiren, dass No. 2 bei mir nicht die Kraft hat, eine Unterstützung von No. 1 beim Coitus zu sein. Ich versuchte dies einmal, als es sonst nicht gehen wollte. Der Penis erigirte sich auch, aber sobald ich den Willen darauf richtete, ihn einzuführen, ward er auch wieder schlaff."

„Familienangaben: Urgrossmutter trübsinnig. Eine Schwester meiner Mutter desgleichen; eine andere Schwester derselben grössenwahnsinnig. Zwei Geschwisterkinder derselben haben sich, meines Wissens in Folge von Onanie, eins erschossen, das andere erhängt. Wieder andere Familienmitglieder sind auf andere Weise degenerirt."

Der junge Mann, der vorstehende Angaben machte, war sehr zu Hypochondrie geneigt, in seiner Ernährung herabgekommen, übrigens begabt, studirte anfangs Medicin, gegenwärtig Jura. Schon als Gymnasiast hatte er, von Anderen verführt, Bordelle besucht und seine Phantasie dadurch sexual aufgeregt. Auffällig erscheint, dass die Flagellationsideen und damit verbundenen Erectionen sich nur beim Anblick fremder Damen, z. B. auf der Strasse, nie bei ihm bekannten Damen einstellten; auch durften nur Kinder das vorgestellte Züchtigungsobject bilden.

2. Homosexuelle Parerosie.

(Inversion des Geschlechtsinns; sog. conträre Sexualempfindung.)

1. Die Inversion des Geschlechtsinns bei Männern. Uranismus, Feminismus (Androgynie, Effeminatio).

Nach der bis vor etwa 30 Jahren ziemlich allgemein herrschenden Anschauung dachte man, wenn von homosexuellen Verhältnissen zwischen Männern die Rede war, fast ausschliesslich an Päderastie, für die in den älteren Gesetzbüchern in der Regel besondere Strafbestimmungen vorgesehen waren. Von ärztlicher Seite interessirten sich daher nur die Gerichtsärzte ex officio für die Sache, und auch diese meistentheils nur aus dem Gesichtspunkte, sichere „Kennzeichen" activer und passiver Päderastie bei den verdächtigten Individuen ausfindig zu machen. Das wurde ganz anders, nachdem zwei Gerichtsärzte von überaus reicher Erfahrung, TAR-DIEU in Paris und CASPER in Berlin, darauf aufmerksam gemacht hatten, dass unzweifelhaft bei einem Theile der zur Untersuchung gezogenen Individuen eine gewöhnlich angeborene Anomalie des gesammten geschlechtlichen Fühlens zu Grunde liege, in Folge deren eben nur der homosexuelle Verkehr die adäquate geschlechtliche Befriedigung dar-

biete. TARDIEU sowohl wie CASPER waren sehr geneigt, diesen Zustand
als einen psychopathischen zu betrachten und mit einer Abstumpfung, einem Defecte oder einer Perversion des moralischen
Gefühls, also mit einer Art von moral insanity in Verbindung zu
bringen; eine Annahme, die auch von späteren Autoren (LOMBROSO, LA-
CASSAGNE u. A.) vielfach getheilt und durch die verhältnissmässig
häufige Coincidenz päderastischer Neigungen mit verbrecherischer Naturanlage anscheinend unterstützt wird. — Eine neue Wendung erhielt die Sache durch WESTPHAL, der den auf beide Geschlechter
anwendbaren Begriff der „conträren Sexualempfindung" einführte,
und zwar als Symptom eines angeborenen neuropathischen Zustandes,
der in einer Verkehrung der normalen Geschlechtsempfindung mit dem
Bewusstsein von der Krankhaftigkeit eben dieser Empfindungsabweichung
bestehe. Durch diese Auffassung erlangten die hierhergehörigen Anomalien eine unmittelbare Bedeutung für Neuropathologie und Psychiatrie,
auf deren Grenzgebiete sich ja das krankhafte Empfindungsleben dieser
„Conträrsexualen" offenbar bewegte. Es wurde in Folge dessen nach und
nach ein überaus ansehnliches Material für die klinische Pathologie, die
Aetiologie und die forensische Würdigung dieser Zustände herbeigeschafft,
um dessen Zusammenfassung und Vervollständigung sich in den letzten
Jahren besonders v. KRAFFT-EBING, MOLL und v. SCHRENCK-NOTZING durch
hervorragende monographische Bearbeitungen verdient machten. Von
KRAFFT-EBING insbesondere rührt auch eine Betrachtungsweise dieser
sexualen Anomalie her, die über den Rahmen der obigen WESTPHAL'schen
Auffassung insofern hinausgeht, als KRAFFT-EBING diese Form „sexueller
Parästhesie" im Zusammenhange mit anderen geschlechtlichen Perversionen
seiner Psychopathia sexualis einordnet, und ihr den allerdings noch um-
strittenen Werth eines psychischen Degenerationszeichens zu-
spricht — während von anderer Seite neuerdings die Nothwendigkeit der
Unterscheidung angeborener und erworbener Zustände dieser Art und
die ätiologische Wichtigkeit von Gelegenheitsursachen, Erziehungs-
einflüssen u. s. w. im Verhältniss zu dem Erblichkeitsmomente nachdrücklich betont wird.

Ueberblicken wir zunächst den Kreis des Thatsächlichen, unbekümmert
um die daran geknüpften Theorien, so ist Folgendes heutzutage ausser
Zeifel: Es giebt einen gewissen, schwer bestimmbaren, aber anscheinend nicht ganz geringen Procentsatz männlicher Individuen, bei dem — zumeist auf Grund eigenthümlicher angeborener Veranlagung — jede heterosexuelle Reizung meist
von vornherein vollständig fehlt, oder doch schon gegen die
Pubertätszeit hin gänzlich zurücktritt, und dieser Defect durch
einen stark entwickelten, körperlichen und seelischen Zug zu
männlichen Geschlechtsgenossen, durch mann-männliche (homo-

sexuelle) Neigung ersetzt wird. Man kann insofern von einer „Umkehr", einer „Inversion" des natürlichen Geschlechtsverhältnisses bei diesen Individuen reden, als sie sich Männern gegenüber in ihrem Fühlen und Begehren derartig verhalten, wie sie es Frauen gegenüber naturgemäss thun sollten, und viec versa. Es hängt diese charakteristische Anomalie des Geschlechtsinns aber offenbar mit noch viel weiter greifenden Anomalien und Wandlungen der gesammten geistigen und körperlichen Persönlichkeit, wovon jene nur den Ausgangspunkt oder eine hervorragende Theilerscheinung bildet, untrennbar zusammen. — Man kann dabei verschiedene Grade oder Stadien dieser sexualen Inversion unterscheiden. Eine verhältnissmässig leichtere Form oder Vorstufe ist die der „psychosexualen Hermaphrodisie", wobei der Geschlechtsinn gewissermaassen ambidexter, auf heterosexuellen und auf homosexuellen Verkehr eingestellt ist; eine Form, der man namentlich in der Kindheit und Entwicklungsperiode frühreifer, neurasthenischer und sexuell hyperästhetischer Individuen, die später entschieden conträrsexual werden, nicht selten begegnet. Wenn auch die homosexuellen Neigungen der Stärke nach gewöhnlich schon überwiegen, so besteht doch noch nicht jene ausgesprochene, hochgradige geschlechtliche Antipathie gegen Frauen, die das zu voller Reife gelangte sogenannte „Urningthum" kennzeichnet. Beim „Urning" (— dieser offenbar an himmlische Abkunft, οὐρανός, an eine Stammverwandtschaft mit Venus Urania gemahnende Ausdruck ist gleich anderen ähnlichen Namensbildungen dem Kopfe jenes famosen Numa Numantius-Ulrichs entsprungen —), beim „Urning" also haben wir die entschiedenste und unverhohlenste Perhorrescenz jeglicher heterosexueller Geschlechtsbeziehung; die Neigung zum Manne ist dagegen aufs Höchste gesteigert, und zwar keineswegs bloss sinnlicher Natur, sondern mit idealen, mit pseudoethischen und pseudoästhetischen Elementen mindestens in demselben Grade vermischt und verquiekt, wie es bei den gewöhnlichen heterosexuellen Beziehungen von männlicher Seite durchschnittlich der Fall ist. Ueberaus häufig entwickeln sich daher unter „Urningen" Liebesverhältnisse, in denen eine schwärmerische Gluth, eine verhimmelnde Anbetung des Geliebten sich geltend macht, die uns als widerliches Zerrbild dessen erscheint, was wir im heterosexuellen Geschlechtsverkehr ganz in der Ordnung finden. Daneben macht sich beim Urning, zumal wenn er die passivere Rolle in diesen mann-männlichen Verhältnissen zu spielen pflegt, oft ein zunehmender Hang für weibliche Beschäftigungsweise, weibliche Kleidung, weibliches Wesen in Gang und Haltung, ein weiblicher Geschmack in den verschiedensten Aeusserlichkeiten des Lebens, überhaupt eine unwillkürliche Mimicry allerlei weiblicher Eigenthümlichkeiten auffällig bemerkbar. Der Charakter selbst erfährt eine allmähliche Umbildung und Umwandlung ins Weibliche, oder richtiger ins Weibische; die dem schönen Geschlechte zumeist zugeschriebenen Untugenden, Eitelkeit, Putzsucht, Gefallsucht, Lügenhaftigkeit u. s. w.

sind — oder werden mit der Zeit — ganz die des Urnings. Die ungeheure Eitelkeit und Selbstgefälligkeit dieser Leute erhellt vielfach schon aus ihren Autobiographien, mit denen sie — zumal seitdem KRAFFT-EBING eine Anzahl davon der Oeffentlichkeit übergeben hat — dem Arzte gegenüber sich gern aufspielen. Jeder hält sich für einen vollendeten Typus des Urningthums und betrachtet die nebensächlichsten Züge seiner „Vita sexualis" als Dinge von eminenter wissenschaftlicher Bedeutung. Daher liegt auch die Gefahr nahe, auf Grund ihrer Schilderungen nach einzelnen mitgetheilten Zügen zu sehr zu verallgemeinern. — In manchen Fällen kommt es allmählich zu einer Verwandlung des gesammten psychischen Seins, nicht bloss nach der Sexualsphäre hin, sondern mehr oder weniger auf fast allen Gebieten des Denkens und Wollens — zu einer zunehmenden Verweibung („Effeminatio") — wobei die so Effeminirten übrigens nicht nothwendig aufhören, den aus dieser psychischen Umwandlung sich ergebenden unlösbaren Widerspruch mit ihrer körperlichen Mannesnatur zu erkennen und als krankhaft zu empfinden. Indem sie also ihrem eigenen Geschlecht innerlich entfremdet gegenüberstehen, haben sie doch zugleich das Bewusstsein dieser Entfremdung als einer naturwidrigen, abnormen; und die hierdurch unterhaltene Disharmonie, der stete Zwiespalt ihres inneren und äusseren Menschen geht bei manchen dieser bedauernswerthen Geschöpfe als ein tragischer Zug durch ihr ganzes Leben, setzt ihr Dasein zu einer lügenhaften Scheinexistenz herab — selbst wenn sie sich äusserlich so weit beherrschen, um der Welt als geachtete, unangefochtene Persönlichkeiten, ja wohl gar als „glückliche" Gatten und Väter gegenüberzutreten. (Man vergleiche einzelne der bei KRAFFT-EBING und SCHRENCK-NOTZING mitgetheilten Autobiographien). — Ein interessantes literarisches Beispiel ist u. a. BALDUIN GROLLER's „Prinz Klotz": auch in einzelnen WILBRANDT'schen Gestalten sind leichte Züge der Effeminatio angedeutet. Wie weit übrigens die Beschnüffelung von Kunstwerken in dieser Richtung neuerdings geht, zeigt in auffälligster Weise der Umstand, dass man auch WAGNER's Parsifal für eine „homosexuale Oper", „eine geistige Kost für Päderasten" erklären konnte, weil in der Gralsburg Alles männlich, Ritter wie Bedienung, und der erlösende Held wie der Gralsritterverband „vollständig homosexual gedacht" sei. So wörtlich zu lesen bei Dr. med. OSCAR PANIZZA, Bayreuth und die Homosexualität (in der Monatschrift „Die Gesellschaft", Heft 1, 1895, p. 88).[1]

---

1) Dr. PANIZZA ist auf diese „Erwägung" dadurch verfallen, dass er in der „distinguirtesten Zeitung Süddeutschlands" am 21. Juli 1894, kurz vor der ersten Parsifal-Aufführung in Bayreuth, ein Inserat fand, worin ein „junger Bicyclist, Christ, bis 24 Jahr, aus sehr gutem Hause" zum Anschluss an einen ebensolchen (Ausländer) behufs Unternehmung einer gemeinschaftlichen Rundreise nach Tirol gesucht wurde: erwünscht sehr hübsches Aeussere, distinguirte Manieren, schwärmerisch angelegter Charakter. Anträge mit Photographie unter „Numa 77" postlagernd Bayreuth. Derartige Compagnie-Reisen sind offenbar häufig.

Bei noch höherer Entwicklung dieser psychischen Anomalie, wie sie allerdings nur ausnahmsweise, zumal auf Grund schwerer originärer Belastung, stattzufinden scheint, verliert sich das anfängliche Bewusstsein der Krankhaftigkeit mehr und mehr; es wird die innerlich längst vollzogene Umwandlung auch vom Bewusstsein gewissermaassen besiegelt und sanctionirt, und es kommt so zu ausgebildeten geschlechtlichen Wahnvorstellungen — zu einem Zustande, den KRAFFT-EBING neuerdings als Metamorphosis sexualis paranoica, als Wahn der Geschlechtsverwandlung bezeichnet. Die Disposition zur Erreichung dieser Endstufe psychosexualer Inversion ist vielleicht um so grösser, je mehr auch in Folge voraufgegangener körperlicher Entwicklungsanomalien eine Annäherung der Körperformen an weiblichen Habitus (Androgynie) individuell stattfindet. —

Ein typisches Beispiel dieser Art von Wahnvorstellung beobachtete ich kürzlich bei einem offenbar hochintelligenten Mann, der „auf Grund gewisser seit 4—5 Monaten beobachteter körperlicher Veränderungen" zu der „festen Ueberzeugung" gekommen war, dass er „aus einem 37jährigen Mann, Gatten und Vater eines Sohnes, ein Weib werde", und der seiner brieflichen Selbstschilderung u. A. Folgendes in characteristischer Weise hinzufügte: „Das Ungeheuerliche dieses Gedankens werden Sie begreifen; noch schlimmer aber für mich ist beinahe diese quälende Ungewissheit und die Furcht, dass Jemand auf meinen Zustand aufmerksam wird und solchen erkennt. Bis jetzt hat man mein blühendes Aussehen mit dem Ausdruck „ein Mann in den besten Jahren" bezeichnet; ein scharfer Beobachter würde aber, glaube ich, unschwer ergründen, dass es sich um ganz etwas Anderes handelt. Dabei gehen diese Veränderungen, namentlich die der „secundären Geschlechtsunterschiede" keineswegs in ruhiger, stetiger Entwicklung vor sich, sondern oft sprungweise, wechselnd mit den Tageszeiten, indem hier und da Reactionen eintreten, so dass ich also fast ständig den Eintritt irgend eines Entwicklungsstadiums besorgen muss, das mein Geheimniss auch minder guten Beobachtern preisgiebt". — Es verdient bemerkt zu werden, dass der im Uebrigen völlig klare und, wie gesagt, sehr intelligente Patient anscheinend durch das Studium des HAVELOCK ELLIS'schen Buches, „Mann und Weib" wesentlich beeinflusst war, worin eine allmälige Annäherung des männlichen an den weiblichen Typus (bezüglich der Schädel- und Beckenbeschaffenheit u. s. w.), überhaupt eine allmälig fortschreitende „Feminisation" als Ziel der modernen Culturentwicklung hingestellt wird (l. c. pag. 393).

Weitere ·für die pathologische und forensische Auffassung belangreiche Unterschiede ergeben sich aus den der Anomalie des Empfindungslebens entsprechenden motorischen Impulsen, aus den Handlungen, in denen der inverse Trieb, die homosexuelle Parerosie sich nach aussen bethätigt. Die hierhergehörigen Acte der Befriedigung des homosexuellen Triebes können an sich ziemlich mannigfaltiger Natur sein. Sie können u. a. — müssen aber keineswegs nothwendig — pädarastischer Art sein, also in „paedicatio" bestehen, was aber bei eigentlichen Urningen nur verhältnissmässig selten vorzukommen scheint, wenigstens von der Mehrzahl derselben mit grosser Lebhaftigkeit und Emphase als unwürdige Verdächtigung zurückgewiesen wird. Offenbar hat man früher das Gebiet des „Urningthums", des „Uranismus" sachlich und persönlich nicht abzugrenzen gewusst von dem in unseren Weltstädten mehr und mehr anschwellenden Gebiete mann-männlicher Prostitution, wobei es sich ja allerdings wesentlich um eine Befriedigung homosexueller päderastischer Neigungen, sei es in activer oder in passiver Rolle (des „cinaedus" und des „pathicus" der Alten) handelt. Aber weder die Werkzeuge dieser mann-männlichen Prostitution, noch die Mehrzahl ihrer Gönner und Freunde haben mit der psychosexualen Anomalie, die uns hier beschäftigt, das Geringste zu schaffen — wenn auch der „Urning" wohl faute de mieux hier und da gerade so zu männlichen Prostituirten greifen mag, wie der geschlechtlich „normal" empfindende Mann (leider) zu weiblichen. — Abgesehen also von der „paedicatio" kann die Befriedigung des homosexuellen Triebes noch in ziemlich verschiedenartiger Weise erfolgen: theils durch mutuelle Berührung, Reibung, Manustupration, durch Ejaculation zwischen den Schenkeln (das scheinen bei den eigentlichen Urningen die gewöhnlichen Acte zu sein) oder auch wohl im Munde; theils aber in den schon früher erwähnten symbolischen Acten der Exhibitionisten und Fetischisten und in Form schwerer sexueller Perversitäten. Der homosexuelle Impuls kann also, zumal wenn er bei schwer belasteten oder gar bei eigentlichen Verbrechernaturen zum Durchbruche kommt, mit activer und passiver Algolagnie (Sadismus, Flagellantismus), mit Bestialität, Mordsucht, Nekromanie u. s. w., überhaupt mit allen jenen verbrecherischen Delicten einhergehen, von denen in dem früheren Abschnitte die Rede war und wovon wir u. A. in dem p. 115 erwähnten Falle des Gilles de Rais ein bemerkenswerthes geschichtliches Beispiel kennen gelernt haben.

Es ist nach diesem kurzen Ueberblick die generelle Frage nicht zu umgehen, wie weit man es bei allen diesen verschiedenen Schattirungen und Formen hetorosexueller Parerosie mit Zuständen von pathologischer Bedeutung zu thun hat, und ob diese Bedeutung als wesentlich neuropathische oder im engeren Sinne psychopathische zu bestimmen ist — eine Frage, die ja unzweifelhaft nicht bloss für die gerichtsärztliche Auffassung dieser Zustände, sondern für unsere gesammte ärztliche Stellungnahme ihnen gegenüber, z. B. für unser therapeutisches Eingreifen wesentlich in Betracht kommt. Der Streit der Meinungen hierüber, der neuerdings besonders durch die schon angedeutete KRAFFT-EBING'sche Auffassung dieser Zustände wieder entfacht worden ist, hat bisher noch keine endgültige Entscheidung gefunden. Nach KRAFFT-EBING ist die conträre Sexualempfindung als ein functionelles Degenerationszeichen und als Theilerscheinung eines neuropsychopathischen, meist hereditär bedingten Zustandes zu betrachten. Als Stützen dieser Anschauung werden von KRAFFT-EBING folgende Thatsachen hervorgehoben.

1) Das Geschlechtsleben derartig organisirter Individuen macht sich in der Regel abnorm früh und in der Folge abnorm stark geltend. Nicht selten bietet es noch anderweitige perverse Erscheinungen ausser der an und für sich durch die eigenartige Geschlechtsempfindung bedingten abnormen Geschlechtsbefriedigung.

2) Charakter und ganzes Fühlen sind von der eigenartigen Geschlechtsempfindung, nicht von der anatomisch-physiologischen Beschaffenheit der Geschlechtsdrüsen bedingt. Die geistige Liebe dieser Menschen ist vielfach eine schwärmerisch exaltirte, wie auch ihr Geschlechtstrieb sich mit besonderer, selbst zwingender Stärke in ihrem Bewusstsein geltend macht.

3) Neben den functionellen Degenerationszeichen der conträren Sexualempfindung finden sich anderweitige functionelle, vielfach auch anatomische Entartungszeichen.

4) Es bestehen Neurosen (Hysterie, Neurasthenie, epileptische Zustände u. s. w.). Fast immer ist temporäre oder dauernde Neurasthenie nachweisbar. Diese ist in der Regel eine constitutionelle, in angeborenen Bedingungen wurzelnde. Geweckt und unterhalten wird sie durch Masturbation oder durch erzwungene Abstinenz. Bei männlichen Individuen kommt es auf Grund dieser Schädlichkeiten oder schon angeborener Disposition zur Neurasthenia sexualis, die sich wesentlich in reizbarer Schwäche des Ejaculationscentrums kundgiebt. Damit erklärt sich, dass bei den meisten Individuen schon die blosse Umarmung, das Küssen oder selbst nur der Anblick der geliebten Person den Act der Ejaculation hervorruft. Häufig ist dieser von einem abnorm starken Wollustgefühl begleitet bis zu Gefühlen „magnetischer" Durchströmung des Körpers.

5) In der Mehrzahl der Fälle finden sich psychische Anomalien (glänzende Begabung für schöne Künste, besonders Musik, Dichtkunst u. s. w. bei intellectuell schlechter Begabung oder originärer Verschrobenheit) bis zu ausgesprochenen psychischen Degenerationszeichen (Schwachsinn, moralisches Irresein). Bei zahlreichen Urningen kommt es temporär oder dauernd zu Irresein mit dem Charakter der Degeneration (pathologische Affectzustände, periodisches Irresein, Paranoia u. s. w.).

6) Fast in allen Fällen, die einer Erhebung der körperlich-geistigen Zustände der Ascendenz und Blutsverwandtschaft zugänglich waren, fanden sich Neurosen, Psychosen, Degenerationszeichen u. s. w. in den betreffenden Familien vor.

Gewiss wird man das von Krafft-Ebing in diesen Sätzen entworfene Bild als zutreffend für eine nicht geringe Klasse von Individuen mit homosexueller Parerosie anerkennen, und für diese die Richtigkeit der gezogenen Folgerungen ohne Weiteres zugeben müssen. Andererseits ist doch nicht zu leugnen, dass bei Weitem nicht alle Männer mit inverser Sexualempfindung den neurasthenischen Charakter in der Weise an sich tragen, wie es im vierten der obigen Sätze geschildert ist; dass überhaupt die conträre Sexualempfindung keineswegs Neurasthenie zur unbedingten Voraussetzung, ebenso wenig zur nothwendigen Folge zu haben braucht — so häufig auch das Eine oder das Andere entschieden der Fall ist. Hier kommen wir also zur Möglichkeit einer „erworbenen" conträren Sexualempfindung, wie sie übrigens Krafft-Ebing selbst zugiebt, gegenüber der allerdings weit häufigeren angeborenen. Wie es scheint, wird dabei auf

9*

die Ermittelung occasioneller, accidenteller Momente in Beziehung
auf die Entwicklung homosexueller Parerosie künftighin noch grösseres
Gewicht zu legen sein. Diese Gelegenheitsursachen bestehen offenbar zumeist in solchen, durch erzieherische Einflüsse und Umgebung während
der Kindheit und Pubertät hervorgerufenen Eindrücken und Vorstellungen,
die der geschlechtlichen Phantasie die bestimmende Richtung anweisen;
daneben auch in solchen Momenten, die überhaupt ein frühes Erwachen
des Geschlechtslebens und besonders den Hang zu Onanismus begünstigen.
Ob derartige Momente für sich ganz allein, auch bei völliger Abwesenheit
hereditärer Belastung und neuropathischer Constitutionsanomalie, zu conträrer Sexualempfindung höheren Grades führen können, ist allerdings bisher
unerwiesen. Andererseits enthält aber doch auch eine vorhandene, noch so
schwere neuropsychopathische Disposition für sich allein ebensowenig eine
ausreichende Begründung. Es muss vielmehr noch irgend etwas Weiteres
hinzukommen, mag dieses Etwas auch für uns vorläufig noch ein schwer
bestimmbares x sein; der erwachende Sexualtrieb muss, sei es durch einzelne Zufälligkeiten oder durch die fortdauernd ihn umgebende Atmo-
sphäre, durch die Einflüsse von Erziehung und Milieu, in homosexuelle
Bahnen abgedrängt werden (wie es z. B. bei der bekanntlich als Knabe
erzogenen „Comtesse Sarolta" — neben allerdings mitwirkender erblicher
Belastung — augenscheinlich der Fall war).

Die Frage der angeborenen oder erworbenen Entstehung ist unstreitig
auch in praktischer Beziehung von grossem Interesse. Insofern nämlich,
wie es neuerdings angestrebt wird, von einem ärztlichen therapeutischen Eingreifen auf diesem Gebiete überhaupt die Rede sein soll, werden offenbar die Fälle mit erworbener conträrer Sexualempfindung im
Ganzen einen verhältnissmässig weit günstigeren Boden dafür bieten als
die Fälle mit deutlich ausgesprochener Veranlagung, ja mit degenerativer
Belastung. Aus diesem Gesichtspunkte hat sich besonders v. SCHRENK-
NOTZING in jüngster Zeit bemüht, den Nachweis zu führen, dass das occasionelle Moment in den Krankengeschichten der „Urninge" (wie auch
anderer geschlechtlich Verirrter) eine weit grössere Bedeutung beansprucht,
als bisher im allgemeinen geglaubt wurde. Er findet, dass hier fast überall Erziehungeinflüsse bei allerdings vorhandener erblicher Neuropathie oder Psychopathie, eine maassgebende Rolle spielen, und
kommt bei Durchsicht des gesammten casuistischen Materials zu dem
Schlusse, es sei „ein absolut strenger Beweis für das Zustandekommen
conträrsexualer Reizungen und der Effeminatio unter Ausschluss des
Erziehungmomentes in keinem Falle geliefert". Wie mir scheinen
will, berechtigen allerdings die von SCHRENK-NOTZING selbst beigebrachten
Beweismaterialien bei genauerem Zusehen grossentheils noch nicht genügend zu positiven Schlüssen in dem von ihm angenommenen Sinne.
Wenn von derartigen Patienten gemeldet wird, dass sie schon im 5. oder
8. Jahre grosse Lust empfanden, eines fremden Penis ansichtig zu werden,

oder dass sie sich im 11. oder 13. Jahre in Männer verliebten und dadurch
die „Determination ihres Geschlechtstriebes" erhielten, so liegt doch hier
anscheinend eine Verwechselung von Ursache und Wirkung vor; es handelt sich da nicht um „occasionelle Momente", sondern vielmehr
um deutliche Zeichen schon vorhandener und ausgesprochener
conträrer Sexualempfindung. Bei Knaben mit früh erwachendem
Geschlechtsinn, die aber nicht von vornherein homosexuell veranlagt sind,
kann man oft genug die Beobachtung machen, dass sie sich ganz ausserordentlich für weibliche Formen, Brüste, Hüften u. s. w. interessiren und
sogar durch deren Anblick oder etwaige Berührung Erection bekommen,
auch zum Onaniren angereizt werden, dass sie dagegen nicht im mindesten eine ähnliche Empfänglichkeit für Versuchungen in masculiner
Form an den Tag legen, selbst wenn sie sich mit Spiel- und Schulge-
führten zum Zweck mutueller Manustrupation vorübergehend alliiren. Wie
natürlich, leidet das gesammte casuistische Material der conträren Sexualempfindung gerade im Punkte der anamnestischen Angaben an geringer
Zuverlässigkeit, da diese stets ausschliesslich auf den autobiographischen
Mittheilungen fussen, die von den „Urningen" selbst in sehr viel späterem
Lebensalter gemacht wurden. Selbst ganz abgesehen von der den Urningen
vielfach eigenen „weiblichen" Sucht zu Uebertreibungen und Erfindungen
wird man gewiss in der Meinung nicht fehlgehen, dass sie, wie alle Laien,
nur zu geneigt sind, gleichgültigen Nebenumständen zu einer erheblichen
ätiologischen Bedeutung zu verhelfen: wie ja beispielsweise fast jede Ky-
phose auf einen Fall aus der Wiege oder vom Arm der Wärterin und
dergl. zurückgeführt wird. Es lässt sich also mit dem casuistischen Material in dieser Beziehung nicht allzu viel anfangen; so viel jedoch ist
immerhin mit einiger Bestimmtheit zu entnehmen, dass nicht immer der
conträre Impuls sich von vorn herein zu äussern braucht, vielmehr während
der Kindheit und bis zur Pubertät eine gewisse sexuelle Neutralität
auch in solchen Fällen bestehen kann, die späterhin das vollentwickelte
Bild conträrer Sexualempfindung darbieten. In derartigen Fällen sind wir
gewiss vielfach berechtigt, auf eine Mitbetheiligung occasioneller,
accessorischer, besonders in Einflüssen der Erziehung und
Umgebung bestehender Schädlichkeiten zu schliessen ohne diese
freilich im Einzelnen stets nachweisen zu können. Selbst wo ein solcher
Nachweis scheinbar gelingt, wo die Angaben etwas positiver lauten, sind
die mitgetheilten Thatsachen öfters so, dass sie wenig Vertrauen in dieser
Beziehung einflössen und mindestens einer ziemlich verschiedenartigen
Deutung unterliegen; wie beispielsweise in jenem Falle von HAMMOND,
wo der Patient sich, nachdem er angeblich die Paarung von Hunden mit
angesehen hatte, einen Bleistift in den After einführte, diesen Versuch
später mit einem Zahnbürstenstiel wiederholte u. s. w. und sich in der
Folge zum (passiven) Päderasten entwickelte — oder in jenem anderen
HAMMOND'schen Falle, wo eine erlittene Schulzüchtigung als Ausgangs-

punkt späterer (activer und passiver) päderastischer Neigungen angeführt wird.

Zunächst ist in Fällen, wie die eben erwähnten, durch nichts erwiesen, dass es sich um erworbene, krankhafte, conträre Sexualempfindung handelt, sondern diese Fälle machen viel eher den Eindruck gezüchteter, nicht krankhafter Päderastie — zumal ja päderastische Acte bei den eigentlichen Urningen überhaupt selten vorkommen. Will man aber solche Fälle als erworbene conträre Sexualempfindung gelten lassen, so ist gewiss eine recht erhebliche krankhafte neuropsychische Veranlagung vorauszusetzen, um aus so unbedeutenden Gelegenheitsanlässen psychosexuale Folgeerscheinungen von so schwerer und nachhaltiger Beschaffenheit zu produciren.

Wenn also Schrenk-Notzing zu dem Endergebnisse kommt, der Antheil der occasionellen Momente sei vielfach in der Aetiologie des Gewohnheitstriebes zu gewissen sexuellen Entäusserungen ein grösserer, als derjenige erblicher Belastung — so wird man dafür, wenigstens soweit es sich um das Gebiet homosexueller Parcrosie bei Männern handelt, in dem bisher vorliegenden Material die ausreichende Begründung vermissen, und daher auch den daran geknüpften Folgerungen für Prognose und Therapie nur mit Vorbehalt zustimmen können. Ich möchte aber damit die Möglichkeit und gelegentliche Wichtigkeit des Einflusses pädagogischer Schädlichkeiten, namentlich der in Schulen und sonstigen Erziehungsanstalten ertheilten Anleitung zu mutueller Onanie, in keiner Weise negiren. Auch sei im Voraus darauf hingewiesen, dass bei der entsprechenden homosexuellen Parcrosie der Frauen die meist erworbene Entstehung und der Einfluss occasioneller Schädlichkeiten vielfach deutlich hervortritt.

Die in pathogenetischer Beziehung offenbar noch vorhandene Lücke ist durch mehrfache anderweitige Erklärungsversuche aus neuester Zeit bisher nicht ausgefüllt worden. So hat von Erkelens versucht, das Urningthum als Rest des entwickelungsgeschichtlich einheitlichen Geschlechtsapparates bei Mann und Weib aufzufassen, und gewissermaassen als eine breitere psychologische Ausführung dieser Hypothese kann auch die von Max Dessoir aufgestellte Theorie angesehen werden. Danach würde bei jedem Individuum in der Zeit des erwachenden Geschlechtstriebes zunächst eine Zeit „undifferenzirten Geschlechtsgefühls" anzunehmen sein, wobei die sich bekundenden sexuellen Gefühle noch nicht auf das von dem eigenen differente Geschlecht bezogen werden, bei Knaben zwischen 13 und 15, bei Mädchen etwa zwischen 12 und 14 Jahren (eine vom Standpunkte praktischer Erfahrung kaum aufrecht zu erhaltende Ansicht, da zumal bei Mädchen das heterosexuelle Gefühl oft schon in sehr frühem Alter deutlich hervortritt). Dieses Stadium undifferenzirten Geschlechtgefühls kann nun bei einzelnen Individuen abnorm lange, ja das ganze Leben hindurch bestehen, das Geschlechtsgefühl bleibt hier gewissermaassen embryonisch; andererseits schreitet es entweder in normaler typischer Weise zur Heterosexualität fort — oder in Ausnahmefällen zur Homosexualität, zum Urningthum und Tribadismus. Es bleibt aber dabei doch die Frage ungelöst, warum eben in diesen Ausnahmefällen der ursprünglich indifferenzirte Trieb zur Homosexualität entartet, was durch die von DESSOIR beigebrachten, ziemlich nichtssagenden Allgemeinheiten (geringere individuelle Widerstandsfähigkeit; zufälliges Ueberwiegen gleichgeschlechtlicher Reizungen u. dergl.) nicht genügend erklärt wird.

Fassen wir alles zusammen, so bleibt doch immer als entscheidendes pathogenetisches Moment die a b n o r m e n e u r o p s y c h i s c h e V e r a n l a g u n g (mag diese nun angeboren sein und auf e r b l i c h e r B e l a s t u n g beruhen oder in f r ü h e r J u g e n d, zum Theil durch Gehirnkrankheiten, Verletzungen u. dergl. a c q u i r i r t sein); denn nur bei Individuen, deren psychische Widerstandskraft von früh auf fast null oder wenigstens gegen die Norm ausserordentlich herabgesetzt ist, können die schädigenden Einzeleindrücke von Milieu und Erziehung sich so schrankenlos im Bewusstsein ausbreiten und, ohne auf hemmende und zurückdrängende Gegenwirkungen zu stossen, das gesammte Empfindung- und Vorstellungleben so überfluthen, um sich zu überwältigenden, allbeherrschenden, die ganze Persönlichkeit nach sich wandelnden Mächten um- und auszugestalten. — Wenn dem aber so ist, so erscheint von vornherein auch die Hoffnung ziemlich gering, dass es gelingen könne, in schon vorgeschrittenem Lebensalter die längst befestigte krankhafte Triebrichtung zu erschüttern, zur Umkehr zu bringen, und sogar eine W i e d e r h e r s t e l l u n g d e r n o r m a l e n Geschlechtsempfindung (oder vielmehr, da von einer „Wiederherstellung" ja nicht die Rede sein kann, wo nie etwas derartiges vorhanden war, eine Umformung der pathologischen, homosexuellen, in n o r m a l e, h e t e r o s e x u e l l e E m p f i n d u n g u n d T r i e b r i c h t u n g) künstlich zu erzielen![1])

Jeder beschäftigte Nervenarzt ist wohl oft genug in der Lage gewesen, sich mit derartigen Individuen, die ja nicht selten sind und zumal seit dem ersten Erscheinen der Psychopathia sexualis sich mehr und mehr in die ärztlichen Sprechstunden drängen, so gut es geht therapeutisch abfinden zu müssen. Eine intensivere und Aussicht auf Erfolg bietende ärztliche Einwirkung, die natürlich nur p s y c h i s c h e r Art sein kann, ist erst möglich geworden, seitdem das moderne Hilfsmittel der S u g g e s t i o n s t h e r a p i e für diesen Zweck herangezogen wurde, wie es in den letzten Jahren durch RENTERGHEM und VAN EDEN, WETTERSTRAND, FOREL, BERNHEIM, LADAME, KRAFFT-EBING, MOLL, mit ganz besonderem Eifer und Erfolge aber durch SCHRENCK-NOTZING geschehen ist. Nach einer Zusammenstellung des letztgenannten Autors sollen unter 32 mit Suggestion behandelten Fällen von „Paraesthesia sexualis" nur 5 Misserfolge gewesen sein; leicht gebessert wurden 4, wesentlich gebessert 11, geheilt sogar

---

1) Eher dürfte noch von richtig geübten pädagogischen Einwirkungen in früher Jugend etwas zu erwarten sein, falls es eben gelingt, die homosexuellen Neigungen aus einzelnen Zügen (Eitelkeit, Putzsucht, weibliche Verkleidung u. dgl.) früh genug zu erkennen und demgemäss zu bekämpfen.

12 Fälle! Ein Resultat, das fast zu erfreulich klingt, um nicht zu mancherlei Bedenken Anlass zu geben. Am überzeugendsten erscheinen drei von SCHRENCK-NOTZING ausführlich berichtete Fälle in deren einem die Heilung nach Verlauf von vier und drei Viertel Jahren, während deren die Verheirathung des Patienten stattfand, noch als fortdauernd constatirt wird, so dass hier wohl auf eine Persistenz des erzielten Ergebnisses gehofft werden kann; es war dies noch dazu ein besonders schwerer Fall, mit völlig entwickelter und durch die Behandlung nahezu beseitigter Effemination. Auch in dem zweiten Falle betrug die Beobachtungsdauer, bei erfolgter Heilung, vier und ein halbes Jahr; in dem dritten, bei allerdings nur „relativer Heilung" — sexuale Erregungsmöglichkeit durch beide Geschlechter; Stadium sogenannter „psychischer Hermaphrodisie" — so gar volle fünf Jahre. In andern Fällen wurden dagegen, namentlich bei ungenügender Behandlungsdauer, Recidive beobachtet; wie es denn überhaupt als selbstverständlich anzusehen ist, dass eine im Verlaufe vieler Jahre festgewurzelte sexuelle Entwicklunganomalie nicht mit einem Zauberschlage, im Verlaufe weniger hypnotischer Sitzungen oder gar einer einzigen Sitzung, dauernd getilgt werden kann; angebliche Resultate dieser Art erweisen sich fast ausnahmslos als Illusionen. In den geheilten Fällen war zum Theil die Behandlungsdauer und Sitzungszahl ziemlich gross (142, selbst 204 hypnotische Sitzungen); auch empfiehlt SCHRENCK-NOTZING, die „Geheilten" prophylaktisch alle 8 oder 14 Tage, etwa ein Jahr lang, hypnotisch fortzubehandeln und für regelmässigen Geschlechtsverkehr Sorge zu tragen. Letzteren betrachtet SCHRENCK-NOTZING geradezu als eine „conditio sine qua non" für dauernde Heilung. Natürlich kann aber davon erst in einem schon vorgeschrittenen Stadium der Besserung die Rede sein; in der Regel kommt es bei Conträrsexualen zunächst zu einer Art von geschlechtlicher Neutralität, indem die Patienten zwar gleichgültig gegen homosexuelle Reize geworden sind, aber noch unempfänglich für heterosexuelle (weibliche). Dies entspricht dem Gange der Suggestivbehandlung, die in erster Reihe darauf abzielt, die homosexuellen Gefühle zu bekämpfen, heterosexuelle Gefühle zu erzeugen und zu fördern, während erst in zweiter Linie die Bethätigung des Triebes in normaler Weise anzustreben ist. Bei der meist vorhandenen sexuellen Hyperästhesie derartiger Individuen erweist sich auch die Einhaltung einer längeren geschlechtlichen Abstinenz im Anfange der Behandlung oft von erheblichem Nutzen.

Wie schon aus diesen Andeutungen hervorgeht, wäre es eine ganz voreilige Meinung, und entspränge nur den vielfach noch herrschenden bedauerlichen Vorurtheilen in Betreff der Suggestivbehandlung, letztere wie etwas ganz Einfaches und Selbstverständliches, ja wie eine Art harmloser Spielerei anzusehen, die im Grunde jeder Laie ebenso gut auszuführen vermöge. Im Gegentheil bedarf es dabei, soll wirklich etwas erreicht werden, vieler Ueberlegung und planvoller Berechnung, genauester Berücksichtigung der Individualität des Kranken, und vor Allem auch einer mit vollem Ernst auf die Sache eingehenden, sich ganz dafür einsetzenden Persönlichkeit. Wem das nicht gegeben ist, und wer überhaupt eines rechten Verständisses und Mitgefühls für die hier in Betracht kommenden schwierigen und eigenartigen Krankheitzustände ermangelt — was leider auch bei Aerzten recht häufig der Fall ist — der·thut gewiss gut daran, sich eigener Behandlungversuche auf diesem Felde ganz zu enthalten; er sollte aber nicht so weit gehen, sich über die mühsamen und aufopferungsvollen Versuche Anderer so wegwerfend und absprechend zu äussern, wie es namentlich von psychiatrischer Seite über die Suggestivbehandlung derartiger Zustände mehrfach beliebt wurde.

Schliesslich mögen noch einige Bemerkungen über die forensische Seite des Gegenstandes Platz finden. Das deutsche Strafgesetzbuch (§ 175) bedroht bekanntlich mit Strafe: „die widernatürliche Unzucht, welche zwischen Personen männlichen Geschlechts oder von Menschen und Thieren begangen wird" — während das österreichische Strafgesetz (§ 129) allgemeiner die Unzucht mit Personen desselben Geschlechts unter Strafe stellt (also auch den amor lesbicus mit umfasst, der in Deutschland straffrei bleibt). Es ist nun im Sinne des § 175 des deutschen Strafgesetzbuches zunächst zweifelhaft, wie weit der Begriff der „widernatürlichen Unzucht" zwischen Personen männlichen Geschlechts reicht — ob also darunter auch die verschiedenen, nicht päderastischen Acte homosexueller Befriedigung, die mutelle Manustupration u. s. w. mit einbegriffen sind, oder nicht. Für letztere Auffassung scheinen die „Motive" des Strafgesetzentwurfs zu sprechen, in denen ausdrücklich betont wird, dass durch diesen Paragraph die auf Sodomie und Päderastie im preussischen Strafgesetzbuch (§ 143) angedrohte Strafe aufrecht erhalten wird. Eine Reichsgerichtsentscheidung hat den Begriff der „widernatürlichen Unzucht" zwischen Männern dahin erläutert, dass es sich dabei um einen dem naturgemässen Beischlaf ähnlichen Act handeln müsse — was aber auch ziemlich widerspruchsvolle Deutungen zulässt; jedenfalls sind blosse „unzüchtige Handlungen" (wie sie § 176 unter Umständen für strafbar erklärt) von der „widernatürlichen Unzucht" begrifflich zu unterscheiden. — Erwachsen schon hieraus im einzelnen Falle namhafte Schwierigkeiten, so werden diese weitaus dadurch gesteigert, dass in Folge der neuerdings mehr und mehr herrschend gewordenen Anschauungen es sich bei den auf homosexuelle Befriedigung abzielenden Acten in der überwiegenden Mehrzahl der Fälle um Delicte handelt, die von neuropathischen oder vielfach selbst psychopathischen Individuen begangen werden, deren Zurechnungsfähigkeit somit „wegen krankhafter Störung der Geistesthätigkeit" (deutsches Strafgesetzbuch § 51) ausgeschlossen oder doch in Zweifel gezogen werden kann. Hier wird zunächst zwischen der angeborenen und erworbenen conträren Sexualempfindung zu unter-

scheiden sein; indessen auch wenn man mit KRAFFT-EBING die erstere
als Theilerscheinung erheblicher Belastung, als psychisches Degenerations-
symptom auffasst, würde doch dem „geborenen Urning" deswegen die Zurechnungsfähigkeit noch nicht ohne Weiteres abzuerkennen sein — hierzu
bedürfte es vielmehr offenbar im Einzelfalle einer sorgfältigen Untersuchung der gesammten Geistesthätigkeit; es wird dabei namentlich zu
erwägen sein, in wie weit der homosexuelle Trieb sich dem Individuum
mit unwiderstehlichem Zwange fühlbar macht oder noch durch ent-
gegenwirkende Motive unterdrückt und in Schranken gehalten werden
kann; ob der homosexuelle Trieb überhaupt noch als krankhaft und
naturwidrig empfunden wird, oder ob die mit dem anomalem Geschlechtsinn zusammenhängende Umwandlung der geistigen Persönlichkeit
auf allen Gebieten des Fühlens und Wollens sich schon in dem Umfange
vollzogen hat, um den Gedanken an die Krankhaftigkeit jenes Triebes gar
nicht mehr aufkommen zu lassen. — Doch ist auch hiermit die Sache in
forensischer Beziehung noch nicht ganz erledigt. Ueber den „Urningen",
soweit sie eben nicht als entschieden psychopathische Individuen auf den
Schutz mangelnder Zurechnungsfähigkeit Anspruch machen können, hängt
als Damoklesschwert beständig jener fatale Strafparagraph, und sie fühlen
sich dadurch von den bekanntlich „höchsten irdischen Freuden" der
Liebe ungerechterweise ausgeschlossen, zu einem ununterbrochenen selbst-
quälerischen Kampfe mit den gerade bei ihnen häufig abnorm starken
geschlechtlichen Impulsen und zu einer lebenslänglichen Abstinenz verurtheilt, da sie sich heterosexuell nicht befriedigen können und wollen,
homosexuell aber nicht befriedigen dürfen. Kein Wunder also, dass
schon vor 25 Jahren der Apostel und Taufpathe des Urningthums, der
hannöversche Jurist ULRICHS, gegen die entsprechenden Bestimmungen
des preussischen Strafgesetzes Sturm lief, und dass neuerdings eine leb-
hafte Agitation in den betheiligten Kreisen auf Abschaffung oder Um-
änderung jenes odiösen deutschen § 175 sich bemerkbar macht, und
auch von hervorragenden Aerzten warm unterstützt wird. In der That
sind ja diese „Urninge" in einer bedauernswerthen Lage; sie einfach zu
castriren, wie neuerdings RIEGER (Centralbl. für Nervenheilkunde und
Psychiatrie, August 1892, S. 341) in so wohlwollender Weise vorschlägt,
geht doch wohl nicht an; und zu warten, bis sie sämmtlich durch hypnotische Wohlthäter in den beglückenden Schooss heterosexueller Liebe
zurückgeführt sind, wohl eben so wenig. Ich vermag nicht einzusehen,
was der Staat und die Gesellschaft dabei opfern würde, wenn sie sich des
Schutzes jenes § 175 entäusserten (denn auch soweit es sich um Bestrafung von „Unzucht mit Thieren" handelt, dürfte ein staatliches Einschreiten entweder nicht indicirt oder in Einzelfällen aus anderen Gesichtspunkten, z. B. dem des öffentlichen Aergernisses und des Thierschutzes
eher gerechtfertigt sein; im Uebrigen hat schon der drastische Ausspruch
Friedrichs des Grossen in einem zu seiner Kenntniss gebrachten Einzel-

falle darüber das Richtige getroffen). Es sei beiläufig erwähnt, dass der französische Code pénal eine Bestrafung der „widernatürlichen Unzucht" nicht kennt und dass sich in Frankreich bisher kein dringendes Verlangen nach Einführung derartiger Strafbestimmungen geltend gemacht hat. Im Allgemeinen wird ja auch bei uns von der gesetzlichen Handhabe den der Polizei wohlbekannten Mitgliedern der Urningsgilde gegenüber doch fast nirgends Gebrauch gemacht; wobei freilich das Ansehen des Gesetzes unmöglich gewinnen kann. Andererseits fühlen sich diese Leute einem widerwärtigen Erpresser- und Denunciantenthum wehrlos überliefert. Mit Recht hat der moderne Staat sich mit der Zeit gerade den geschlechtlichen Delicten gegenüber auf ein engeres und immer engeres Gebiet zurückgezogen und da, wo er überhaupt noch einzuschreiten für gut fand, die Strafe in bewusstem Gegensatz zu der ehedem üblichen barbarischen Strenge fast bis zur Unwirksamkeit herunter gemindert. Es hindert nichts, in dieser Richtung noch einen Schritt weiter zu gehen. Die Aufgabe des Staates kann ja nicht in Correctur des verdorbenen Geschmackes seiner Angehörigen und in gesetzlicher Ahndung sittlicher Verirrungen als solcher bestehen. Es ist, wie neuerdings kein Geringerer als THEODOR MOMMSEN der verfehlten „Umsturzvorlage" gegenüber ausgesprochen hat, „nicht bloss eine Thorheit, sondern eine ernste Gefahr, fromme Wünsche, die man als solche theilen kann, in die Form von Strafgesetzparagraphen zu bringen." Vergessen wir nicht den horazischen Warnungsspruch

> Quid leges sine moribus
> Vani proficiunt?

der nicht bloss für das alternde Rom, sondern fast noch mehr für die greisenhafte heutige Gesellschaft bestimmt zu sein scheint. Will der Staat höhere Sittlichkeit schaffen und fördern helfen — was unstreitig eine sehr schöne und verdienstliche Sache ist — so erstrebe er es nicht so „hinten herum" durch den Strafrichter, sondern auf offenem Wege, durch Stärkung aller noch aufrechtstehenden sittlichen Autoritäten in Kirche und Schule, in Familie und Corporationen! Die Ziele der Strafgesetzgebung sind auf diesem Gebiete vernünftigerweise erfüllt, wenn sie gewaltsamen Missbrauch zu steuern, Minderjährige zu beschützen, öffentliches Aergerniss zu verhindern erfolgreich bemüht ist: wofür durch anderweitige strafgesetzliche Bestimmungen (§ 174, 183 u. s. w.) genügend gesorgt wird. Allenfalls mag auch nach dem Vorschlage von MOLL die männliche Prostitution durch Abänderung des § 361, der von gewerbsmässiger Unzucht handelt, direct verfolgbar gemacht werden. — Bestimmte Vorschläge in dieser Richtung hat neuerdings in einer kleinen Schrift („Der Conträrsexuale vor dem Strafrichter, Leipzig und Wien 1894) KRAFFT-EBING formulirt. Er will dem betreffenden Schutzparagraphen des deutschen Strafgesetzbuches die Fassung geben: „Wer mit einer Person des eigenen Geschlechts, welche das achtzehnte Lebensjahr noch nicht vollendet hat, Unzucht treibt, ist mit — zu bestrafen"; eine Fassung, die die grausame

Verfolgung Conträrsexualer vermeidet und damit den medicinischen Standpunkt wahrt, zugleich aber auch das allgemeine Moralitätgefühl in höherem Maasse befriedigt, indem sie auch die gerade bei Knaben so gefährliche Verführung zur Onanie sowie ferner die Unzucht unter Personen weiblichen Geschlechts trifft. Daneben müssten energische Repressionsmittel gegen männliche Prostitution gefunden werden; auch müsste zu § 131 der österreichischen Strafprocessordnung ein Zusatz gemacht werden, der die Nothwendigkeit einer Untersuchung des Geisteszustandes in hierhergehörigen Fällen betont: „wird die Untersuchung wegen einer strafbaren Handlung geführt, welche aus einem widernatürlichen Geschechtstriebe (§ — des Strafgesetzbuches) entspringt, oder deuten bei irgend einer strafbaren Handlung Umstände auf das Vorhandensein eines solchen Triebes hin, so darf die Untersuchung des Geisteszustandes und der Zurechnungfähigkeit des Beschuldigten nicht unterlassen werden“. Es ist zu hoffen, dass die öffentliche Meinung, die jetzt im „Urningthum“ noch vielfach nur ein gebrandmarktes Laster erblickt, allmählich zu klarerer Einsicht in das Wesen dieser Dinge gelangen und sich den wissenschaftlich berechtigten Abänderungvorschlägen von ärztlicher Seite nicht andauernd verschliessen wird.

Andererseits freilich sollte man auch nicht in gar zu grosser Rührung zerschmelzen über das traurige Geschick dieser „Urninge“, die ja doch schliesslich für die menschliche Gesellschaft fast nur die Bedeutung von Drohnen (nicht einmal mit der bekannten Eintagsnutzbarkeit der Drohnen) besitzen. Vor Allem aber kann man die Grenze nicht scharf und bestimmt genug ziehen gegenüber dem in gentlemännische Formen sich hüllenden Lüstlingthum und der damit verbündeten männlichen Prostitution, in deren Mysterien uns erst kürzlich wieder der in London abgespielte Wilde'sche Process einen schaudernden Blick thun liess.

2. Die Inversion des Geschlechtsinns bei Frauen. Sapphismus (lesbische Liebe, Tribadie), Viraginität und Masculinität (Gynandrie).

Die grosse lesbische Dichterin, die der Legende zufolge sich aus verschmähter Liebe zu dem schönen Phaon vom leukadischen Felsen gestürzt haben soll, ist trotz dieses tragischen Schicksals nicht von der damit unvereinbaren Tragik verschont geblieben, auf Grund eines argen Missverständnisses für die homosexuelle Verirrung, die Inversion des Geschlechtsinns bei Frauen Namen und Vorbild hergeben zu müssen. Wie, durch welche Vorurtheile oder welche böswillige Verlästerung diese Beschuldigung sich zuerst entwickelte, ist nicht ganz klar, am Ende auch ziemlich gleichgültig; genug dass sie schon das Alterthum oder wenigstens die leichtgläubigen und scandalsüchtigen Seelen, an denen es auch in „classischer“ Zeit nicht fehlte, überwiegend beherrschte, und dass Ausdrücke wie *λεσ-*

βιάζειν (lesbiari), amor lesbicus u. s. w. gerade daher stammen. Die homosexuelle Verirrung war, wie aus vielen Schilderungen hervorgeht, wenigstens in der Verfallzeit des Alterthums unter Griechinnen und Römerinnen stark verbreitet. Der geniale Spötter, Lucian, hat uns in einem seiner Hetärengespräche die „Lesbierinnen" seiner Zeit und ihre intimen Beziehungen genau geschildert; und was er seine Leaena erzählen lässt, ihre ganze Unterredung mit Clonarium liest sich fast, als ob sie frisch aus einer eben erschienenen Nummer der Vie parisienne oder des Courrier illustré entnommen sein könnte. Auffällig und charakteristisch ist besonders, wie reiche und vornehme Damen, eine Megilla, eine Demonassa die Hetären aufsuchen und heranlocken, um förmliche Liebesverhältnisse mit ihnen anzuknüpfen und zu unterhalten — gerade wie wir es aus der pariser Gesellschaft der beiden letzten Jahrhunderte erfahren. In „sapphischen Clubs" wurde hier die lesbische Dichterin als Schutzheilige angerufen, ihre Statue in weiblichen Cönakeln aufgestellt und verehrt, und noch heut bezeichnen französische Autoren die homosexuelle Parerosie des weiblichen Geschlechts als „saphisme", die Priesterinnen dieses Cultus als „saphistes" — während sonst Alterthum und Neuzeit die minder galante Bezeichnung „Tribaden" (von τρίβειν, reiben) für die Lehrerinnen und Adeptinnen dieser widerlichen Liebescaricatur bereit hielten.

So interessant und belehrend diese Thatsachen und die sich daraus ergebenden Parallelismen für die sitten- und culturgeschichtliche Betrachtung und Forschung immerhin sein mögen, so würde doch darin noch keine unmittelbare Veranlassung liegen, uns von ärztlicher Seite mit dieser Verirrung eingehender zu beschäftigen. Allein die, wie wir gesehen haben, völlig veränderte Stellung, die die medicinische Wissenschaft in den letzten Decennien der inversen Sexualempfindung gegenüber eingenommen hat, die veränderte Beleuchtung, in die Alles, was man früher unter den Begriff päderastischer Neigungen zusammenfasste, damit gerückt ist: diese Begriffsumwälzung macht es auch nothwendig, den correspondirenden Erscheinungen beim weiblichen Geschlechte von ähnlichen Gesichtspunkten aus näher zu treten, und die Fragen, wie weit wir es auch hier mit pathologischen Zuständen, mit neuropsychischen Degenerationformen, mit angeborenen oder erworbenen Inversionen des psychosexualen Empfindens, des Geschlechtsinns und Geschlechttriebes, vielleicht sogar mit Anomalien der gesammten somatisch-psychischen Organisation des Weibes zu thun haben, auf Grund des sich darbietenden Materials nach Möglichkeit zu beantworten.

Ob eine empirisch gewonnene theoretische Formel der Wahrheit vollkommen entspricht, dafür bietet ja ihr Verhalten einem neu hinzukommenden Material gegenüber den besten Prüfstein. Die bezüglich der homosexuellen Parerosie überhaupt aufgestellten, fast lediglich aus der Erfahrung bei Männern abstrahirten Anschauungen werden sich demnach auf

ihre Gültigkeit auch beim weiblichen Geschlecht auszuweisen haben, und
falls dieser Nachweis zu liefern sein sollte, mit grösserem Anspruch auf
allgemeine Anerkennung hervortreten dürfen.

Die zu erledigenden Vorfragen sind, ob die als lesbische Liebe, Tribadie u. s. w. bezeichneten Vorkommnisse bei Frauen überhaupt ohne
Weiteres mit den Erscheinungen conträrer (inverser) Sexualempfindung
beim Manne verglichen und in Parallele gestellt werden dürfen? ob es
sich dabei um „Perversionen" im engeren Sinne handelt, oder mehr
um blosse Bizarrerien und Paradoxien der Geschlechtsbefriedigung in dem
Sinne, wie dies in dem Abschnitte über „erotischen Picacismus" (pag. 98)
früher dargelegt wurde.

Diese Fragen sind keineswegs leicht und vollständig zu beantworten,
wofür die Ursachen theils in den Schwierigkeiten der Sache selbst, theils
auch in der Dürftigkeit und vielfachen Unzuverlässigkeit des zu ver-
werthenden Materials liegen. Denn die Quellen fliessen hier weit trüber
und spärlicher, als bei der homosexuellen Parerosie der Männer, weil sich
diese unschönen Geheimnisse bei Weibern mit weit dichteren Schleiern vor
profanen Männeraugen verbergen — wie sie das ja schon von Alters her
(man denke nur an die Thesmophorien Athen's und die Feste der Bona
Dea in Rom) allenthalben gethan haben.

Unstreitig haben wir auch hier zwei, ideell ganz von einander getrennte
Sphären zu unterscheiden, die sich jedoch in der Wirklichkeit vielfach
durchkreuzen und mit einander vermischen — nämlich die Prostitution
zwischen Frauen unter einander (eigentliche Tribadie im engeren
Sinne) — und eine Art von „weiblichem Urningthum", gleich dem
männlichen auf abnormer neurophysischen Veranlagung beruhend, und in
einer heterotypischen Beschaffenheit gipfelnd, wofür (als Analoga der entsprechenden Bezeichnungen bei homosexueller Parerosie der Männer) die
Ausdrücke Viraginität, Masculinität, Gynandrie sich Geltung verschafft haben.

Sprechen wir zuerst von den Anhängerinnen des homosexuellen Verkehrs selbst, dann von ihrem Treiben und den in ihrem Verkehr üblichen
Proceduren, und machen wir schliesslich den Versuch einer allgemeinen, die
mannweibliche Heterotypie speciell berücksichtigenden Charakteristik.

Die Anhängerinnen des homosexuellen Verkehrs rekrutiren sich auch
heutigentags, wie ziemlich allgemein anerkannt wird und wie es (nach dem
Lucian'schen Dialog) von jeher der Fall gewesen zu sein scheint, der Hauptsache nach aus zwei getrennten Lagern. Einmal sind es müssiggehende.
reiche und vornehme Damen (das Wort „Frauen" ist für sie eigentlich zu
gut), mondaines, die alle Genüsse erschöpft haben, über Alles, namentlich
über die Männer, blasirt sind, und nur in dem ganz Unnatürlichen.
Naturwidrigen, eben weil es unnatürlich und naturwidrig ist, noch einen
gewissen angenehm anfregenden Reiz finden. Es ist dies das Genre der
DE SADE'schen Heldinnen, die daher neben allen sonstigen Perversionen,

neben Lagnänomanie und Machlänomanie u. s. w. insgesammt auch der
Tribadie mit grossem Eifer obliegen (wie denn sogar eine geschichtliche ·
Heldin der Tribadie, die Königin Caroline von Neapel, die berüchtigte
Freundin der noch berüchtigteren Lady Hamilton, im 5. und 6. Bande der
Juliette eine Hauptrolle spielt). Speciell sind namentlich vernachlässigte
erzieherische Zucht, früh betriebene wechselseitige Onanie in
Klosterschulen, Pensionaten u. s. w., Anaphrodisie gegenüber
dem eigenen Ehemanne oder directer Widerwille gegen diesen
und gegen männliche Umarmungen überhaupt (vgl. pag. 77), endlich directe Verführung durch Andere diejenigen Momente, die für tribadistische und überhaupt für homosexuelle Verirrungen in den oberen Ge-
sellschaftkreisen die Grundlage bilden. In Paris wie in anderen Grossstädten und internationalen Verkehrsmittelpunkten giebt es unter den
Frauen der oberen Zehntausend eine stattliche Anzahl „femmes pour
femmes", deren Neigungen mehr oder weniger bekannt sind und bis zu
einem gewissen Grade von der Gesellschaft respectirt oder wenigstens
tolerirt werden; es gehören dahin namentlich auch manche Theaterdamen
von Ruf; sie sind es, die zumeist activ, aggressiv auf weibliche Erobe-
rungen nicht bloss in ihren, sondern auch in den tiefer stehenden Schichten
ausgehen, und zu diesem Zwecke sogar mit dem folgenden Elemente vielfach in Mischverbindungen treten. — Dieser zweite, die compacte Hauptmasse bildende Bestandtheil setzt sich fast durchweg aus Prostituirten zusammen, über deren Verhalten in tribadistischer Beziehung uns namentlich
französische Autoren, die in Paris ihre Localstudien zu machen Gelegenheit hatten, wie Parent-Duchatelet, Jeannel, Coffignon, Taxil und
Andere reichhaltigen Aufschluss ertheilt haben. Es sind eigenthümlicher-
weise fast nur die vornehmeren, die besser situirten unter den Angehörigen
der Prostitution, die dem „Sapphismus" huldigen; nach den Angaben Taxil's,
der drei Classen der „Maisons de tolérance" unterscheidet, sind die Insassen
der ersten Classe sämmtlich dem Sapphismus ergeben, die der zweiten
Classe auch ziemlich alle bis auf wenige Ausnahmen, während in der dritten
Classe, wo fast jede Dirne ihren Zuhälter und Liebhaber hat, homosexuelle
Verhältnisse der später zu erörternden Art fast gar nicht vorkommen, obwohl der Tribadie (unfreiwillig) auch hier gefröhnt wird; aber die wenigen
dem Sapphismus freiwillig opfernden Bewohnerinnen dieser Häuser sind
gewöhnlich aus ursprünglich höheren Kreisen der Prostitution herunter-
gestiegen. Dass gerade in den Kreisen der „haute cocotterie" und zumal
unter den Insassinnen der elegantesten und theuersten Lupanare die
homosexuelle Parerosie besonders stark verbreitet erscheint, ist offenbar
auf den wesentlichen Umstand zurückzuführen, dass diese Geschöpfe, eben
weil sie fortwährend in der Lage sind, sich den verschiedensten erotischen
Perversionen der Männerwelt fügen, sich zu allen möglichen schmutzigen
und grausamen Acten auf Verlangen hergeben zu müssen, mit der Zeit
sich einen Widerwillen gegen die Männer und gegen den heterosexuellen

Verkehr aneignen, der ihnen die homosexuelle Verbindung unter einander als etwas Höheres, Reineres und Unschuldigeres, gewissermaassen in
einem idealen Lichte erscheinen lässt — ähnlich wie die Sache ja auch
von den männlichen Urningen (vgl. pag. 127) vielfach angesehen wird.
Ein interessantes Beispiel bietet Zola's Nana. Die homosexuelle Parerosie der Prostituirten ist also wesentlich eine Folge der Prostitution selbst, zumal der in Bordellen localisirten; dass sie
gerade besonders in den Bordellen grösseren Stils und fast ausschliesslich
in diesen auftritt, hängt auch damit zusammen, dass eben nur diese zur Befriedigung der früher geschilderten heterosexuellen Perversionen die Mittel
und Einrichtungen besitzen und dem entsprechende Anforderungen an ihre
Bewohnerinnen stellen (vgl. u. A. pag. 103, 105), während dagegen in den
Häusern niederen Ranges analoge Einrichtungen nicht möglich sein
würden, und so vielseitige Anforderungen von der noch minder raffinirten
Clientenschaft aus den unteren Bevölkerungschichten überhaupt nicht
gestellt werden. Immerhin kommt es auch hier, wie in den feineren
Häusern dieser Art vor, dass die Bewohnerinnen sich zu Schaustellungen
auf dem Gebiete der lesbischen Liebe hergeben und also diese Künste
professionell pflegen müssen („puces travailleuses", „pulci lavoratrici" ist die
technische Bezeichnung für die Darstellerinnen solcher erotischer Schau-
stücke in Frankreich und Italien). — Uebrigens wird das Zahlenverhältniss
von Prostitution und Tribadie sehr verschieden angegeben; während nach
Parent-Duchatelet in Paris mindestens ein Viertel, nach Taxil sogar
über die Hälfte aller Prostituirten der Tribadie huldigen soll, und Moll unter
den activen Prostituirten Berlin's 25 % annimmt, will dagegen Lombroso
unter 103 untersuchten Prostituirten nur 5mal Tribadismus gefunden
haben. Sicher spielt das Alter der Untersuchten dabei eine grosse Rolle:
die meisten Prostituirten sind eben nicht von Anfang an homosexuell,
sondern sie werden es erst mit der Zeit durch den wachsenden Widerwillen
gegen Männer, vielleicht aber zugleich in Folge des mit den Jahren allmälig abnehmenden Zuspruchs von Seiten der Männerwelt. Parent-
Duchatelet fand dem entsprechend die älteren Prostituirten fast sämmtlich der Tribadie ergeben; bei jüngern (unter 25 Jahren) war es dagegen
selten der Fall, ausser wenn sie in Folge besonderer Lebensverhältnisse,
z. B. durch Aufenthalt in Strafanstalten u. dgl. frühzeitig in diese Bahn
gedrängt wurden. Es spricht dies Alles im Ganzen überwiegend
gegen eine angeborene homosexuelle Veranlagung, dagegen für
ein Erworbensein der homosexuellen Neigung wenigstens in
der Mehrzahl der Fälle, und für die wichtige Rolle, die occasionelle Momente der geschilderten Art häufig dabei spielen.

Eine sichere Frequenzberechnung wird übrigens dadurch erschwert, dass
die Prostituirten nur höchst ungern Angaben über Tribadie machen, und sie
auf Befragen für sich und ihre Gefährtinnen meistens ableugnen. — Die Häufigkeit der homosexuellen Perversion unter den Theaterdamen, den femmes du

monde u. s. w., ist natürlich noch weniger bestimmbar; auch Taxil erklärt sie für „unberechenbar". Ich erinnere mich, dass eins der pornographischsten Pariser Journale vor einigen Jahren eine förmliche Enquête darüber unter den augenblicklich gefeierten weiblichen Theatersternen, Operettendivas, Chansonnettensängerinnen u. s. w. veranstaltete und dass eine stattliche Anzahl von ihnen sich offen dazu bekannte, der homosexuellen Liebe vorzugsweise zu huldigen und den heterosexuellen Verkehr höchstens erwerbshalber als pflichtmässige Last auf sich zu nehmen.

Ueber die Art und Weise, wie die Tribaden der vornehmen Welt, die der „haute cocotterie" und die der unteren Prostitution angehörigen mit einander Beziehungen anknüpfen, wie sie ihre Adeptinnen und Opfer anwerben u. s. w., erfahren wir namentlich von Pariser Beobachtern manches Interessante, das zugleich einen belehrenden Beitrag zur Sittengeschichte der Gegenwart liefert. Wir hören, dass noch bis 1881 die Zulassung von Frauen der besseren Stände zu den officiell geduldeten Bordellen einen Grund für sofortige Schliessung der letzteren abgab; dass sie aber seit jener Zeit zugelassen werden und keineswegs blos im Geheimen, und dass ebenso auch in einer bestimmten Allee des Bois de Boulogne (allée des poteaux) die Damen, denen es um tribadistische Anknüpfungen zu thun ist, sich gegenseitig „raccrochiren". Sie haben dabei, wenn sie auf der Suche sind, ihre für den Eingeweihten bestimmten Kennzeichen: ein stattlicher, frisirter, aufgeputzter, aufgebänderter Pudel, der sie zu Fuss und im Wagen begleitet und der auch zu ganz anderen Dienstleistungen öfters noch abgerichtet zu sein scheint; ein eigenthümliches Zungen- und Lippenspiel bewirkt unter Gleichgesinnten rasche Verständigung. Die sich den eleganteren Tribaden zur Prostitution darbietenden sind meist junge Frauen von 25—30 Jahren, nicht auffällig, aber mit einem gewissen Chic, mit kurzen Haaren, männerhaftem Schnitt in der Kleidung und burschenhaft-männlichen Alluren (an „russische Studentinnen" erinnernd); sie übernehmen beim Verkehr nach Bedarf die active und die passive Rolle, legen sich auch für den intimen Umgang wohl ein vollständiges Männercostüm und einen nach Wunsch gefärbten Bart zu. Die Tribaden der grossen Welt schaffen sich übrigens, wenn möglich, neben derartigen flüchtigen Beziehungen auch ein ganz stabiles und regelrechtes „Verhältniss", über dessen Treue sie eifersüchtig wachen; bald ist es eine Gesellschafterin, ein Kammermädchen, bald (was neuerdings besonders beliebt zu sein scheint) irgend eine Schauspielerin der kleineren Theater u. dgl., zuweilen aber auch eine von jenen Tribaden verführte junge Dame der besseren Gesellschaft (man hat sicher beglaubigte Beispiele, dass Bräute auf solche Weise verlockt und Verlobungen dadurch rückgängig wurden). Ausserdem giebt es noch tribadistische Clubs, die sich zu gemeinsamen Orgien vereinigen und stets frische Opfer dafür anzuwerben verstehen.[1]

---

[1] Aus London, dem Schauplatz des Douglas-Wilde-Scandals, durchlief kürzlich folgende Nachricht die Zeitungen: „Wie der vom Oberstlieutenant Newnham Davis herausgegebene Man of the world mittheilt, gingen mehreren jungen Damen der guten

Die dauernden Verbindungen, die häufig zwischen zwei Tribaden geschlossen werden, tragen ganz denselben Charakter wie die zwischen Urningen üblichen; sie sind eine wahre Carricatur der Ehe, mit deren Namen sie sich zu bezeichnen pflegen. Die eine der beiden so vereinigten Damen ist gewöhnlich nicht unerheblich älter (sie ist der „Mann" oder „Vater"); übrigens erscheinen beide in der Oeffentlichkeit unzertrennlich, oft schwesternhaft gleich in Kleidung und Wesen; sie überwachen ihre gegenseitige Treue mit othellohafter Eifersucht, die nicht selten zu erbitterten Kämpfen und Verwundungen, selbst zu Messerstichen, hier und da sogar zu regelrechten Duellen Anlass gegeben hat. Untreue mit einer anderen Frau soll immerhin, was charakteristisch ist, noch leichter verziehen werden, als der — als schwerstes, unsühnbares Verbrechen geltende — Abfall zu einem Manne. Es gilt dies, nach Parent-Duchatelet's zuverlässiger Erzählung, ganz besonders für die in Strafanstalten befindlichen Prostituirten, die in solchen Fällen insgesammt solidarisch gegen die untreu gewordene Genossin Partei nehmen.

Was die Art und Weise der geschlechtlichen Befriedigung unter Tribaden betrifft, so ist diese ebenso mannigfaltig wie unter den männlichen Urningen. Am häufigsten ist aber offenbar, wie es dem Ursprunge der Bezeichnung entspricht, die gegenseitige Friction (les „fricarelles" bei Brantôme), womit sich gewöhnlich mutuelles Masturbiren der Geschlechtstheile, ferner auch das Suciren oder Gamahuchiren (Cunniliction) nebst noch anderweitigen Praktiken verbinden. Offenbar seltener und nur bei besonders geeigneter Ausstattung des einen Theils (die auch bei sogenannter Viraginität oder Masculinität keineswegs häufig ist) kann die Rolle des männlichen Gliedes durch eine von Natur vergrösserte und erigirte Clitoris nachgeahmt oder ersetzt werden; häufiger dienen als Ersatzmittel die künstlichen Nachbildungen des männlichen Gliedes in Gestalt von „godmichés" verschiedener Grösse (der Name soll aus „gaude mihi" entstanden sein und sich aus Nonnenklöstern herschreiben!), wie die oben erwähnten „pulci lavoratrici" sie auch bei ihren Schaustellungen nicht selten verwenden.

Wer, wie es unschuldigen Gemüthern vielleicht passiren mag, die vorstehenden Schilderungen für unglaubhaft oder theilweise übertrieben halten sollte, der sei an die notorischen Ergebnisse erinnert, wie sie gerichtliche Verhandlungen [1]), z. B. ein vor zwei Jahren in Paris ge-

Gesellschaft in grosser Zahl Liebesbriefe — von Damen zu. Diese Briefe gaben einen fashionablen Damenclub als Rendezvonslocal an, und angestellte Recherchen sollen ergeben haben, dass es sich um keine Mystification handelt". — Ueber ähnliche Zusammenkünfte in Paris vgl. die citirten Schriften von Coffignon, Taxil und Anderen. — Ueber eine neue Poetin der lesbischen Liebe vgl. die Mittheilungen in der „Gesellschaft" 1895 p. 419.

1) Vgl. auch die bei Coffignon (pag. 163. 164) erwähnten Pariser Gerichtsverhandlungen aus dem Jahre 1888.

führter Scandalprocess, bisweilen zu Tage fördern. Die Heldin desselben, eine 50jährige Fürstin R., hatte auf ihre 23jährige Freundin, eine verheirathete Frau, die mit ihr lebte und auf die sie eifersüchtig geworden war, durch deren eigenen Mann einen Mordversuch machen lassen. Charakteristisch sind die zwischen den beiden Freundinnen gewechselten Briefe mit den leidenschaftlichsten und überschwänglichsten Liebesbetheuerungen, stellenweise mit einem recht eigenthümlichen Jargon (die Fürstin verlangt, Charlotte solle am Horizont ihres Lebens ausschliesslich nur sie sehen, „mit Messalina und Nana" — worunter sie ihre beiden Füsse versteht — als einzige Geliebte).[1] — Ich habe ganz ähnlich gehaltene Briefwechsel von Tribaden gelesen, die in Allem an den unausstehlich hochtrabenden, schwülstigen, widerlich sentimentalen Briefstil männlicher Urninge erinnerten. Ueberhaupt, wenn im Vorstehenden besonders auf Pariser Verhältnisse Bezug genommen ist, wo die Quellen am reichlichsten fliessen und die Uebelstände am unverhülltesten zu Tage liegen, so möge man daraus nicht etwa auf unser Verschontsein von dieser moralischen Pest schliessen. Wir haben es auf diesem Gebiete so trefflich weit gebracht, dass wir alle diese schönen „articles de Paris" auch im Lande selbst produciren und den Wettkampf mit Stolz aufnehmen können. Erst kürzlich spielte sich auch bei uns ein Process ab, bei dem eine Dame der „besten" bürgerlichen Gesellschaft betheiligt war, und der über das Eindringen homosexueller Verirrungen auch in diese „solidesten" Kreise keinen Zweifel gestattet.

Stehen nun die Anhängerinnen und Praktikantinnen dieser Verirrung lediglich im Bann eines hier und da endemisch auftretenden Zeit- und Modelasters („corrumpere et corrumpi saeculum vocatur", wie die Beschönigungsformel schon zu Tacitus' Zeit lautete), einer Culturkrankheit, einer antimoralischen und im tiefsten Grunde auch antisocialen Strömung? — oder haben wir es hier, wenigstens bei der Mehrzahl ihrer Bekennerinnen, mit im engeren Sinne pathologischen Erscheinungen zu thun, mit Producten einer vielleicht schon ererbten und angeborenen neuropsychischen Degeneration, mit Anomalien oder Defecten der primären organisatorischen Veranlagung, in einem Wort mit einem mehr oder weniger von der Normalität abweichenden Typus?

Dass ein solcher, somatisch-psychisch sich differenzirender und der Masculinität annähernder Typus der „Gynandrie" oder, wie man häufiger sagt, der Viraginität in nicht gerade seltenen Exemplaren und in sehr mannigfaltigen Abstufungen vorkommt und dass wir ihn als ein Gegenstück zu dem „androgynen" Typus, zur „Effeminatio" der Männer (pag. 128) zu betrachten haben, kann nicht dem geringsten Zweifel unterliegen. Mag man nun, wie Einzelne wollen, darin einen atavistischen Rückschlag in einen zeitlich zurückliegenden hermaphroditischen Entwicklungsbeginn er-

---

1) Vgl. LOMBROSO, Das Weib, deutsch von KURELLA. pag. 402.

blicken, einen Rückschlag, der besonders bei civilisatorisch verweichlichten degenerirten Nationen und Gesellchaftsklassen und innerhalb deren wiederum bei besonders mangelhaft veranlagten Individuen auftreten soll, oder mag man von einer solchen im Grunde wenig erklärenden Erklärung absehen: die Thatsache selbst wird durch die Erfahrungen wenigstens in unserer Zeit reichlich bestätigt. Dass Viraginität nicht so häufig ist wie Effemination oder Androgynie dürfte wohl mit der von Lombroso und Havelock Ellis erwiesenen „geringeren Variabilität" des Weibes, die nach Lombroso auch als Ursache seiner geringeren Criminalität zu betrachten ist, im Zusammenhang stehen. Andererseits lässt sich wohl auch behaupten, dass die ganze weibliche Erziehung im Allgemeinen weit mehr darauf hinarbeitet, geringere Abweichungen von der Norm mit Hinneigung zu somatisch-psychischer Masculinität zu unterdrücken oder wenigstens nach Möglichkeit einzuschränken und zu verbergen. Die Ausnahmen davon (eine bewusst masculine Erziehung, wie bei der als „Graf Sandor" aufgewachsenen, bekannten Gräfin Sarolta — oder dichterisch dargestellt in Halm's „Wildfeuer") sind wohl sehr zu zählen. — Ihren somatischen Ausdruck findet die „Viraginität" nicht sowohl in der abweichenden Bildung der eigentlichen Geschlechtstheile, wie vielmehr in der Vermischung der ausserhalb der specifischen Fortpflanzungorgane zu Tage tretenden (secundären) Geschlechtsunterschiede; als Annäherung an den männlichen Typus im Wuchs, in der Körpergrösse und den Proportionen der einzelnen Körpertheile, in der Quantität und Qualität der Behaarung, in der Fettentwicklung, im Stimmcharakter u. s. w. — vor Allem in der ein so wesentliches Unterscheidungmerkmal gewährenden Beckenbildung. Die für das Weib so charakteristische Beckenbreite und die stärkere Beckenneigung zeigen sich vermindert; mit letzterem Umstand vermindert sich auch die sattelförmige Einbiegung im Lumbosacraltheil der Wirbelsäule, auf der die schöne Bildung der weiblichen Rückenlinie und die Eigenthümlichkeiten in Gang und Haltung des Weibes beruhen, so dass auch in dieser Beziehung die „Virago" sich durchaus dem männlichen Typus annähert und fast wie ein Mann in Frauenkleidern erscheint — falls sie es nicht, auf höheren Stufen, auch vorzieht, die Kleidung ihres Geschlechts mit der männlichen zu vertauschen oder sie wenigstens im Sinne der letzteren nach Möglichkeit zu modificiren. Was die eigentlichen Geschlechtstheile betrifft, so brauchen die innern Genitalien weder verkümmert noch in irgend einer Weise anomal beschaffen zu sein. An den äusseren Genitalien kann Enge der Vagina, mangelhaftere Entwicklung der Nymphen und eine sich dem männlichen Typus annähernde Beschaffenheit des Promontorium und der Pubes (die Schamhaare nicht umschrieben, kranzförmig, sondern weiter nach oben gegen den Nabel hin aufsteigend) mitunter auffallen, was an leichte Grade von Pseudohermaphroditismus erinnert. Beträchtliche, penisartige Vergrösserungen der Clitoris, von denen bei Tribaden so viel die Rede ist, sind jedenfalls ausserordentlich selten wie denn auch die bei Tribaden gewöhnliche Art der homosexuellen Befriedigung (vgl. p. 146) damit nichts zu thun hat, die Immission des Gliedes ja im Gegentheil häufig geradezu verabscheut wird. Die menstrualen Vorgänge können ganz regelmässig und ungestört erfolgen; auch die Brustdrüsen können durchaus weibliche Entwicklung zeigen, in anderen Fällen sind sie allerdings dürftig ausgebildet, was ja aber auch bei nicht-viraginösen Frauen leider oft genug vorkommt.

Mehr noch als auf somatischem Gebiete tritt die Normabweichung und die Annäherung an den männlichen Typus häufig in dem psychischen Verhalten solcher Mädchen und Frauen hervor, in der Verwischung der dem Weibe vorzugsweise zukommenden Geistes- und Gemüthseigenschaften, wie der höheren Erregbarkeit für Gemüthseindrücke (Affektabilität oder Emotivität) des Weibes, seiner stärkeren Suggestibilität und Phantastik — überhaupt in dem Verschwinden der specifisch weiblichen Neigungen und Geschmacksrichtungen, in der Vorliebe für männliche Beschäftigungen und Studien, männliche Lebensgewohnheiten, Sitten und namentlich Unsitten, männlichen Sportbetrieb u. dgl. — wenn es die Verhältnisse irgend gestatten, auch für männliche Kleidung.

Dass nun Weiber dieser Art auch in der Liebe mehr masculinen Grundsätzen huldigen, activ und aggressiv vorgehen, sich aber aus Männern nichts machen und vielmehr ihre Aggressivität auf das eigene Geschlecht ausschliesslich oder vorzugsweise concentriren, erscheint von vornherein nur consequent; dennoch trifft es keineswegs für alle Fälle zu, denn es giebt Frauen von dem geschilderten somatisch-psychischen Habitus, die sich mit Männern abgeben, sich den Hof machen lassen, sich (gern oder ungern) auch zur Ehe entschliessen — während Andere dagegen in einem gewissen geschlechtlichen Indifferenzzustande, wenigstens dem Anschein nach, zeitlebens verharren, und nur ein verhältnissmässig kleiner Bruchtheil zu notorischer Bekundung homosexueller Antriebe und Empfindungen fortschreitet. Dieser kleinere Bruchtheil bildet dafür allerdings auch die eigentliche Kerntruppe des Tribadismus, insofern aus ihm vorzugsweise die activeren, aggressiveren Elemente hervorgehen, diejenigen, die auch auf alle Weise sich die Verführung und Verlockung anderer meist jüngerer, durch Schönheit und echt weiblichen Habitus ausgezeichneter Geschlechtsgenossinnen angelegen sein lassen. Lombroso (l. c. pag. 405) giebt die Photographie eines tribadistischen Verbrecherpaares, wobei das eine in Männerkleidern steckende Individuum ganz und gar den Typus männlicher Bildung (neben dem „Verbrechertypus“) darbietet. Kann in solchen Fällen freilich von einem zu Grunde liegenden organischen Zustande, einer Transformation des geschlechtlichen Lebens in ähnlichem Sinne wie bei den männlichen Urningen gesprochen werden, worauf namentlich Krafft-Ebing und Moll aufmerksam machen, so ist doch immerhin nicht zu übersehen, dass auch in derartig veranlagten Fällen besondere Gelegenheitsmomente, wie sie oben hervorgehoben wurden,

in Erziehung, Milieu, Lebensgang und Beschäftigung u. s. w. die Entwicklung tribadistischer Neigungen und deren Umsetzung in entsprechende
Handlungen meist wirksam begünstigen. Auf der anderen Seite ist nicht
zu übersehen, dass die „activen" und „passiven" Rollen bei der Tribadie, wie auch ja bei der homosexuellen Parerosie der Männer, keineswegs so scharf von einander getrennt und an stets verschiedene Individuen
vertheilt sind; dass vielmehr, wofern wir diese Ausdrücke festhalten wollen,
die meisten Betheiligten eine Doppelrolle spielen, indem aus anfangs
passiven mit wachsender Erfahrung und „Lust an der Sache" auch active
werden, und dass wiederum die ursprünglich activen sich auch den weib-
licheren Genuss passiver Hingebung gelegentlich gönnen. Da nun unter den
Verführten sich fast ganz ausschliesslich Individuen von völlig weiblichem
Typus ohne irgendwelche Spuren von Viraginität in ihrem somatisch-
psychischen Verhalten befinden, weil ja eben solche Individuen von den
masculin Veranlagten vorzugsweise begehrt werden, und da auch diese Verführten sich in der Folge zu leidenschaftlichen Tribaden entwickeln können,
so ist damit mindestens der Beweis geliefert, dass das Vorhandensein homosexueller Parerosie beim weiblichen Geschlechte eine
angeborene Organisationsanomalie keineswegs nothwendig vor-
aussetzt, ja eine solche Annahme wenigstens für die Mehrzahl
der daran (passiv und auch activ) theilnehmenden weiblichen
Individuen nicht einmal gestattet. —

     Unter Berücksichtigung aller dieser Momente müssen wir uns auch
hier, was die „Prognose" und die Möglichkeit einer etwaigen curativen
Beeinflussung anbetrifft, im Allgemeinen mit ähnlicher Vorsicht
aussprechen, wie wir es bei der homosexuellen Parerosie der Männer
(pag. 135) gethan haben. Speciell wird in dem einzelnen zur ärztlichen
Cognition kommenden Falle zu prüfen sein, ob wir es überwiegend
mit den Ergebnissen angeborener anomaler Veranlagung oder mit erst erworbenen Normabweichungen der Empfindung und Triebrichtung auf Grund
gelegentlicher, accidenteller Schädlichkeiten zu thun haben; im letzteren
Falle werden sich natürlich die Aussichten bei der Möglichkeit der Ver-
setzung in andere Umgebung, andere Lebensverhältnisse und psycho-
therapeutisch wirksame Einflüsse zuweilen günstiger gestalten. Eine
directe Suggestivbehandlung der Tribadie, nach Analogie der bei männlichen
Urningen geübten, ist, wie es scheint, bisher noch nicht versucht worden:
vielleicht, wenn wir erst einmal im Besitz der so vielerstrebten weiblichen
Aerzte sein werden, wird auch aus diesen heraus einmal ein weiblicher
Schrenck-Notzing für ihre „conträren" Geschlechtsgenossinnen erstehen. —
Bis dahin wird man sich auf ein mehr prophylaktisches Eingreifen beschränken müssen: ein Wirken, dem freilich auch, wie auf dem Gebiete
der sexuellen Perversionen überhaupt, engste Grenzen gezogen sind, da die
individuelle Prophylaxe vor Allem auf einer vernünftigen und energisch
gehandhabten Pädagogik fussen müsste, die allgemeine Prophylaxe aber

eine sittliche Regeneration unserer heutigen Gesellschaft, die Abschneidung unzähliger üppig wuchernder Auswüchse, die Verminderung von Prostitution und Criminalität — mit einem Worte, eine tiefgreifende Socialreform nothwendig erheischte. —

Schliesslich mag auch hier noch die forensische Seite mit wenigen Worten gestreift werden. Wie schon früher (pag. 137) erwähnt wurde, enthält das deutsche Strafgesetzbuch keine auf tribadistische Handlungen speciell Bezug nehmende Bestimmung; der aus dem § 143 des preussischen Strafgesetzbuches herübergenommene § 175 des deutschen Reichsstrafgesetzes bezieht sich nur auf die widernatürliche Unzucht zwischen Personen männlichen Geschlechts und von Menschen mit Thieren. Hier wirkte, wie es scheint, noch das juristische Raisonnement des alten CELLA (1787), der, nach MOLL, die Straflosigkeit „sodomisirender" Weiber u. A. darauf begründete, dass die von ihnen genossenen Freuden doch nur sehr unvollkommen und unbefriedigend seien und eine Rückkehr auf den normalen Pfad eher erwarten liessen, als bei den homosexueller Liebe huldigenden Männern. Dagegen gestattet das bestehende österreichische Strafgesetzbuch (§ 129) eine Verfolgung der „widernatürlichen Unzucht" auch unter Frauen, und ebenso würde dies nach dem Entwurfe des neuen österreichischen Strafgesetzbuches der Fall sein, der in seiner letzten Fassung (Entwurf V § 193) lautet: „Die widernatürliche Unzucht, welche zwischen Personen desselben Geschlechtes oder von Menschen mit Thieren begangen wird, ist mit Gefängniss zu bestrafen". Hier ist offenbar schon der ausserordentlich unbestimmte und dehnbare Begriff der „widernatürlichen Unzucht" als ein grosser Uebelstand zu bezeichnen. — Die klarste und consequenteste Stellung zur Sache nimmt unzweifelhaft der code pénal in Frankreich ein, der von einer Bestrafung der Unzuchtdelicte als solcher ganz absieht und eine Veranlassung zu staatlichem strafrechtlichem Einschreiten nur da erblickt, wo entweder ein öffentliches Aergerniss oder Gewaltanwendung, oder eine Verführung minderjähriger Personen (unter 21 Jahren) vorliegt (ähnlich ist die Gesetzgebung in allen Ländern, wo der französische code als Richtschnur gedient hat). Es ist nicht zu leugnen, dass diese Auffassung und Behandlung der Sache der in geschlechtlichen Dingen von jeher etwas laxen französischen Volksmoral trefflich entspricht und dass eben deswegen in Frankreich, wie KRAFFT-EBING nach MITTERMAIER's Zeugniss constatirt, ein Bedürfniss nach Wiedereinführung einer Strafbestimmung gegen Sodomie sich nicht ergeben haben soll; durchgängig ist dies jedoch gerade bezüglich der Tribadie wenigstens in neuester Zeit nicht der Fall, wie z. B. die Anführungen bei TAXIL (l. c. pag. 262) bekunden. Man mag sich zu der Frage im Uebrigen stellen, wie man will: jedenfalls liegt für den Gesetzgeber kein Grund vor, homosexuelle Delicte des weiblichen Geschlechts oder die zwischen Frauen geübte Prostitution mit günstigerem Auge zu betrachten, als die entsprechenden Handlungen bei Männern, und die letzteren einseitig unter Strafandrohung zu stellen.

Aus den schon pag. 139 erörterten Zweckmässigkeitsgründen werden wir
auch hier einer Veränderung der bei uns bestehenden Gesetzgebung
in dem daselbst besprochenen Sinne das Wort reden müssen.

Wir stehen am Ende eines schweren und dornenvollen Weges, und
wir werden es dem Leser, der uns bis hierher begleitet hat, nicht verargen,
wenn ihn unterwegs ein Gefühl peinigender Ermüdung und selbst unüber-
windlicher physischer und moralischer Erschöpfung an manchen Stellen
gepackt hat. Wie es dem Historiker keine Befriedigung gewähren kann,
die Geschichte abwärtsschreitender Zeiten und Völker und in sittlichem
Verfall begriffener Generationen zu schreiben, so vermag auch die ärztliche Forschung dem hier abgehandelten pathologischen Gebiete kaum
irgendwelche dankbaren und erfreuenden Seiten abzugewinnen und
häufig genug den Ausbruch trostloser Verzagtheit so traurigen und ent-
setzlichen Verirrungen gegenüber nur schwer zu bemeistern. Um bei
dieser Wanderung, die bald durch Sumpf und Moor, bald durch pfadlose
Wüste dahinzuführen scheint, den festen Curs und vor Allem den
Muth nicht zu verlieren, bedarf es eines unwandelbaren Glaubens an das
zu evolutionistischem Fortschreiten bestimmte, das „Göttliche" in der
Menschennatur, und eines beständigen Aufblicks zu den unverrückbaren
Leitsternen wissenschaftlicher und humanitärer Ideale. Wir müssen uns
fort und fort gewärtig halten, dass auf keinem anderen Gebiete so wie auf
dem des Geschlechtslebens Erhabenstes und Gemeinstes, Ueber- und
Untermenschliches dicht beisammen und eng miteinander verknüpft
liegen, da sich die feinsten und tiefsten Wurzeln unserer geistig-körper-
lichen Existenz grossentheils aus diesem Untergrunde entfalten; und dass
der Mensch nicht so tief, wie es leider die sexuale Pathologie lehrt, bis
weit unter das Niveau der Thierheit herabsinken könnte, wenn er nicht
zuvor eine unermessliche Kulturhöhe im Kampfe mit der Natur und mit
sich selbst eigenkräftig erstiegen hätte. Wir müssen als Aerzte aber
vor Allem auch den schrecklichsten Verirrungen gegenüber eingedenk bleiben,
dass es nie und nirgends unsere Aufgabe sein kann, uns entrüstet und
verurtheilend abzuwenden; dass wir vielmehr überall das schwere und
schöne Vorrecht unseres Berufes ausüben dürfen, zu verstehen, zu helfen
oder doch zu trösten, und gleich den physischen auch die moralischen
Leiden und Gebrechen der Menschheit, die wir nicht heilen können, mit-
empfindend zu lindern.

Register.

Berichtigungen:

Druck von August Pries in Leipzig.